南水北调工程与血吸虫病
——科学认知和应对

黄轶昕 编著

河海大学出版社
HOHAI UNIVERSITY PRESS

图书在版编目(CIP)数据

南水北调工程与血吸虫病：科学认知和应对 / 黄轶昕编著. —— 南京：河海大学出版社，2021.11
 ISBN 978-7-5630-7255-2

Ⅰ.①南… Ⅱ.①黄… Ⅲ.①南水北调—关系—血吸虫病—研究 Ⅳ.①TV68②R532.21

中国版本图书馆CIP数据核字(2021)第231357号

书　　名	南水北调工程与血吸虫病——科学认知和应对 NANSHUIBEIDIAO GONGCHENG YU XUEXICHONGBING ——KEXUE RENZHI HE YINGDUI
书　　号	ISBN 978-7-5630-7255-2
责任编辑	龚　俊
特约编辑	梁顺弟　许金凤
特约校对	卞月眉　丁寿萍
装帧设计	张世立
出版发行	河海大学出版社
地　　址	南京市西康路1号(邮编：210098)
电　　话	(025)83737852(总编室) (025)83722833(营销部)
经　　销	江苏省新华发行集团有限公司
排　　版	无锡科奇商务印刷有限公司
印　　刷	南京迅驰彩色印刷有限公司
开　　本	787毫米×1092毫米　1/16
印　　张	15.75
字　　数	351千字
版　　次	2021年11月第1版
印　　次	2021年11月第1次印刷
定　　价	210.00元

序

欣闻江苏省血吸虫病防治研究所黄轶昕主任医师编著的《南水北调工程与血吸虫病——科学认知和应对》一书已撰毕定稿，即将由河海大学出版社出版。著书者邀我作序，为表示对此书主题与内容无保留地赞赏和对此书作者的尊重，亦为笔者本人曾非常有限地参与此书主题相关工作留下美好的回忆，欣然提笔。"文章合为时而著，歌诗合为事而作（白居易《与元九书》）。"好一个"文章合为时而著"，此书完成之际，正逢中国共产党建党100周年纪念前夕，此书主题与内容从一个专业、一件事的角度体现了我党始终"以民为本"与凸显"人民至上"的理念，故此书此时出版正是著书者对建党百年的隆重献礼。

南水北调工程是我国优化水资源配置、促进区域协调发展的一项战略性水利工程，共有东线、中线和西线三条调水线路，通过三条调水线路与长江、黄河、淮河和海河四大江河的联系，构成以"四横三纵"为主体的总体布局，以利于实现中国水资源南北调配、东西互济的合理配置格局，主要解决我国北方地区，尤其是黄淮海流域的水资源短缺问题，有力地缓解水资源短缺对受水区经济社会发展的制约。毫不夸张地说，南水北调工程事关人民福祉和中华民族长远发展。东线工程（一期）、中线工程（一期）分别已于2013年11月和2014年12月正式通水运行。工程建设和运行又一次向世界展示了我国"集中力量办大事"的体制优势。

南水北调工程与血吸虫病之所以发生联系和交集，缘起工程东线取水口直接是血吸虫病流行区，而中线引江济汉工程途经的湖北省四湖地区也是血吸虫病流行区的环境之弊，一时引发"血吸虫病可能随工程调水北移扩散"的担忧和社会舆情关注。更鉴于世界大型水利建设导致血吸虫病传播扩散的历史教训，学界也对此提出了基于科学分析的质疑。实际上，对血吸虫病扩散问题隐忧不只是一个概念存在，而是实实在在地成为工程环境影响评估重点问题之一。工程建设和运行对生态环境的影响向来受到党和政府高度关注，南水北调工程决策高层迅即果断决定围绕工程建设开展相关科学研究，领导和支持"血防人"与"水利人"合作，以求在科学层面上厘清工程与血吸虫病扩散的可能联系与潜在风险。

本书编著者是最先介入此项研究的"血防人"，他是东线工程血吸虫病相关研究的策划者、组织者和实践者。他和他的团队围绕舆情关注热点，基于钉螺生物学与生态学以及血吸虫病传播等的科学共识，结合调水工程设计和建设的防钉螺扩散需求，梳理出了以"南水北调工程是否会导致钉螺和血吸虫病传播北移扩散"为焦点的系列科学问题,运用多学科相结合的研究手段,大规模地持续进行了现场调查研究、实验研究和工程类比研究,积累了丰富的第一手科学资料。创建了若干水利工程防螺新技术,得出了以"南水北调东线工程未增加钉螺和血吸虫病北移扩散风险"的关键论点为主的一系列科学论断,有骨有肉地科学回答了公众和学界的质疑,为南水北调工程建设和通水运行提供了有力的科学支撑;该研究团队还通过风险分析,构建了东线工程血吸虫病监测预警体系,进一步为东线工程控制和消除血吸虫病传播潜在风险提供了可靠保障。

《南水北调工程与血吸虫病——科学认知和应对》一书完整而系统地记录了该项研究的全部成果。笔者认为,读者不仅可在书内查阅到你所关注的有关南水北调工程与血吸虫病关系的科学诠释,而且相信该书还提供了大型水利工程建设与疾病传播防控研究的范式。

搁笔前,想说,特别感叹作者对这一伟大的事业付出的智慧、学识、思想、心血和挚爱,以及表达出的强烈社会责任意识及使命意识,充分体现了血防人与血防深情的缘分,此书应将助力在我国血吸虫病防治进步,并在迈向消除的征程中添上浓墨重彩的一笔,我作为"血防人"一员,为作者骄傲。

吴观陵

2021年7月25日

前　言

南水北调工程和其他大型水利工程均是关乎国计民生的重大工程,对生态环境和经济社会均有重大影响。其中南水北调工程历经数十年论证,现南水北调东线、中线一期工程已建成并发挥了重要作用。而号称"瘟神"的血吸虫病在中国也曾家喻户晓,其对人民生命健康和经济社会的危害令人难忘。血吸虫病引发的不仅仅是公共卫生危机,更涉及国家体制和社会治理。南水北调工程建设和血吸虫病防治均充分体现了党和政府以人民为中心的执政理念。鉴于长江中下游地区曾是我国血吸虫病严重流行区,而南水北调工程取长江水北调,因此在南水北调工程和血吸虫病发生交集时更引起了专家学者和政府有关部门等各方关注。南水北调东、中线开工之际,全国政协委员即提出了血吸虫病可能随工程调水北移扩散的担忧,形成了社会舆情热点。

作者于2004年受命开展南水北调东线工程血吸虫病问题研究,在有关单位和领导支持下,采用生态学、流行病学及水文、水利、气象、环境保护等多学科理论和技术开展了一系列现场调查研究、实验研究和相关工程的类比研究,获得了"南水北调东线工程未增加钉螺和血吸虫病北移扩散的风险""东线工程水工建筑、生态条件及非自流的调水方式不利于钉螺北移和血吸虫病向北方传播""气候变暖趋势与南水北调东线工程是否会导致钉螺北移扩散和血吸虫病向北方传播没有必然关系"等新的研究成果。通过风险分析指出东线工程钉螺扩散和血吸虫病传播的潜在风险仍存在于水源区和原血吸虫病流行区。而这些风险可通过工程措施和非工程措施加以控制和消除。研究构建了东线工程血吸虫病监测预警体系,提出了防止钉螺北移扩散和血吸虫病传播的工程措施,创建了"中层取水防钉螺拦网""水源区保芦沙埋灭螺"和"防螺生态护岸"等新技术,进一步为东线工程控制和消除血吸虫病传播潜在风险提供了可靠保障。系列研究成果科学地回答了南水北调东线工程是否会造成血吸虫病北移问题,得到了国内卫生、水利、环境等领域专家的认可和肯定,及时消除了社会舆论和国家有关部门的疑虑和担忧,研究成果被国务院及有关部门采纳,并已写入东线工程环境影响评估报告,为东线工程建设提供了有力的科学支撑。

为了更好总结南水北调工程血吸虫病问题相关研究成果,进一步加强水利血防理论和技术的融合,作者在有关专家和领导的关心鼓励下,收集整理了南水北调和相关水利工程与血吸虫病问题的研究成果,编撰成册。全书共16章,系统地阐述了南水北调工程建设和运行不会造成血吸虫病流行区北移扩大的原因和科学依据;同时也阐述了其他大型水利工程(如三峡工程、新安江水库、引江济淮工程等)所涉血吸虫病问题、相关影响和应对策略。其中第1、2章简述了南水北调工程决策经过和总体规划,提出了南水北调工程的血吸虫病问题等研究背景。第3章对血吸虫病和钉螺进行了概述,其中特别增加了钉螺水力学和生态学研究成果,以加强水利血防理论支撑。第4、5章介绍了东线工程江苏段血吸虫病流行概况,以及东线工程江苏段历史流行区钉螺扩散规律。第6章介绍了既往人工北移钉螺研究情况,揭示了钉螺种群对北方生态条件的适生性,以及迄今为止在北纬33°15′(我国血吸虫病分布北界)以北未见钉螺孳生和血吸虫病流行的重要原因。第7章重点介绍了江苏省江水北调工程对钉螺北移的影响,鉴于江水北调工程系南水北调东线一期工程理想的研究模型,因此研究阐明江水北调工程未造成钉螺和血吸虫病北移扩散原因对于研究东线工程对钉螺北移和血吸虫病流行区能否扩大具有极为重要的类比参照意义。第8、9章分别从东线工程布置、工程特点、输水河道水流水势变化、水工建筑及东线气候特点对钉螺北移的影响,提出了东线工程不利于钉螺和血吸虫病北移扩散的科学论点及论据。第10章介绍了东线工程研究建立的血吸虫病监测预警体系及实施情况,实际监测未发现东线工程沿线出现钉螺北移和血吸虫病流行扩大情况,同时研究建立的东线血吸虫病监测预警体系对我国血吸虫病监测预警体系建设也具有重要的借鉴意义。第11章介绍了根据前期研究提出的风险控制要求,由国务院批准实施的东线血吸虫病专项防护工程为东线工程安全运行提供了进一步保障。第12章介绍了中线工程血吸虫病问题及引江济汉工程对钉螺扩散的影响,实际上引江济汉工程建设和运行以来未出现钉螺扩散,而此结果则与工程设计和建设纳入血吸虫病预防控制要求有重要关系。第13章介绍了引江济淮工程对血吸虫病的影响,鉴于引江济淮"江淮沟通"段调水模式与东线工程相似,同时淮河也是东线工程水源之一,因此引江济淮工程及血吸虫病问题研究成果值得关注。第14章介绍了引江济太工程对血吸虫病的影响,因该工程与东线工程调水模式有所不同(主要方式为自流引水),而太湖流域在历史上是我国血吸虫病重流行区,有媒体提出了在太湖生态调水中血吸虫病是否会死灰复燃的问题,引起了国务院有关部门的关注;通过研究提示了引江济太工程血吸虫病潜在风险和应对措施。第15章介绍了水库建设对血吸虫病流行的影响,特别是新安江水库和三峡水库的血吸虫病问题,探讨了大型水库底部温度(低温)、光照(黑暗)及溶解氧(缺氧)对钉螺的影响,藉以佐证南水北调东线工程众多调蓄水库不会产生血吸虫病问题缘由。第16章介绍了湿地对血吸虫病传播和控制的影响,鉴于钉螺是一种湿地生物,而在血吸虫病流行地区的一些水利工程相关区域存在许多湿地,因此通过专设章节阐明湿地和钉螺孳生及血吸虫病传播之间的相互关系,从而提出有关应对策略和措施。本书所用照片除专门标注说明外均为作者

前　言

摄制。

本书紧密结合南水北调等水利工程实际布置，研究探讨水利工程和钉螺生态及血吸虫病传播之间的关系，充分运用和丰富了钉螺生态学和血吸虫病流行病学理论，可以为新形势下血吸虫病防治和水利血防工作提供参考，可以为水利工程等大型建设项目环境影响评价提供参考，也适合环境医学和公共卫生教学工作者参考。

本书在编撰过程中得到了江苏省血吸虫病防治研究所领导和同事的关心和帮助；得到了国务院原南水北调工程建设委员会办公室领导和专家、水利部淮河水利委员会有关专家、江苏省水利厅及相关管理单位专家、湖北省引江济汉工程管理局有关领导、湖北省血吸虫病防治研究所有关领导和专家、浙江省血吸虫病防治中心有关领导和专家的帮助；得到了南京医科大学吴观陵教授、中国疾病预防控制中心原血吸虫病首席专家郑江教授、江苏省水资源协会原理事长徐俊仁教授等专家的悉心指导。在此一并表示衷心感谢。

书中如有不当之处，敬请批评指正。

黄轶昕

2021年6月1日

目 录

第1章 工程决策和总体规划
第1节 伟人设想和决策经过 ·· 2
第2节 总体规划 ··· 4

第2章 南水北调工程的血吸虫病问题
第1节 南水北调工程与血吸虫病关系 ································ 10
第2节 专家质疑 ··· 10
第3节 政府应对 ··· 12

第3章 血吸虫病和钉螺概述
第1节 日本血吸虫和日本血吸虫病 ····································· 16
第2节 钉螺生物学 ··· 29
第3节 日本血吸虫病流行病学 ··· 40
第4节 日本血吸虫与钉螺、哺乳动物相容性 ··················· 44

第4章 东线工程江苏段血吸虫病流行概况
第1节 东线相关区域历史流行概况 ····································· 48
第2节 东线有关水系及钉螺分布概况 ································ 52
第3节 东线原流行区钉螺扩散途径和方式 ························ 56

第5章 东线工程江苏段钉螺扩散规律
第1节 河道调查 ··· 60
第2节 泵站调查 ··· 63
第3节 定位漂流 ··· 66

第6章　人工北移钉螺研究
　　第1节　人工北移钉螺生存繁殖能力 ……………………………… 72
　　第2节　人工北移钉螺传病能力 …………………………………… 76

第7章　江水北调工程对钉螺分布的影响
　　第1节　江水北调工程概况 ………………………………………… 80
　　第2节　江水北调工程运行调度和水文特点 ……………………… 86
　　第3节　江水北调工程对钉螺分布影响 …………………………… 92
　　第4节　江水北调工程未发生钉螺北移扩散原因 ………………… 95

第8章　东线工程对钉螺北移影响
　　第1节　东线一期工程特点对钉螺影响 …………………………… 98
　　第2节　调水规模和水流水势对钉螺影响 ………………………… 109
　　第3节　水泵和水工建筑对钉螺影响 ……………………………… 114

第9章　气候变化对东线钉螺/血吸虫病传播的影响
　　第1节　东线工程相关区域气候特点 ……………………………… 122
　　第2节　东线工程相关区域积温 …………………………………… 126
　　第3节　东线气象要素和钉螺、血吸虫病关系 …………………… 131

第10章　东线工程血吸虫病监测
　　第1节　东线工程钉螺扩散潜在途径和风险点 …………………… 136
　　第2节　东线工程钉螺监测布局 …………………………………… 137
　　第3节　东线工程血吸虫病监测预警指标体系 …………………… 140
　　第4节　东线工程钉螺和血吸虫病监测 …………………………… 145

第11章　东线血吸虫病预防控制工程
　　第1节　高水河整治工程 …………………………………………… 152
　　第2节　里运河高邮段护坡整治工程 ……………………………… 153

目 录

  第 3 节 金宝航道血防工程 ······ 154
  第 4 节 金湖站血防工程 ······ 156
  第 5 节 洪泽站血防工程 ······ 157

第 12 章 中线工程血吸虫病研究
  第 1 节 引江济汉工程概况 ······ 160
  第 2 节 引江济汉工程相关区域血吸虫病流行概况 ······ 162
  第 3 节 引江济汉工程区钉螺扩散风险和对策 ······ 163

第 13 章 引江济淮工程对血吸虫病的影响
  第 1 节 工程概况 ······ 168
  第 2 节 血吸虫病传播风险 ······ 173

第 14 章 引江济太工程对血吸虫病的影响
  第 1 节 太湖流域血吸虫病流行概况 ······ 180
  第 2 节 望虞河引江济太工程对血吸虫病传播影响 ······ 182
  第 3 节 新孟河引江济太工程对血吸虫病传播影响 ······ 187

第 15 章 水库对血吸虫病的影响
  第 1 节 水库概述 ······ 194
  第 2 节 水库作用 ······ 195
  第 3 节 水库对血吸虫病的影响 ······ 196
  第 4 节 新安江水库的血吸虫病问题 ······ 199
  第 5 节 三峡水库的血吸虫病问题 ······ 202

第 16 章 湿地对血吸虫病传播和控制的影响
  第 1 节 湿地及生态功能 ······ 210
  第 2 节 湿地对钉螺/血吸虫病的影响 ······ 212

第 3 节　钉螺控制措施对湿地生态影响和对策 ………………………………… 215

附录

　　附录 1　保芦沙埋灭螺法 ………………………………………………… 220
　　附录 2　中层取水拦螺网 ………………………………………………… 221
　　附录 3　防螺生态护岸 …………………………………………………… 222
　　附录 4　水体钉螺调查方法 ……………………………………………… 224
参考文献 ………………………………………………………………………… 225

第 1 章

工程决策和总体规划

南水北调工程与血吸虫病——科学认知和应对

南水北调工程是为了解决我国北方地区缺水、科学配置水资源、改善生态环境、促进经济发展的一项举世瞩目的宏伟大业。自提出设想后，历经半个世纪的反复调研论证和决策规划，充分体现了我国历届政府和国家领导人尊重科学、慎重决策、以人民为中心的理念。南水北调工程通过长期科学论证规划，终于使伟大理想逐步变成了效益显著的伟大工程。

第1节 伟人设想和决策经过

我国是水资源非常贫乏的国家，特别是北方地区水资源供需矛盾十分严重。早在新中国刚刚成立、各项事业百废待举之时，毛泽东主席即已思考这个问题。1952年10月30日，毛主席在第一次视察黄河听取时任黄河水利委员会主任王化云关于引江济黄设想的汇报后说："南方水多，北方水少，如有可能，借点水来也是可以的。"首次提出了南水北调的宏伟设想。1953年2月16日毛主席到南方巡视时又专门把王化云请上专列，问王化云："通天河引水问题怎么样了？"王化云回答："根据查勘的结果，引水100亿 m³是可能的。不过需要打100 km山洞，还要同时在通天河上建筑一座高坝，水就可以从通天河经过色吾曲、卡日曲进入黄河。"毛主席又问："多大工程量？得多少年完成？"王化云："约需10万人，加上机械化，10年可以完成。"毛主席不满足地说："引100亿太少了，能从长江引1 000亿 m³水就好了，你们可以研究一下。"三天后，即1953年2月19日，毛主席在乘坐"长江舰"巡视长江时听取长江水利委员会主任林一山汇报长江治理时又说："南方水多，北方水少，能不能从南方借一点水给北方？"同时，毛主席还用铅笔指向地图上腊子口、白龙江、西汉水，最后指向了汉江和丹江口，询问每一处引水的可能性，林一山一一作了回答。毛主席指示林一山立即组织查勘，一有资料即刻向他写信（汇报）。1958年3月14日，在成都政治局扩大会议上，毛泽东明确提出："打开通天河、白龙江，借长江水济黄，丹江口引汉济黄、引黄济卫，同北京连起来。"同年8月中共中央在北戴河召开的政治局扩大会议上通过并发出《关于水利工作的指示》，明确指出："全国范围的较长远的水利规划，首先是以南水（主要指长江水系）北调为主要目的，即将江、淮、河、汉、海各流域联系为统一的水利系统规划。"这是"南水北调"一词首次见诸中央正式文献。

1958-1960年中央先后4次召开全国性的南水北调工作会议，制订了1960-1963年南水北调工作计划，提出在3年内完成南水北调初步规划要点报告的目标。1959年2月，中国科学院、水电部在北京召开"西部地区南水北调考察研究工作会议"，确定南水北调指导方针是："蓄调兼施，综合利用，统筹兼顾，南北两利，以有济无，以多补少，使水尽其用，地尽其利。"1978年，五届全国人大一次会议通过《政府工作报告》正式提出"兴建把长江水引到黄河以北的南水北调工程。"1978年9月陈云就南水北调问题专门写信给水电部部长钱正英，建议广泛征求意见，完善规划方案，把南水北调工作做得更好。同年10月水电部发出了《关于加强南水北调规划工作的通知》。1979年10月，水电部正式成立部属的南水北调规划办公室，统筹领导协调全国的南水北调工作。1980年7月22日，邓小平同志视察丹江口水利枢纽工程，详细询问了丹江口水利枢纽初期工程建成后防洪、发电、灌溉效益与大坝二期加高情况。同年10月3日至11月3日，根据中国科学院和联合国大学协议，联合国大学比斯瓦斯博士等8位专家、联合国1位官员，以及我国水利部、高等院校、科研部门的专家、教授、工程技术人员共60多人，对南水北调中线和东线进行考察，并在北京举行了学术研讨会。经过考察和讨论，专家们认为南水北调中线和东线工程技术上可行。联合国专家建议在经济和环境方面补充研究南水北调问题。1982年2月，国务院批转《治淮会议纪要》，提出在淮河治理中实现南水北调工程任务，并把调水入南四湖的规划列入治淮十年规划设想。1983年3月28日，国务院以[83]国办函字29号文将《关于抓紧进行南水北调东线一期工程有关工作的通知》发给国家计委、国家经委、水电部、交通部，及江苏、安徽、山东、河北省人民政府，天津、北京、上海市人民政府。1985年3月11—12日，万里副总理、李鹏副总理主持召开治淮会议，对南水北调东线工程也进行了讨论。1988年6月9日，国务院总理李鹏在国家计委报告上批示：同意国家计委的报告，南水北调必须解决京津华北用水为主要目标，按照谁受益谁投资的原则，由中央和地方共同负担。同年11月，国务院副总理邹家华视察丹江口水利枢纽并了解丹江口水库引水至华北的规划。1991年3月召开的七届全国人大四次会议通过的《国民经济和社会发展十年规划和第八个五年计划纲要》明确提出"八五"期间要开工建设南水北调工程。1992年10月12日，江泽民总书记在中国共产党第十四次全国代表大会的报告中说："集中必要的力量，高质量、高效率地建设一批重点骨干工程，抓紧长江三峡水利枢纽、南水北调、西煤东运新铁路通道等跨世纪特大工程的兴建。"1995年6月6日，李鹏总理主持召开国务院第71次总理办公会议，研究南水北调问题。同年12月，南水北调开始全面论证。1996年3月，根据1995年国务院第71次总理办公会议研究南水北调问题会议纪要精神，经国务院领导同志批准，成立南水北调工程审查委员会，邹家华副总理任委员会主任，姜春云副总理、陈俊生国务委员、全国政协钱正英副主席任副主任，何椿霖、陈锦华、甘子玉、叶青、钮茂生、陈耀邦、王武龙等任常务委员。委员由中央和国务院有关部委、科研设计、咨询单位、大学、南水北调工程规划责任单位，淮河、长江、黄河水利委员会，以及北京、天津、河北、河南、湖北、陕西、山东和江苏8省（直辖市）主管副省（市）长、计委和水利厅负责同志共86人组成。另外聘请专家40余人参加专题审查工作。1996年6月，江泽民总书记在黄河治理开发工作座谈会的讲话中指出："为从根本上缓解我国北方地区严重缺水的局面，兴建南水北调工程是必要的，要在科学比选、周密计划的基础上抓紧制定合理的切实可行的方案。"2000年6月，南水北调工程总体格局确定为东、中、西三条线路，分别从长江上、中、下游调水。2000年9月27日，朱镕基总理在中南海主持召开座谈会，听取国务院有关部门领导和专家对南水北调工程的意见。李岚清、温家宝、王忠禹、钱正英等出席会议。会上朱镕基总理提出南水北调工程建设的"三先三后"总体指导原则,即"先节水后调水、先治污后通水、先环保后用水",明确要求南水北调工程的规划与实施必须建立在水资源合理配置的基础上。2002年12月,朱镕基总理宣布南水北调工程开工。

第2节 总体规划

南水北调工程分东、中、西三条调水线路,与长江、黄河、淮河、海河联系构成"四横三纵"为主体的总体布局(图1-1),基本覆盖黄淮海流域、胶东地区和西北内陆部分地区,从而实现我国水资源南北调配、东西互济的合理格局,充分发挥多水源供水的综合优势,共同提高北方受水区的供水保证。

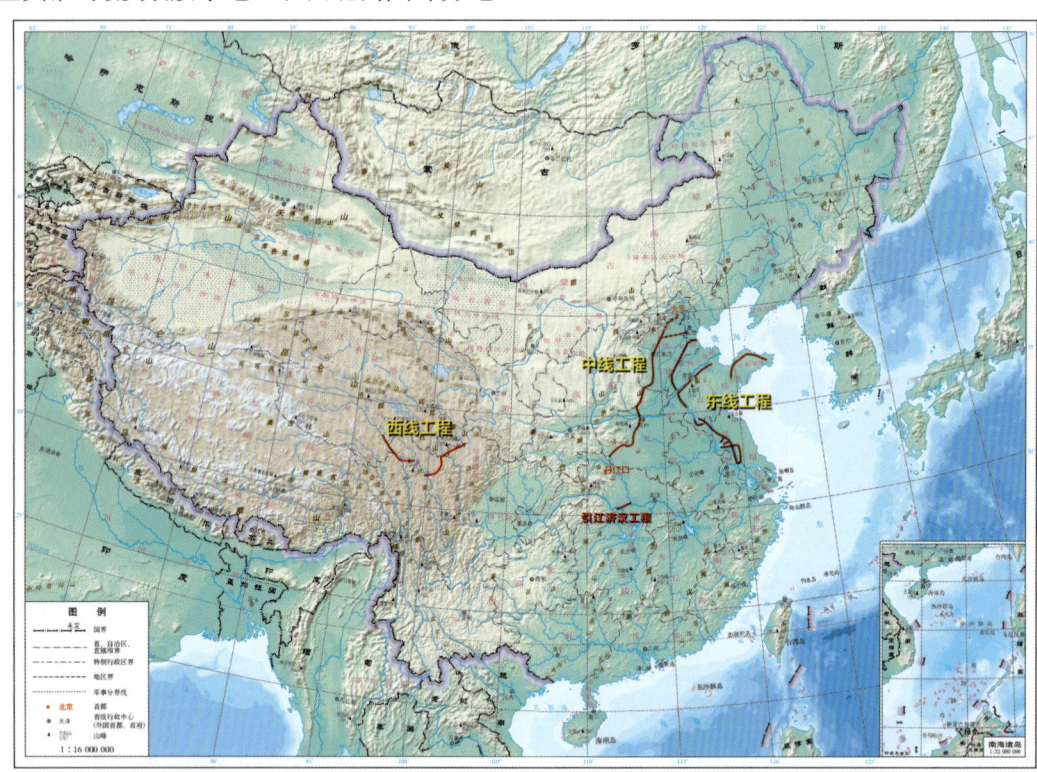

审图号:GS(2016)1609号

图1-1 南水北调工程总体布置示意图

1 东线工程

涉及长江、淮河、黄河和海河四大流域和山东半岛区,位于北纬32°~40°、东经115°~122°。工程利用江苏省已有的江水北调工程,逐步扩大调水规模并延长输水线路。东线工程从长江下游扬州附近抽引长江水,利用京杭运河及与其平行的河道逐级提水北送,并连接起调蓄作用的洪泽湖、骆马湖、南四湖、东平湖。出东平湖后分两路输水。一路向北,在位山附近经隧洞穿过黄河自流至天津;另一路向东,通过胶东地区输水干线经济南输水到烟台、威海。从长江至东平湖设13个梯级抽水站,总扬程65 m。

东线工程有江都三江营和泰州高港2个引水口门,三江营是主要引水口门。高港在冬春季节长江低潮位时,承担经三阳河向宝应站加力补水任务。从长江至洪泽湖,由三江营抽引江水,分运东和运西两线,分别利用里运河、三阳河、苏北灌溉总渠和淮河入江水道送水。洪泽湖至骆马湖,采用中运河和徐洪河双线输水。成子新河(新开挖)和二河从洪泽湖引水送入中运河。骆马湖至南四湖,有三条输水线:中运河-韩庄运河、中运河-不牢河和房亭河。南四湖内除利用湖西输水外,须在部分湖段开挖深槽,并在二级坝建泵站抽水入上级湖。南四湖以北至东平湖,利用梁济运河输水至邓楼,建泵站抽水入东平湖新湖区,沿柳长河输水送至八里湾,再由泵站抽水入东平湖老湖区。穿黄位置选在解山和位山之间,包括南岸输水渠、穿黄枢纽和北岸出口穿位山引黄渠三部分。穿黄隧洞设计流量200 m³/s,需在黄河河底以下70 m打通一条直径9.3 m的倒虹隧洞。江水过黄河后,接小运河至临清,立交穿过卫运河,经临吴渠在吴桥城北入南运河送水到九宣闸,再由马厂减河送水到天津北大港。

从长江到天津北大港水库输水主干线长约1 156 km,其中黄河以南646 km,穿黄段17 km,黄河以北493 km。胶东地区输水干线工程西起东平湖,东至威海市米山水库,全长701 km。自西向东可分为西、中、东三段,西段即西水东调工程;中段利用引黄济青段;东段为引黄济青渠道以东至威海市米山水库。东线工程规划只包括兴建西段工程,即东平湖至引黄济青段240 km河道,建成后与山东省胶东地区应急调水工程衔接,可替代部分引黄水量。

工程规划分三期:第一期工程主要向江苏和山东两省供水。抽江规模500 m³/s,多年平均抽江水量89亿m³,其中新增抽江水量39亿m³。过黄河50 m³/s,向胶东地区供水50 m³/s。第二期工程供水范围扩大至河北、天津,工程规模扩大到抽江600 m³/s,过黄河100 m³/s,到天津50 m³/s,向胶东地区供水50 m³/s。第三期工程增加北调水量,以满足供水范围内2030年国民经济发展水平对水的需求,工程规模扩大到抽江800 m³/s,过黄河200 m³/s,到天津100 m³/s,向胶东地区供水90 m³/s。

2 中线工程

丹江口水库加坝扩容后从陶岔渠首引水,沿规划线路开挖渠道输水,沿唐白河流域西侧过长江流域和淮河流域的分水岭——方城垭口后,经黄淮海平原西部边缘在郑州以西孤柏嘴处穿过黄河,继续沿京广铁路西侧北上,基本可自流到北京、天津,规划分两期实施。输水工程以明渠高线布置,充分利用水位落差,采用明渠自流方式输水,输水总干渠与沿线天然河道全部立交,封闭运行。

中线第一期工程:主要向河南、河北、北京、天津供水,多年平均年调水量为95亿m³。工程规划将丹江口水库大坝按正常蓄水位170 m一次性加高,随着水库蓄水位逐渐抬高,分期分批安置移民;兴建从陶岔渠首闸至北京团城湖全长1 267 km总干渠和154 km天津干渠;在汉江中下游兴建兴隆水利枢纽、引江济汉、改扩建沿岸部分引水闸站、整治局部航道工程。同时尚需加强丹江口水库周边及其上游地区的水污染防治和水土保持,确保水库水质安全。

中线第二期工程:增加调水量到130亿 m³。实施引江补汉、干线调蓄工程。从长江向汉江调水,并在中线工程沿线新建调蓄水库。具体拟从湖北香溪河取水,自流引水到汉江的丹江口水库大坝下面,初步规划约200 m³/s,年调水量约40亿 m³。

汉江兴隆水利枢纽:位于湖北省潜江高石碑镇与天门鲍嘴交界处,距上游丹江口大坝约378 km,距下游河口约273 km,是国家南水北调、引江济汉重点工程,也是汉江梯级开发方案中的最下游枢纽。主要作用是枯水期抬高兴隆库区水位(规划蓄水位36.2 m),减缓调水对汉江下游航道的影响,可以改善两岸灌区的引水条件,改善上游超过70km险滩密布的航道,改善南水北调后该江段的航道条件,可满足远景航运发展的需要,并兼顾旅游和发电。2009年12月实现汉江截流,这是在治理汉江史上的第四次截断汉江。工程在2013年已建成,规划灌溉面积218 401.09 km²,过船吨位1 000 t,年发电量可达2.25亿度。

引江济汉工程:是从长江荆江河段引水至汉江高石碑镇兴隆河段的大型输水工程,属汉江中下游治理工程之一。设计引水流量350 m³/s,最大引水流量500 m³/s,多年平均调水量30.8亿 m³。工程的主要任务是向汉江兴隆以下河段(含东荆河)补充因南水北调中线调水而减少的水量,改善汉江兴隆河段以下干流河道、灌区、城市用水条件,改善汉江中下游的生态环境和航运条件,促进经济社会可持续发展,是保障和改善民生的重大战略性基础设施之一。2010年3月26日开工,2014年9月26日引江济汉工程正式通水(图1-2)。

图1-2 引江济汉工程线路布置示意图

3　西线工程

水利部报送国务院的"南水北调西线工程规划"中的西线方案拟在长江上游通天河、支流雅砻江和大渡河上游筑坝建库，开凿穿过长江和黄河的分水岭——巴颜喀拉山的输水隧洞，调引长江水入黄河上游。供水目标主要是解决涉及青、甘、宁、内蒙古、陕、晋6省（自治区）黄河上游地区和渭河关中平原的缺水问题。结合兴建黄河干流上的大柳树水利枢纽等工程，还可向邻近黄河流域的甘肃河西走廊地区供水，必要时可相机向黄河下游补水。规划分三期，年调水量为170亿 m³。一期工程从大渡河和雅砻江支流调水的达曲-贾曲自流线路（简称达-贾线）；二期工程从雅砻江调水的阿达-贾曲自流线路（简称阿-贾线）；三期工程从通天河调水的侧坊-雅砻江-贾曲自流线路（简称侧-雅-贾线）。

除以上调水方案外，还有林一山与相关专家提出的"西部南水北调工程"方案、"大西线调水"方案、李国安的"藏水北调"方案、"引江入渭济黄"方案、"三峡调水"方案等。

因此，鉴于南水北调西线工程的复杂性，南水北调西线已成为新中国成立以来，我国在研持续时间最长、各种方案最为纷纭的调水工程。2019年11月国务院南水北调后续工程工作会议提出"开展南水北调西线工程规划方案比选论证前期工作"，2020年全国两会期间，由宁夏回族自治区政协主席崔波委员和齐同生委员，陕西省政协主席韩勇委员、青海省政协主席多杰热旦委员、新疆维吾尔自治区政协主席努尔兰·阿不都满金委员、内蒙古自治区政协副主席郑福田委员联名提交了《关于加快建设南水北调西线工程，为黄河流域生态保护和高质量发展提供水资源保障的提案》引起了关注。水利部高度重视提案办理情况，在组织编制黄河流域生态保护和高质量发展水利专项规划和国家"十四五"规划中纳入南水北调西线项目，建议国家尽早决策建设南水北调西线工程，努力推动南水北调西线工程尽早实施。

2020年11月13日，习近平总书记来到扬州江都水利枢纽，了解南水北调东线工程和江都水利枢纽建设运行情况，强调要把实施南水北调工程同北方地区节水紧密结合起来，以水定城、以水定业，注意节约用水，不能一边加大调水、一边随意浪费水。2021年5月14日，习近平总书记在河南省南阳市主持召开推进南水北调后续工程高质量发展座谈会并发表重要讲话。习近平总书记强调，南水北调工程事关战略全局、事关长远发展、事关人民福祉。进入新发展阶段、贯彻新发展理念、构建新发展格局，形成全国统一大市场和畅通的国内大循环，促进南北方协调发展，需要水资源的有力支撑。要深入分析南水北调工程面临的新形势新任务，完整、准确、全面贯彻新发展理念，按照高质量发展要求，统筹发展和安全，坚持节水优先、空间均衡、系统治理、两手发力的治水思路，遵循确有需要、生态安全、可以持续的重大水利工程论证原则，立足流域整体和水资源空间均衡配置，科学推进工程规划建设，提高水资源集约节约利用水平。习近平总书记指出，南水北调等重大工程的实施，使我们积累了实施重大跨流域调水工程的宝贵经验。一是坚持全国一盘棋，局部服从全局，地方服从中央，从中央层面通盘优化资源配置。二是集中力量办大事，从中央层面统一推动，集中保障资金、用地等建设要素，统筹做好移民安置等工作。三是尊重客观规律,科学审慎论证方案,重视生态环境保护,既讲人定胜天,也讲人水和谐。四是规划统筹引领,统筹长江、淮河、黄河、海河四大流域水资源情势,兼顾各有关地区和行业需求。五是重视节水治污,坚持先节水后调水、先治污后通水、先环保后用水。六是精确精准调水,细化制定水量分配方案,加强从水源到用户的精准调度。这些经验,要在后续工程规划建设过程中运用好。

《南水北调工程总体规划》是2002年编制完成的,随着南水北调东线、中线一期工程正式通水运行,东线、中线一期工程建设目标已全面实现。根据中央部署要求,国家有关部门正积极、科学推进南水北调东线工程、中线工程后续工程规划建设,积极推进西线工程规划,加快构建"四横三纵"国家骨干水网,科学推进后续工程,助力高质量发展。

第 2 章

南水北调工程的血吸虫病问题

南水北调工程是一项举世瞩目的跨流域调水工程，对经济社会和生态环境影响巨大。而血吸虫病是对生命健康危害严重、对公共卫生影响深远的一种水传性寄生虫病。由于南水北调工程输水干线在一些地区涉及血吸虫病流行区，因此引发了令人关注的血吸虫病问题。

第1节　南水北调工程与血吸虫病关系

在南水北调东线，由于我国血吸虫病流行区最北界位于江苏省宝应县（北纬33°15′），此北界以南至长江取水口历史上均为血吸虫病重度流行区。目前东线工程水源区及毗邻输水河道的高邮湖、邵伯湖仍有钉螺（钉螺是我国分布的日本血吸虫的唯一中间宿主）分布，因此东线工程和血吸虫病流行区关系密切，北纬33°15′也成为中国大陆钉螺和血吸虫病是否北移扩散的标志线。南水北调中线水源区及输水干渠沿线均非血吸虫病流行区，而丹江口大坝距汉江下游血吸虫病疫区有数百公里，加之丹江口水库正常蓄水位与下游兴隆枢纽蓄水位落差达133 m左右，汉江下游疫区钉螺不会逆流向上游扩散，因此中线工程与血吸虫病流行区无直接关系。而中线工程所谓的血吸虫病问题是引江济汉工程从血吸虫病流行区（有螺区）引水，且引水路线亦经过血吸虫病流行区所致。西线工程规划所经沿线均无血吸虫病流行，因此不存在血吸虫病问题。

第2节　专家质疑

国内有关专家鉴于国内外均有水利工程引发血吸虫病流行或扩散的报道，认为南水北调工程可能会使钉螺/血吸虫病向北方扩散，特别是在全球气候变暖条件下，南水北调工程在调水中钉螺随水流向北迁移扩散的可能性是客观存在的，并且随着气候变暖，在今后50年内钉螺的潜在分布范围可北移至山东、河北、山西等境内。汪天平等（2002）认为随着气候变暖，以前成为钉螺生存繁殖的不利因素将不复存在，很有可能有利于钉螺孳生地的北移。周晓农等（2002）通过研究温度对钉螺和日本血吸虫生长发育及传播影响（温度是影响因素之一），推测认为南水北调工程开工及全国平均气温的升高，极易发生钉螺分布向北方扩散。俞善贤等（2004）也通过我国冬季气候变暖趋势研究，推测认为南水北调工程客观上给钉螺向北输送建立了一个通道，钉螺随水流向北迁移扩散的可能性是客观存在的。

中国科学院动物研究所李枢强研究员在接受记者采访时表示：由于南水北调东线工程取水口直接是血吸虫病流行区，中线工程途经的湖北省四湖地区也是血吸虫病流行区，因此加强对南水北调工程是否会造成血吸虫病向北扩散及其在我国北方局部发生问题等的研究十分重要。李枢强认为，我国南方血吸虫病疫情是否向北方扩散,并在北方局部发生危害主要受两方面因素影响:一是感染性钉螺是否可能随水流向北迁移并短暂存活;二是钉螺向北扩散后能否繁殖。温度被认为是限制钉螺分布范围的主要因素之一,在过去的100年里全球气温已上升了0.4~0.6℃。预计受温室效应影响,在本世纪全球气温将升高1~3.5℃,日渐变暖的地球将有利于钉螺北移。目前我国血吸虫病流行区的北界,同时也是钉螺分布的北界位于北纬33°15′。但就世界范围来看,日本血吸虫病流行区的北界却在北纬36°。因此,我国第四、五大淡水湖,即洪泽湖和巢湖存在由血吸虫病非流行区沦为流行区的潜在威胁,远期扩散到山东、河南的可能性同样存在。即使目前被认为是钉螺非适宜孳生的地区,如北方部分省份在夏季其仍能受血吸虫毛蚴的攻击,最终造成人或动物感染血吸虫病。此外,南水北调工程建成后,由于长期人为地大量向北方调用江水,可能使部分钉螺通过自然选择,逐渐进化成适应北方自然环境的地理种群。李枢强说,南水北调工程为钉螺北移提供了可能性。为防患于未然,在工程实施期间及竣工后,有必要采取有效措施,包括灭螺、防螺防病、螺情疫情监测以及在非疫区人群开展预防宣传教育等活动。同时,适当开展深入研究十分必要。

时任湖北省血吸虫病防治研究所副所长徐兴建主任医师接受记者采访时说,由于南水北调中线配套工程"引江济汉"将在血吸虫病疫区上马,因此应十分警惕血吸虫病通过工程建设向周边乃至北方地区扩散。彼时,还有许多专家纷纷引用文献资料撰文表示关注,对社会舆情造成了较大影响。

2004年初,全国政协委员熊思东、吉永华在十届全国人大二次会议和全国政协十届二次会议上作了"在南水北调工程中警惕血吸虫病的传播"的大会发言,指出如果对南水北调工程引起钉螺区域扩散和钉螺向北推移的可能性放松警惕,也许会造成严重的社会和经济后果。指出有关部门沿用的20世纪70年代的调研成果已不足以支撑在气候变暖条件下的工程规划。认为南水北调工程对钉螺可能扩散的影响表现在两方面:一是工程对原血吸虫病流行区的疫情扩散问题。可能性最大的是输水主干道流经的江苏苏中里下河地区、安徽巢湖地区、湖北四湖地区。二是工程是否会引起钉螺北移至非血吸虫病流行区问题。20世纪70年代末的论证表明,钉螺分布最北不超过江苏宝应县境(北纬33°15′),北纬33°15′以北地区冬季温度过低,已不适宜钉螺生存。但进入20世纪90年代后,随全球气候变暖,江苏北部冬季温度也明显升高,影响钉螺能否北移的重要指标,北纬33°15′敏感区平均温度已从0℃升至2.5℃。因此,仅从温度指标可知,钉螺在北纬33°15′以北,徐州以南地区也可生存。因此,我国第四、五大淡水湖(洪泽湖、巢湖)存在由非流行区沦为血吸虫流行区的潜在威胁,远期可继发扩散至山东、河南省,若此则后果严重。发言中提出了有关防控措施的建议,并要求对因工程而存在血吸虫病传播潜在威胁的地区,要作前瞻性论证,尤对尚未完成工程详细设计的地段,在设计和施工前应加以针对性论证或卫生学评价。国内有关媒体即对提案内容进行了转载报道,形成了舆情热点。

但以上专家意见多是基于气候变暖而作出的推测,并未考虑工程具体布置及运行特点的影响,同时也未考虑钉螺生物学、生态学与其他人体血吸虫媒介螺蛳的差异。我国大陆分布的日本血吸虫以钉螺为唯一中间宿主,系水陆两栖螺,而其他人体血吸虫的媒介螺均为水生螺。

因此,结合工程布置、工程运行特点,以及钉螺生态学、血吸虫病流行病学及相关影响因素,研究阐明南水北调工程建设和运行对钉螺扩散及血吸虫病流行的影响,从而科学回应专家质疑和公众担忧非常重要。

第3节 政府应对

国务院及有关部门对熊思东和吉永华委员的提案发言极为重视,国家卫生部此前已组织专家赴江苏、湖北两省进行了现场调研,并与长江水利委员会等有关方面进行了座谈,于2003年3月11日向国务院递交了《关于南水北调工程对血吸虫病传播影响的调查报告》,同年7月9日向水利部发出了《卫生部办公厅关于商请水利部协调在血吸虫病疫区实施南水北调工程有关问题的函》,2004年5月25日卫生部再次向国务院递交了《关于在南水北调工程中加强预防控制血吸虫病传播扩散相关措施的报告》,2004年7月16日又向国务院南水北调工程建设委员会办公室发出了《卫生部关于在南水北调工程建设中进一步加强血吸虫病预防控制工作意见的函》。

针对卫生部门及政协提案要求,水利部在南水北调东线工程环境影响评价中专门设置了"血吸虫病北移扩散专题研究",对南水北调东线工程钉螺扩散风险重新进行研究论证,并进行专项审查。

2006年4月22日,国务院南水北调工程建设委员会办公室张基尧主任、李铁军副主任会见了国务院血防办主任、卫生部王陇德副部长一行,双方就南水北调工程建设中的血吸虫病防治问题进行了沟通和协商。

张基尧主任指出南水北调工程的中心问题是生态环境的可持续性问题,加强南水北调工程建设和运行的血防工作,不仅是卫生部门的职责,同时也是工程建设部门需要高度重视的问题。南水北调工程要加强生态环境建设,重视工程的生态效应和社会效益,要高度重视血防工作,保证施工人群及沿线人民的卫生与身体健康。南水北调工程施工区涉及部分血吸虫病疫区,要做好工程建设中的血防工作,一是要思想高度重视,认识要到位,在南水北调工程规划和建设过程中,要高度重视血防工作,做到防患于未然;二是要完善机构,加强监测,要完善监测机构的设置,及时监测,不致疏漏;三是要加强问题研究,为工程建设中的防治措施提供依据,要加强对气候变暖可能造成东线血吸虫病北移扩散的潜在性威胁的研究,重视中线引江济汉工程血吸虫病的防治工作;四是要采取必要的工程措施,防止工程可能造成的病疫上的扩散问题,要加强水源地的清滩防护及疫区新挖、扩挖工程和分水口门交叉处的护砌工作;五是要加强预防,改水改厕,防止血吸虫病介水传播。2004年6月9—10日,国务院原南水北调办公室组织水利、卫生等部门对南水北调东线工程项目区血吸虫病防治工作进行了现场调研。调研小组由国务院原南水北调办公室李铁军副主任带队,中国疾病预防控制中心、水利部调水局、淮河流域水资源保护局及原南水北调办公室环境与移民司的有关同志组成。调查组听取江苏省卫生厅和水利厅关于血吸虫病防治工作和南水北调工程建设情况的汇报后,赴扬州实地考察了南水北调东线源头三江营、三阳河、潼河输水沿线区域、宝应县施工现场和里运河高邮段血防工作,同时考察了江都水利枢纽。为了加强南水北调工程血吸虫病问题的研究,国务院原南水北调工程建设委员会办公室专门安排了"南水北调中线引江济汉工程血吸虫病防治措施研究",以及"南水北调东线工程造成血吸虫病北移的可能性及对策研究""南水北调东线工程防止血吸虫病扩散的工程措施研究""南水北调东线工程预防血吸虫病扩散监测系统和应急预案研究""南水北调东线工程血吸虫病北移扩散监测与预警研究"和"南水北调东线工程血吸虫病监测研究"等系列研究。研究成果消除了社会舆论和国家有关部门的疑虑和担忧,为工程规划设计、环境影响评价提供了科学依据,为确保工程顺利建设和安全运行提供了重要保障,获得了国内卫生(血防)、水利、生态、环保等专家和有关部门的肯定。

第 3 章

血吸虫病和钉螺概述

血吸虫属扁形动物门、吸虫纲、复殖目、裂体科、裂体属（血吸虫属）。成虫雌雄异体，寄生于哺乳动物静脉血管（肠系膜静脉、盆腔静脉或膀胱静脉丛）而导致血吸虫病。血吸虫的生活史需经有性繁殖的终宿主和无性繁殖的中间宿主。终宿主包括人和哺乳动物，中间宿主为淡水螺。寄生于人体的血吸虫有6种，分别是日本血吸虫、曼氏血吸虫、埃及血吸虫、间插血吸虫、湄公血吸虫、马来血吸虫。

日本血吸虫首先由Kasai（1903）在日本一病人粪便中发现虫卵，1904年由日本寄生虫学家Katsurada在日本片山地区病人粪便中找到类似血吸虫卵，后又在猫体门静脉血管中找到血吸虫成虫，命名为日本血吸虫（*Schistosoma japonicum* Katsurada, 1904）。日本血吸虫分布在日本、中国、菲律宾、印度尼西亚，由觿螺科（George M. Davis 等学者称圆口螺科）的钉螺传播。

曼氏血吸虫由Manson于1902年在西印度群岛人体中发现，由Sambon命名为*Schistosoma mansoni* Sambon, 1907。曼氏血吸虫分布于非洲、中东、巴西、苏里南、委内瑞拉和加勒比海地区等54个国家和地区，由扁卷螺科中的双脐螺传播。

埃及血吸虫是由德国医生Bilharz（1851）在埃及开罗一医院尸体解剖中发现，1852年由Von Siebold在医学会议上代为宣读这一发现，并命名为*Distoma haematobium*，后由Weinland改名为*Schistosoma haematobium*（Bilharz, 1852）Weinland, 1856。埃及血吸虫分布在非洲和东地中海，由扁卷螺科的小泡螺（又称水泡螺）传播。

间插血吸虫由Fisher于1934年在非洲刚果病人粪便中发现虫卵，命名为*Schistosoma intercalatum* Fisher, 1934。间插血吸虫分布在扎伊尔、加蓬、刚果、中非及喀麦隆等国家，乍得、尼日利亚等地也有流行，由扁卷科中的福氏小泡螺、球形小泡螺或其他小泡螺所传播。

湄公血吸虫由Voge根据虫卵形态、中间宿主和其他形态学和生物学特征而定名为*Schistosoma mekongi* Voge, 1978。湄公血吸虫分布于老挝、柬埔寨和泰国，由开放拟钉螺传播。

马来血吸虫首先由Murugasu和Dissanaike于1973年在马来西亚当地居民内脏组织中发现，后又在彭亨州居民中续有发现，1980年Greer等证实当地有两种小罗伯特螺（*Robertsiella*）可作为马来血吸虫的中间宿主，并发现有自然感染的终宿主——米氏鼠（*Rattus muelleri*），后于1988年命名为*Schistosoma malayensis* Greer, 1988。马来血吸虫分布于马来西亚半岛，由卡波小罗伯特螺（*Robertsiella kaporensis*）及吉士小罗伯特螺传播。

第1节 日本血吸虫和日本血吸虫病

日本血吸虫病在我国流行历史悠久，20世纪70年代出土的湖南马王堆西汉女尸和湖北江陵凤凰山西汉男尸中均发现日本血吸虫卵，表明日本血吸虫和日本血吸虫病在我国的存在远远超过2 100年。1905年湖南省常德市广德医院美籍医师Logan发现并报告在一名18岁渔民粪便中检出日本血吸虫卵,这是近代确认的我国首例日本血吸虫病。1881年德国学者V. Gredler命名来自湖北省武昌县金口镇的肋壳钉螺为 Oncomelania hupensis Gredler 1881,1923年美籍学者E. C. Faust和H. E. Meleney在苏州吴县陆墓发现钉螺,并从钉螺体内检出日本血吸虫尾蚴。我国学者陈方之、李赋京、姚永政、吴光等也在中华人民共和国成立前开展了大量实地调查,报告了钉螺分布和日本血吸虫病的流行,证实了湖北钉螺是日本血吸虫唯一的中间宿主。

1 日本血吸虫生物学

日本血吸虫生活史分成虫、虫卵、毛蚴、母胞蚴、子胞蚴、尾蚴和童虫7个阶段(图3-1)。

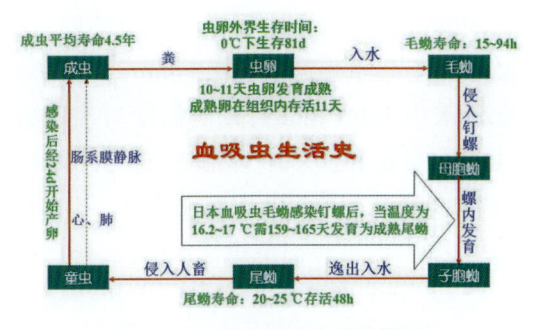

图3-1 日本血吸虫生活史简图

1.1 成虫

日本血吸虫成虫为雌雄异体,通常雌雄虫体呈合抱状态,寄生于人和其他多种哺乳动物肠系膜静脉中。雄虫乳白色,圆筒形,背腹扁平,平均长10~18 mm,虫体最宽处0.44~0.51 mm,两性虫体前端具有口吸盘和腹吸盘。雄虫在腹吸盘后,虫体两侧向腹面卷曲呈沟槽状,雌虫居于此沟内,故称抱雌沟。雌虫暗褐色线状,前细后粗,平均长13~20 mm,中段最宽,为0.24~0.30 mm。抱雌沟开始部沟较浅且不封闭,雌虫前端由此伸出,抱雌沟中部既宽且深,致抱雌沟密闭而紧抱雌虫,抱雌沟尾部逐渐变浅变窄,雌虫尾部露出。雌雄成虫体壁均有明显的褶嵴和凹折,呈海绵状,具有吸收和交换等功能。如雌雄成虫未能合抱则不能发育至性成熟。成熟雌虫在肠系膜静脉,甚至在肠黏膜下静脉长期连续产卵。雌虫产卵时呈阵发性地成串排出,以致虫卵在宿主肝、肠组织血管内沉积成念珠状。许学积等(1958)报道小鼠感染中国大陆品系日本血吸虫后不同时间雌虫产卵数不同。感染后第26~33 d每条雌虫平均每天产卵150只;感染后34 d产卵数增至664只;感染后44 d产卵数达高峰,每条雌虫平均每天产卵2 092只;感染后第58 d产卵数降低为929只;感染后第68 d每条雌虫平均每天产卵370只。产卵总数中7.7%排入粪便和肠内容物中,18.3%沉积于小肠组织,50.8%沉积于大肠组织,22.5%沉积于肝脏,1%沉积于肠系膜和脾等组织。研究表明,日本血吸虫雌虫产卵力因虫的品系、宿主种类及虫龄等而有所差别。日本血吸虫成虫寿命平均为4.5年。

1.2 虫卵

日本血吸虫卵由雌虫产出后大部沉积于宿主的肠和肝组织中,约经11 d发育为含毛蚴的成熟卵,虫卵成熟后约10~11 d死亡。小部分沉积于肠壁的成熟虫卵在肠黏膜层形成嗜酸性脓肿并可向肠腔内破溃,虫卵随破溃的肠黏膜进入肠腔后随粪便排出。随粪便排出的虫卵大多数是含有毛蚴的成熟卵,但也有较早期的未成熟卵和不正常的变性卵。日本血吸虫卵呈类圆形或椭圆形,无卵盖,淡黄色,具有一个短小的侧突。接近成熟或成熟卵的大小为(58~109)×(44~

17

80) μm，平均为 83 μm×62 μm。成熟卵含有构造清晰、纤毛颤动的毛蚴。未成熟卵一般略小，卵内虽无毛蚴，但有清晰的不同发育阶段的卵胚构造。变性卵内部构造模糊不清，甚至卵壳变黑。

成熟虫卵入水后，卵内毛蚴活动增强，焰细胞不停闪动，纤毛运动强烈，并在卵壳内不停旋转翻动，直至破壳而孵出。毛蚴从卵内逸出时间很快，仅 0.1~0.3 s。孵化时卵壳多呈纵裂，且裂口外翻。血吸虫卵的孵化与渗透压有明显关系，因此虫卵在血液、肠内容物或尿液中不能孵化，只有在排出外界，在淡水稀释后才能孵出毛蚴。因此，虫卵进入外界淡水是其孵化的必要条件之一。

实验表明，日本血吸虫卵可在 2~37℃ 孵化，但以 10~30℃ 孵化居多，最适孵化温度为 28℃（25~30℃）。高温对虫卵明显有害，但虫卵在 1.5~5.5℃ 低温时大多数能存活 95 d 以上。在 −3~−5℃ 时 1~2 d 内虫卵全部死亡。光照能加速虫卵孵化，光照愈强虫卵孵化愈快，但在 75~300 W 人工灯光或强阳光下虫卵孵化并未随光照强度增加而加速。在完全黑暗环境中，虫卵孵化几乎被完全抑制。虫卵在 pH 3.0~8.6 时可以孵化，但最适宜孵化的 pH 为 7.4~7.8。pH 2.8 或 pH 10.0 以上时虫卵孵化完全被抑制。水中余氯含量大于 0.3 mg/L 即可影响虫卵孵化，而水中氨含量达 1.5 mg/L 亦未见对虫卵孵化有影响。硫代硫酸钠对血吸虫卵孵化无影响，0.01%~0.05% 的明矾可抑制虫卵孵化。

1.3 毛蚴

日本血吸虫毛蚴在游动时呈长椭圆形，在活力大时呈细长形，活力减弱、静止或被固定时呈卵圆形或椭圆形，平均大小在 99 μm×35 μm。体前端有突出的钻器，体前半部中央有一个顶腺和两个侧腺（或称头腺），其分泌物是虫卵可溶性抗原的主要成分。毛蚴的中央部分有神经节，排泄系统有焰细胞 2 对，分列在毛蚴的前后，排泄管很长，弯曲盘绕在虫体内，并通入第三列纤毛板的排泄孔。毛蚴体表具有 21（或 22）个扁平的纤毛上皮细胞，每个纤毛上皮细胞生长有无数纤毛，每根纤毛长 4~5 μm。这些纤毛有节奏的煽动可使毛蚴在水中按直线快速游动和旋转前进。毛蚴的活力和寿命与水质、水温及 pH 等因素关系密切。毛蚴刚孵出时游速为 2.27 mm/s，1~5 h 为 2.0 mm/s，8 h 后减为 1.52 mm/s；在 4℃ 时毛蚴游速为 0.5 mm/s，12℃ 时为 1.4 mm/s，22℃ 时为 2.2 mm/s，34℃ 时为 3.8 mm/s。毛蚴在相同温度不同水质时游泳速度也不同，在 22℃ 人工泉水中游速为 2.5 mm/s，在 1.7% 食盐水中为 0.1 mm/s；光照强度与毛蚴游泳速度呈正相关。日本血吸虫毛蚴孵出后在 20~25℃ 时可存活 10 h 以上；在 10~33℃ 之间，温度越高毛蚴活动越大，死亡也越快；在 37℃ 时毛蚴在 20 min 内活动显著减少，至 2 h 则几乎全部不再活动而死亡。在 pH 7.5~8.5 时毛蚴活动良好，但 pH 5.0 或 10.5 时毛蚴很快死亡；盐浓度≥0.7% 时毛蚴存活时间减少，盐浓度在 0.175% 和 0.35% 时毛蚴存活时间明显较淡水中长。日本血吸虫毛蚴具有向光性、向温性。在 15℃ 条件下毛蚴对任何光照强度均具有正趋光性反应，在已知光照强度时，毛蚴趋光性反应的速度与水温呈直线正相关；日本血吸虫毛蚴在不同温度范围中选择 13~15℃ 的区域。毛蚴袭击和吸附螺组织后 10~20 min，毛蚴前端突出的钻器明显伸长作钻穿动作，将螺蛳软组织钻破后从裂口处伸入而固定在软体组织。与此同时毛蚴的顶腺排出含酶的分泌物以溶解和消化螺蛳的上皮组织,毛蚴不断交替伸缩运动从被溶解的组织中进入螺体,进入螺体后毛蚴顶腺细胞的内容物已基本排空,毛蚴的纤毛上皮细胞一直保留至钻穿完毕,在进入螺体数 h 后才失去纤毛上皮细胞结构。因此,毛蚴通过吸附作用、机械作用和化学作用而钻入螺体。毛蚴也能钻入一些非正常宿主螺蛳,但不能在其体内完成发育。在自然条件下有许多因素可影响血吸虫毛蚴对螺的感染,如水温、流速、水质、水的 pH、风力、风向、光照、毛蚴数量和时龄、螺蛳密度等。水温在 21~31℃毛蚴对钉螺的感染率无显著差别,但在 5℃时感染率明显低于 28℃。在流动水中一定的流速可增加毛蚴感染螺的机率,但流速大于 10 cm/s 时螺的感染率显著下降甚至不感染。在水容量相同情况下,毛蚴数量增加则螺的感染率也增加;毛蚴与螺接触时间增加则螺的感染率也增加;刚孵出的毛蚴感染力强,随毛蚴时龄增加则感染力逐渐下降。

1.4 胞蚴

毛蚴钻入螺体后,经过两代胞蚴的无性繁殖后形成尾蚴。第一代胞蚴称为母胞蚴(或称初级胞蚴),第二代胞蚴称子胞蚴(或称作次级胞蚴)。

母胞蚴:在毛蚴侵入钉螺后 48 h 即在局部血淋巴中形成早期母胞蚴,其体内聚集充满细胞核的生发细胞。随着生发细胞的增多,在胞蚴体壁的内壁边缘形成了一层厚薄不均匀的膜壁细胞层,同时由于网状细胞的不断增加,致使边缘的膜壁细胞层增厚,形成明显的母胞蚴外形。在毛蚴侵入钉螺后 9~45 d,母胞蚴主要寄生于钉螺的头、足、鳃及心脏等处。45 d 以后移行于钉螺前列腺(雄螺)、受精囊(雌螺)、肠、胃的前端、内脏囊下的间隙及疏松结缔组织中。早期母胞蚴呈囊状或袋状,较透明,两端钝圆。全身体表具有环形下陷的环槽和两槽间凸起的环嵴。体壁由外质膜、基底膜和体被下层三部分构成。外质膜的表面布满微绒毛,紧接外质膜的内侧分布有椭圆形的线粒体,下接基底膜。体被下层为外环肌及内纵肌的两层肌肉,前者环行走向,后者沿体长轴纵行。内侧有体细胞和生发细胞。生发细胞进一步发生形成多细胞团块,在第 29 天的母胞蚴中已出现生发细胞的团块。早期的细胞团块所含的细胞数目少,且多附着于母体体壁上。至后期,其细胞数目增多,开始游离于育腔中。母胞蚴不断生长,体积增大,并且体内生发细胞形成的团块数目也增加。成熟的母胞蚴体内常充斥着各个不同发育时间的子胞蚴,其大小形状不一,呈圆形、椭圆形或长椭圆形。日本血吸虫母胞蚴可在钉螺体内生活 10 周以上,并可不断产生子胞蚴。但母胞蚴所产胚性子胞蚴和移行性子胞蚴的数量随感染进程而有所波动。母胞蚴一般无明显活动,仅偶然可见作伸缩、摇摆和突然冲击等活动。此时,母胞蚴体壁很薄,容易破裂,释放出子胞蚴,留下的母胞蚴不再继续繁殖,不久便萎缩。

子胞蚴:外形呈囊状,但较母胞蚴细长。有前后端的区别,前端稍狭,有小突起如吻,也有小棘。子胞蚴的活动力较强,渐向螺的肝腺移动,达到肝腺后,活动力减弱,蜷曲于肝组织中。进入肝腺后,子胞蚴长度增加很快,宽度增大不均匀,故形成节段。发育阶段的子胞蚴长短不一,约 300~1 000 μm,成熟的子胞蚴体长可达 3 mm 或更长。体被的结构虽与母胞蚴相似,也由外质膜、基底膜、体被下层所构成,但子胞蚴体被具有小棘构造。其外质膜有明显的3~4层膜所构成并蜿蜒在体表,膜间有类似膜状囊泡的构造。在子胞蚴的育腔内充满了体细胞、生发细胞及其所演化为尾蚴的幼胚和支持细胞等。生发细胞发育成胚,每个幼胚约含4~85个细胞。在幼胚演化尾蚴的过程中,首先出现尾芽,并开始呈现体部与尾部的分化。随后形成了头部,口孔下陷,具有6对大形核的细胞,纵列两行。最后分化形成了尾蚴,具有明显而完整的体部和尾部,在体的中后部都具有明显的细胞,即是原始的钻腺细胞。子胞蚴内成熟尾蚴的形成是不同步的,往往在一个子胞蚴内可以同时查见成熟的尾蚴及不同发育阶段的幼胚。成熟尾蚴离开子胞蚴后,子胞蚴本身并不萎缩,生发细胞能继续不断地生长和分化成幼胚,而幼胚又不断发育成尾蚴。由于卵细胞受精时就已决定了合子(受精卵)的性别,因此由分裂而成的幼胚和尾蚴均为同一性别。实验表明,以单个日本血吸虫毛蚴感染钉螺后,最早于42 d开始逸出尾蚴,平均逸尾蚴32.1 d,每螺平均逸尾蚴232.2条;而用多条毛蚴(2~5条)感染钉螺后,最早于45 d逸尾蚴,平均逸尾蚴66.5 d,每螺平均尾蚴总数279.4条。据许学积(1958)报告,对4只自然感染的湖北钉螺于5月份平均室温为20.5℃时进行连续21 d的按日逸尾蚴数观察,每螺平均每天逸尾蚴数各为140.2、101.8、249.1条和110.3条,其逸尾蚴总数分别为2 944、2 138、5 231和2 317条。许正元等(1989)观察250只感染性钉螺在整个生存期中平均每螺逸蚴数为1 148.85±96.29条,最多为8 079条。

1.5 尾蚴

日本血吸虫尾蚴由体部及尾部组成,尾部又分为尾干及尾叉,它全长(280~360) μm×(60~95) μm,体部大小为(100~150) μm×(40~66) μm,尾干为(140~160) μm×(20~30) μm,伸直的尾叉长50~70 μm。与尾部相连接处的体部为一衣领状喇叭口构造,其中套接着尾部。体部前端为特化的头器,口位于体前端正腹面的亚端部,其直径为2.5~3.0 μm。口孔下连接细长的食道,在体中部作极短的分支。腹吸盘位于体后部的1/3处,在其上密生着略较其他部位为长大的棘。尾蚴体部前端具有特化的、略能伸缩的头器,它由强有力的倒锥形肌控制其伸缩动作。在头器顶端具有两排半月形的由体壁隆起形成的嵴,其中为钻腺导管开口,故每一开口周围均由体壁隆起的嵴所包围。在两排半月形结构外缘各有7个呈梨形的乳突,乳突包括三个部分:球状基部、围颈及一根粗短纤毛。尾蚴的体壁具有许多细小的凹窝及小棘。除头器顶端、口径、尾叉末端突出体尾连接处的内侧未查见棘外,全身几乎布满小棘。不同部位的小棘,其外形及大小略有不同。体前端头部的棘略较粗钝,呈芝麻状密集地平伏于体表。口孔后的躯干部和尾部的棘略较尖锐,呈三角齿形斜竖于体表。所有体表棘的尖端均朝向体的后方。尾干上棘的分布略较稀疏,而尾叉上棘的分布不很匀称。尾蚴体被内面为肌肉层,分外环肌和内纵肌两层。肌肉为平滑肌纤维,由直径厚约25 nm和薄约5 nm的肌丝构成。尾部的肌肉亦具有外、内二层,外为薄的环肌层,内为厚的纵肌层。肌细胞在环肌层为平滑肌纤维,但在纵肌层具有致密的横带的厚和薄的肌丝,系横纹肌。尾蚴体部的实质组织系致密的网状结构,它主要含有网状细胞和嗜酸基质的一种间叶组织以及肌细胞和神经细胞。在尾蚴体内中后部有5对大型单细胞钻腺，呈左右对称排列，其中2对位于腹吸盘前，称前钻腺；3对位于腹吸盘后，称后钻腺。在钻腺细胞中，有细胞核、内质网和高尔基复合体，细胞质中均充满许多分泌颗粒。前钻腺含粗颗粒，呈同质性均匀的电子致密小体。大多数为中等电子致密带有卵圆电子透亮小体，大小约0.9 μm。后钻腺含细颗粒，为散在的、有膜的长椭圆形或不规则形的颗粒。一些颗粒呈同质性，大小、形状和密度不一的电子致密小体，大多数小体的直径为0.6 μm。每一钻腺细胞分别由一条细长的导管分左右两束伸入头器，并开口于顶端。尾蚴排泄/渗压调节系统由焰细胞、毛细管、集合管、排泄囊及排泄孔等组成，在体的两侧作对称排列。焰细胞共4对，分布于体部3对，尾干基部1对。焰细胞长约14~15 μm，宽约3~5 μm，在其顶端有一个大细胞核和较少的细胞质，在核的周围有数个线粒体。从细胞质生长出直径为0.1 μm的约100根细长纤毛，它伸向排泄管腔呈刷状。在排泄管和细胞质连接处，有一小隙呈0.2 μm厚的漏斗状过滤部。排泄管的大小及管壁的厚薄各段不同，在管壁上长有长度不一的绒毛状微突和许多纤毛，而且管壁含有丰富的碱性磷酸酶活力。排泄囊的内壁具有许多绒毛状微突。尾蚴神经系统由中枢神经节、神经干和外周感觉乳突组成。中枢神经节位于体部前1/3处，两端膨大，中间有很粗的神经连合，中枢神经节均与神经纵干相连。两侧对称的神经干有3对，即：背神经干、腹神经干和侧神经干，3对纵神经干分别在体部末端汇合。一对腹神经干最为粗大，呈"V"型，延伸到头部，前端分叉；延伸至腹吸盘处有一对分支进入腹吸盘形成腹吸盘神经环。背神经干较细，呈"U"型，也延伸到头部，未见前端分叉。背部还具有横向神经纤维，整个体部有5根，与纵神经干交叉成大方格子状。侧神经干围绕虫体两侧而行。一对背神经干在体部末端汇合时，各分出一分支进入尾干。入尾干后，每支又分为2分支，故有4条纵神经沿尾干下行，至尾叉处每侧各有2支进入并于尾叉末端汇合。在外周神经的末端具有3型神经末梢构造的感觉器，第1、2型是含有纤毛感觉乳突，第3型是感觉小窝。含纤毛感觉乳突有球状的基部，直径约1.0~1.5 μm，它凸出于体表界面，一根纤毛从球顶伸出。体壁通过环状隔开的桥体包围着纤毛和球状物连接。纤毛长2~8 μm，具有常见的"9+2"排列的微管及一个大的基体。在头器顶端有两排半月形结构外缘的7对乳突即属于此型感觉器之一，其特点是有鞘包绕成围颈，且纤毛粗短。其余的含纤毛感觉乳突均分布于体部及尾部，在体部多呈两侧对称的排列，纤毛长，且无鞘。因此，第1、2型感觉器虽都具有单根纤毛，但又可根据其有无围颈及纤毛的长短加以区别。感觉小窝仅分布于体部的前端，数目少。小窝直径约1.5 μm，位于体壁下。小窝深1.7 μm，内含6根以上的纤毛，但纤毛均不伸出小窝，故又称为内壁多纤毛小窝。在小窝的内壁为神经末梢，它含有电子透亮的囊泡和纤毛的基体。感觉器在尾蚴体部的分布位置及数目呈现一定的格式：背面具有9对感觉器，其中第1、2对系感觉小窝，第3~9对为含纤毛感觉乳突，而且第3对和第4对几乎并列。腹面具有7~9对感觉器，其中第1、2对系感觉小窝，其余为含纤毛感觉乳突。体两侧各有8个含纤毛的感觉乳突。腹吸盘上有4个含纤毛感觉乳突。尾干上的感觉乳突也是含纤毛的,其数目常有变异,背、腹面各有6个以上。尾蚴神经系统的中枢神经和外周神经均含有丰富的胆碱酯酶活力,其末梢感觉器除含上述酶活力外,尚有嗜银特性。一般认为含纤毛感觉乳突可能是接触液流感觉器,接受施于纤毛上的机械压力,以协调运动。感觉小窝则可能是化学感受器,用以探知所接触基质的化学物质。

日本血吸虫尾蚴自钉螺体内逸出后多向上游动而集中于水面,并以其腹吸盘附着于水体的界面,尾巴下垂略向后弯的姿态静止地漂浮在水面上,期间可有短时间或短距离的间歇性游动。当感染性钉螺在水面下0~10 cm时,无论什么温度,绝大多数尾蚴逸出后很快上升至水面;若钉螺在水面下75~85 cm及155~165 cm深处,温度在15℃以下时,尾蚴上升至水面较缓慢;在20℃以上时2/3逸出尾蚴可在5 h内升至水面(叶嘉馥,1958)。尾蚴在水体中以尾部向前倒退姿势游动,这是由于尾干内纵列的肌细胞交互收缩而使尾干作环状旋转,从而使尾叉如推进器般随虫体旋转而动。尾蚴在自然水体中的游动受水的流速、流向和风向等因素影响。在水网地区河道水温为18~22℃及流速为0.02~0.15 m/s时,水面的尾蚴可随水流方向漂移达200 m。长江水流为0.1 m/s时,下游600 m处仍可查到较多尾蚴,而在侧面100 m处则未能查到尾蚴,说明尾蚴主要随水流方向扩散。在湖沼地区,湖面尾蚴可随风力吹向湖岸,使近湖岸处水面尾蚴集中;若风向从湖岸吹向湖心时,距湖岸1 000 m处小鼠测定感染率可达95%。谢木生等(2000)报告洞庭湖涨水期(5、6月)和退水期(9月)是尾蚴逸放高峰期,尾蚴分布在距湖岸大堤120 m内,特别是60 m以内尾蚴分布最为集中。石亮俭等(1999)报告长江汛期江滩感染性钉螺释放的尾蚴导致下游6 500~6 950 m的无螺区600多居民感染血吸虫。谢朝勇等报告(2011)通江河道通江口感染性钉螺可使下游河道3.8 km和6.6 km处的哨鼠感染。

尾蚴在水中并不摄食,主要依靠体内贮存的内源性糖原代谢获得能量,因此尾蚴需在其体内供给能量耗尽前遇到适宜的哺乳动物宿主才能成功感染。日本血吸虫尾蚴最适宜感染的温度为15~30℃,在此温度范围以外尾蚴感染率均降低。在pH 6.6~7.5尾蚴感染力无明显差别,但在pH 4.6和pH 8.4时尾蚴感染力显著下降。0.5~200 mg/L氯化钠对日本血吸虫尾蚴感染力无明显影响,12 800 mg/L高浓度氯化钠可抑制日本血吸虫尾蚴感染宿主。

尾蚴从钉螺体内逸出后在水中生存时间与水温密切相关,一般温度愈高尾蚴寿命愈短。日本血吸虫尾蚴在不同温度水中的死亡时间:55℃时1 min,50℃时3 min,45℃时20 min,40℃为4 h。在20~25℃可存活48 h,在10℃可存活108 h。但在5℃以下低温并不能延长尾蚴寿命。在pH 1.0~1.2时,尾蚴立即死亡;pH 1.6~1.8时在3 min内死亡;pH 2.9~3.0时在17 min内全部死亡;pH 4.0时可存活4 h;pH 4.6~9.8可存活48 h以上。紫外线照射可对尾蚴造成明显损害,夏季日晒2~3 h(水温29~30℃),春季日晒3~4 h(水温20~21℃)均能使尾蚴死亡。

在人或哺乳动物与水接触时,静止在水面的尾蚴即黏附其皮肤表面,在水分未干或将干之际主动侵入皮肤。研究表明:尾蚴自钉螺逸出后 6~12 h 内,在 20~25℃室温下,尾蚴侵入去毛的小鼠及家兔腹壁皮肤最短时间为 10 s,侵入豚鼠皮肤约需 30 s。接触 3 min 后所有实验动物均被感染。

1.6 童虫

血吸虫尾蚴侵入皮肤后,尾部立即脱落转变为童虫(从钻进皮肤脱掉尾部直至发育成熟前的阶段统称为童虫)。童虫在终末宿主体内边移行边生长发育,途经皮肤、肺、肝等器官,经历了一系列的发育过程,最后定居于肠系膜静脉中。由于发育速度的不同步,故相同日龄的童虫个体间存在着明显的差异。童虫在终末宿主体内发育过程分为 8 期。

第 1 期:体壁转变期。从尾蚴钻入皮肤脱掉尾部至第 2 d 的童虫,外形及内部构造与尾蚴体部相似,但略改变细长,外形虫样,且柔软。虫体从适应淡水变为适应血清—盐水的环境,若遇水躯体立即膨胀而死亡。虫体多停留在皮肤,但部分虫体已离开皮肤向肺移行。

第 2 期:细胞分化期。第 3~7 d 的童虫,体稍为粗长。体前端距腹吸盘前缘的长度明显地较体后端距腹吸盘后缘的长度为长。虫体寄居肺外,部分已移行至肝。

第 3 期:肠管汇合期。第 8~10 d 的童虫,虫体增长增大,从腹吸盘距前端或后端的长度已基本相等。腹吸盘形如托盘,出现圆边的构造,并在其内壁表面生长小棘。口部背面继续生长和分化,终于形成了完整的口吸盘。有口腔,马蹄形的两支肠管伸长并在体后方开始汇合成单一盲管。按其汇合处的形状可分为尖狭型如"V"和钝宽型如"U",前者是雄虫肠管汇合的特点,后者是雌虫的特点。因此,依据虫体肠管汇合的尖钝、体形的粗细和吸盘大小等一般形态即可辨认雄、雌性别。

第 4 期:器官发生期。第 11~14 d 的童虫,虫体迅速增长增大。童虫生长迅速,主要是腹吸盘后的体部明显增长。腹吸盘之后的体长超过了腹吸盘之前的体长,并且雌虫的体长开始超过雄虫。雄虫口、腹吸盘明显地大于雌虫。雄虫在腹吸盘后的体部先出现明显增宽,继而两侧体部扩大向腹中线方向弯曲,形成了抱雌褶的轮廓,故在其腹面中央出现了凹陷,成为一条沟槽,即未来的抱雌沟。雌虫卵巢和卵模初具雏形,输卵管和子宫呈一条细胞索的构造。此阶段虫体离开肝内血管,向门-肠系膜静脉移行。

第 5 期:合抱配偶期。第 15~18 d 的童虫,雌雄两性虫体最早开始配偶合抱。雌虫较雄虫为细,而雄虫的口、腹吸盘远较雌虫的大而坚实。雄虫在第一个睾丸上方出现贮精囊,抱雌褶增宽,抱雌沟明显。雌虫的卵巢明显,卵模腔内壁衬着上皮细胞,并在卵模前房周围分布着梅氏腺细胞,但输卵管、卵黄管及子宫的腔道尚未全部形成。此阶段虫体定居于门-肠系膜静脉。

第 6 期:配子发生期。第 19~21 d 的虫体,两性虫体的生殖器官及其相应管道都已形成。雄虫的睾丸及贮精囊中有精子,雌虫子宫的细胞索构造,从前端开始因细胞核的萎缩或崩解脱落而形成腔道,所以子宫腔和卵模腔已相通,卵巢下端的卵细胞先发育成熟并在第 21 d 的输卵管中出现卵细胞。合抱结伴的虫体寄居于门-肠系膜静脉。

第 7 期:卵壳形成期。第 22~23 d 的虫体,雌虫的卵黄腺小叶结构明显,卵黄细胞发育成熟,并在其细胞质中出现了制造卵壳的材料:酚、酚酶及碱性蛋白质。卵细胞和成熟卵细胞分别自输卵管及卵黄管进入卵膜开始造卵。新形成的卵暂贮存于子宫内。

第8期：排卵期。在第24 d以后，雌虫开始排卵，卵黄腺继续产生成熟卵黄细胞，并连续不断形成新卵。

2 日本血吸虫病

日本血吸虫病在我国流行于长江流域及以南12个省、直辖市、自治区，调查表明我国血吸虫感染者曾高达1 200多万，受威胁人口曾达1亿人，历史有钉螺面积148亿 m^2。

2.1 致病机理

血吸虫病是一种免疫性疾病。人或动物感染血吸虫后免疫系统即针对血吸虫各发育阶段（尾蚴、童虫、成虫及虫卵）抗原产生体液和细胞免疫应答，从而产生伴随免疫和超敏反应为基础的一系列免疫病理变化。

2.1.1 尾蚴引起的免疫病理损害 血吸虫尾蚴钻入宿主皮肤时脱去尾部，仅体部穿入皮肤变为童虫。童虫在皮肤停留不到1 d即离开皮肤向肺转移，不产生明显的机械损害和免疫病理变化。但大量尾蚴再次感染时可引起Ⅰ型超敏反应和Ⅳ型超敏反应构成的尾蚴性皮炎，童虫周围有充血、水肿、游走细胞聚集，也有中性和嗜酸性粒细胞浸润。

2.1.2 童虫引起的免疫病理损害 童虫在宿主体内移行时引起内脏出血可能是属于一过性的机械损害，但再次感染的童虫通过肺时可引起较初次感染者更加迅速和明显的细胞反应，出现大量中性粒细胞浸润，并有广泛的出血灶。何毅勋等(1958)发现实验动物在感染血吸虫尾蚴后1周即见肝窦内有炎细胞浸润及肝内血管充血和淋巴细胞为主的炎细胞浸润。感染12 d后肝内炎细胞浸润已很明显。感染16 d时门脉区能见到明显的炎细胞浸润。此阶段脾变化为滤泡增大，脾窦出血，大单核细胞及嗜酸性粒细胞浸润等。

2.1.3 成虫引起的免疫病理损害 日本血吸虫成虫定居于肝外门静脉系统，其口吸盘和腹吸盘吸附于血管壁可引起静脉内膜炎和周围静脉炎。成虫在寄居血管内吸食宿主血液，在虫体肠道内经过消化分解后被肠管上皮细胞吸收，其体表亦可吸收血液中低分子营养成分。肠管内未吸收的成分通过口腔排入宿主血液中，其中含肠上皮细胞分泌的肠相关抗原。成虫皮层外质膜不断更新脱落，膜相关抗原也释放于宿主血循环中。这些成虫抗原刺激机体产生相应抗体形成免疫复合物，其中与虫卵共同的抗原决定簇也可能使宿主预致敏，对虫卵肉芽肿的形成具有促进作用。成虫阶段宿主体内嗜酸性粒细胞增多和贫血明显，前者可能与成虫的分泌及排泄物作用于宿主T细胞而产生嗜酸性粒细胞刺激促进因子及加强嗜酸性粒细胞髓外造血机能有关。而贫血除成虫每天吞食红细胞外，还可能与血吸虫引起宿主自身免疫、脾脏破坏及红细胞脆性增加有关。

2.1.4 虫卵引起的免疫病理损害 成虫所产虫卵主要随门脉血流沉积于肝和肠壁，成熟虫卵中毛蚴分泌的可溶性虫卵抗原（SEA）通过卵壳微孔刺激宿主T细胞产生淋巴激活素，并吸引嗜酸性粒细胞、淋巴细胞、巨噬细胞、中性粒细胞、纤维母细胞及浆细胞等，构成以虫卵为中心的肉芽肿。通过肉芽肿的炎性反应而释放淋巴毒素和溶酶体酶，引起组织坏死而形成嗜酸性脓肿，毛蚴变性坏死后嗜酸性脓肿逐渐被纤维母细胞吸收,构成以虫卵为中心的虫卵结节(围绕纤维细胞、类上皮细胞和少量淋巴细胞、多核细胞及多核巨细胞)。肉芽肿内的巨噬细胞能增强同源纤维母细胞的胶原合成,同时虫卵的分泌成分也能影响胶原合成及组织的纤维化。血吸虫卵肉芽肿在血管内形成,堵塞血流和破坏血管结构,最终导致组织纤维化改变,这类病变主要见于虫卵沉积较多的器官。日本血吸虫病肉芽肿病变在乙肠结肠最为突出。在肝脏则引起干线型纤维化病变,这是唯一由血吸虫感染引起的肝脏病变。初期仅在含虫卵肉芽肿的门脉分支周围有弥漫性的炎性细胞浸润,以后受影响的汇管区发生纤维化并不断扩大。较小的门静脉被肉芽肿堵塞,并可被炎症及纤维化或机化血栓所破坏,以后较大的门静脉分支亦累及。虫卵及虫卵肉芽肿聚集在这些堵塞处进一步引起门脉扩大。同时肝动脉扩大形成新生的动脉血管分支,肝动脉血流增加致肝细胞的灌流量不减,肝脏结构及肝细胞功能一般不受影响。重度感染者门脉周围发生广泛性纤维化,以致肝切面上有许多似陶制烟斗管样纤维插入肝小叶周围,故名干线型纤维化。由于窦前静脉的广泛阻塞,因而引起门动脉高压征,出现肝脾肿大,侧支循环开放,腹壁、食管及胃底静脉曲张,腹水形成,严重病人可发生上消化道出血而死亡。虫卵肉芽肿亦与胃、肠黏膜息肉样变化及腺体异常增生而形成癌肿有密切关系。

2.1.5 免疫复合物引起的免疫病理损害 血吸虫童虫、成虫、虫卵在宿主体内不断释放出排泄分泌物和表膜更新物,这些抗原物质与相应抗体结合形成免疫复合物(IC)。当抗体过量时,所形成的IC为大分子不溶性复合物,绝大多数可被单核-吞噬系统摄取而清除,对机体不产生有害影响;当抗原高度过量时形成的IC为可溶性,不易被吞噬清除,可长期保持在血循环,由于小分子IC不易固定补体,一般不引起组织损伤;当抗原分子稍超过抗体分子数时,所形成的IC为中等大小的低溶性复合物,不易被吞噬清除,而易沉积在局部毛细血管壁,可引起组织损伤。当IC沉积于肾小球毛细血管基底膜时,可激活补体,引起局部炎症(III型超敏反应),从而引起肾实质弥漫性病变。而血吸虫病肾病除IC外,还可能与宿主自身免疫有关。在虫卵成熟,卵内毛蚴释放的抗原通过卵微孔进入血循环,引起特异性抗体水平急剧升高,在抗原过剩情况下,抗原与相应抗体形成的免疫复合物属可溶性或低溶性,不易被巨噬细胞吞噬清除,这种IC不仅可能沉积在肾小球毛细血管基底膜及间质,还可引起急性血清病样综合征(急性血吸虫病)。在大量尾蚴入侵情况下的肝童虫期(感染后2~3周),由于童虫释放出大量抗原也可能通过形成IC而引起急性临床表现。

2.2 临床表现

日本血吸虫病临床表现多种多样,个体间差异很大。具体临床表现与感染度、病程、宿主免疫状态、虫卵沉着部位和虫株有关。轻度感染者多数没有征象,但粪便排虫卵;大量尾蚴入侵可引起急性血吸虫病;中度感染常无发热,但腹痛、腹泻等消化系统症状明显;重度或反复感染,未经治疗或治疗不及时,易发展为晚期血吸虫病。感染者对再感染有一定程度的免疫力,但不完全(不能免受再感染);非疫区人员进入疫区易获急性感染,且病势凶猛。同样感染度,虫卵沉着部位不同,疾病的严重性也不一样。如虫卵沉着于肠道则病情较轻,而大量虫卵沉着于肺则可引起肺动脉高压乃至肺心病;沉着于中枢神经系统则可引起较严重的脑或脊髓血吸虫病。根据病理及主要临床表现,将血吸虫病分为急性、慢性、晚期三种临床类型。

2.2.1 急性血吸虫病 常发生于对血吸虫感染无免疫力的初次感染者,或少数慢性甚至晚期血吸虫病患者在感染大量尾蚴后。患者均有明显的疫水接触史,一般发生于春夏、夏秋之交,发病多在夏秋季,以6~10月为高峰。感染方式有生产性(捕鱼虾、打湖草、防汛等水上作业)、生活性(在河湖边洗衣、洗菜等)、娱乐性(游泳、戏水、钓鱼等)。接触疫水后部分患者皮肤可出现丘疹、瘙痒等尾蚴性皮炎症状,首次接触者反应轻或不出现。自接触疫水到发病一般潜伏期为40 d左右,大多在接触疫水35 d后发病。

主要症状和体征:① 发热。发热是急性血吸虫病的主要临床症状,也是判断病情轻重的重要依据。发热期限自数周至数月不等,抗菌或抗病毒药物治疗无效。发热期间毒血症状常不很明显,不发热期间自觉尚好。部分轻型和中型患者可通过内源性脱敏自行退热而转入慢性期。重型患者通常不能自行退热,如不予及时治疗,可迅速出现消瘦、贫血、营养性水肿、腹水而导致死亡。② 胃肠道症状。患者可有食欲减退,少数有恶心、呕吐,多有腹泻,大便一日3~5次,甚至20~30次,常见黏液血便,重症者粪便呈果酱状。少数患者有急性渗出所致腹水。③ 呼吸系统症状。50%左右可见咳嗽,多为干咳,痰少,偶可痰中带血。咳嗽为急性血吸虫病的又一重要症状。④ 肝脾肿大。大部分患者可见肝脾肿大,左叶较右叶显著,可自觉肝区疼痛。检查肝质地较软,表面平滑,有明显压痛;肝肿大一般剑突下5 cm;脾肿大常见,质地软,无压痛。⑤ 其他征象。常有面色苍白、消瘦、乏力、头昏、肌肉关节酸痛、荨麻疹等,个别出现偏瘫、昏迷、癫痫等严重症状。

实验室检查:绝大部分患者白细胞和嗜酸性粒细胞增高,常有不同程度贫血和红细胞沉降率加速;部分病例尿液检查可见少量蛋白;肝功能试验常见丙种球蛋白升高,部分病例谷丙转氨酶轻度升高;免疫学检查可见血清IgM、IgG和IgE抗体水平升高,淋巴细胞转化率降低;血清循环抗原检测阳性率达90%~100%;循环免疫复合物多显阳性;环卵沉淀试验在感染后1个月阳性率几近100%;血清间接血凝试验和ELISA检测抗体阳性率亦近100%;胶体染料试纸条法(DDIA)20 μl血清样本检出率100%。感染5周后粪便检查虫卵和毛蚴阳性率可近100%,虫卵和毛蚴量较多。部分病例血清异嗜凝集反应和肥达氏反应可呈阳性,需注意鉴别。X线检查可见絮状、绒毛斑点状或粟粒状阴影,常对称分布于两侧,以中下肺野为主;肺门边缘模糊,肺纹理增多,粗糙紊乱,伸展至肺外侧。乙状结肠镜检查可见直肠和乙状结肠以充血、水肿为主;黏膜活检虫卵检出率50%左右。B超图像表现为肝脏增大,以左叶及右叶斜径为显著,呈"饱满感",肝包膜清晰而有"张力";肝实质光点增多、增粗,回声明显增强,呈密集均匀分布,即强光点型;或光点密集不均,呈星罗棋布或蜂窝状,即弱光带型;门脉管壁回声增强、毛糙,3级分支显示清晰。急性血吸虫病需与临床表现相近的伤寒、疟疾、败血症、肝脓肿等鉴别。

2.2.2 慢性血吸虫病 患者由于常和疫水接触，经少量、多次感染后获得一定免疫力，对血吸虫各期抗原，特别是可溶性虫卵抗原产生耐受性，表现为慢性血吸虫病；急性血吸虫病经治疗未愈，或未治自行退热的也可转为慢性血吸虫病。慢性血吸虫病在临床上分无症状（隐匿型）和有症状两类。

隐匿型患者无明显症状，健康和劳动力未受明显影响，但检查时少数可有轻度肝或脾肿大。此类患者感染轻，体内虫少，病理变化轻微，粪便中极难查到虫卵或毛蚴，常需血清免疫反应或直肠镜协助诊断。

有症状患者主要表现为慢性腹泻或慢性痢疾样症状，症状间歇出现。腹痛、腹泻或黏液血便常于劳累或受凉后较为明显，休息时减轻或消失。一般情况尚好，能从事体力劳动。肝肿大较常见，肝脏表面平滑、质稍硬、无压痛；多有脾轻度肿大。血象可见嗜酸性粒细胞增加及轻度贫血。肝功能试验除丙种球蛋白可增高外，其余在正常范围。粪便检查虫卵或毛蚴可获阳性；直肠镜检查90%以上可找到虫卵；血清环卵沉淀试验、间接血凝试验和ELISA检测抗体阳性率可达90%以上，70~80%患者可检测到循环抗原。此类患者如不积极治疗，或受重复感染时症状体征可加重，甚至发展为晚期血吸虫病。

肝超声图像表现为肝左叶肿大，长径与厚径均可见增大；肝被膜回声增强，不光滑，呈波浪状、锯齿状；肝实质回声呈增强增粗光点型、或蛛网状回声型、或粗网状高回声型；门静脉管壁回声明显增强增厚，声像图表现为粗大条索状强回声，门静脉高压时门静脉主干内径增宽，部分可变细变窄、模糊

不清；脾长径及厚径增大，脾实质呈中等强度回声。

慢性血吸虫病需与慢性痢疾、慢性肝炎相鉴别。

2.2.3 晚期血吸虫病 晚期血吸虫病是指出现肝纤维化门脉高压综合征、严重生长发育障碍或结肠显著肉芽肿增殖的血吸虫病患者。由于反复或大量感染血吸虫尾蚴，肝脏损害较重，未经及时治疗或治疗不彻底，经过较长时期（3~15年，或更长）病理发展过程，逐渐演变为晚期血吸虫病。还有一些血吸虫病人经抗虫治疗后，即使体内已无血吸虫寄生，但由于血吸虫病免疫病理的进展，在一定条件下（如年龄增长、免疫力下降）仍可能发展为晚期血吸虫病。晚期患者常有不规则的腹痛、腹泻或下痢病史，进食后上腹部胀满不适，大便不规则，劳动力减退，并可有低热、消瘦、面黄等。男性出现性欲减退和阳萎，女性可有闭经和不育。肝肿大，质坚，表面不平，或可触及结节，无压痛。脾肿大明显，可达脐平线以下，个别下缘可达耻骨联合，质坚，内缘常有切凹。腹壁静脉、食管静脉、胃底静脉常明显曲张。脐旁静脉与腹腔静脉互相沟通，有时产生静脉杂音，可触及震颤，称为克-鲍氏综合征。病程后期常并发呕血、腹水，甚至黄疸。少数肝功能重度损害者可并发肝昏迷，儿童病例可出现生长发育障碍而形成侏儒。

根据主要临床表现，我国将晚期血吸虫病分为巨脾型、腹水型、结肠增殖型、侏儒型。

（1）巨脾型：指脾肿大超过脐平线，或横径超过腹中线者。脾肿大达Ⅱ级，但伴脾机能亢进者，以及门脉高压上消化道出血者。

（2）腹水型：是晚期血吸虫病门脉高压

与肝功能代偿失调的表现。常在呕血、感染、过度劳累或损害肝脏药物治疗后诱发。腹水可反复消长,病程自数年至十年以上。严重腹水患者可出现食后饱胀、呼吸困难、脐疝、股疝、下肢浮肿、右侧胸水及腹壁静脉曲张。腹水为漏出液。本型易出现黄疸。

(3) 结肠增殖型:或称结肠肉芽肿型。是一种以结肠病变为突出表现的临床类型。有腹痛、腹泻、便秘或腹泻与便秘交替出现,严重者出现不完全性肠梗阻。触诊可于左下腹或腹部其他部位扪及腊肠状或条索状肿块,有轻度压痛。X线钡灌肠或乙状结肠镜检查显示肠腔强直狭窄、肠壁溃疡、息肉等变化。本型有并发结肠癌的可能。

(4) 侏儒型:系儿童时期多次反复感染血吸虫,又未获及时治疗的后果。患者表现为缺乏青春前期的生长加速,身材矮小,面容苍老,无次性征,性器官发育不良,骨骼成熟延迟,但智力接近正常。可有慢性或晚期血吸虫病的其他表现,如肝脾肿大、腹水等。骨骼X线检查可证实生长显著迟缓。

晚期血吸虫病肝声像图显示肝右叶缩小,左肝大,肝被膜回声增强增厚,表面凹凸不平,呈波浪状;肝实质多呈鳞片状、斑点状、网络状、地图样声像改变,分布不均匀,边界不清,部分呈粗网状高回声,沿门脉呈树枝状强光带回声;门静脉主干内径增宽>12 mm,门静脉二、三级分支管壁明显增厚,回声呈强光带状;肝静脉粗细不匀、走向僵直扭曲,甚至因闭塞而显示不清。门脉高压声像图显示脾肿大、脾实质回声增强。轻度脾肿大时脾厚>4 cm;中度脾肿大时脾下缘近达脐平线;重度脾肿大时脾下缘超过脐平线,并有周围组织受挤压移位、变形等征象。脾门部脾静脉扩张,内径≥10 mm,可见屈曲蛇形或多囊状;胰后方脾静脉扩张,内径≥9 mm,胰体后方脾静脉平行于腹壁,较平直。同时还可见侧支循环形成:脐静脉开放,胃左静脉扩张,胃短静脉扩张,食管静脉扩张等。

晚期血吸虫病并发症主要是上消化道出血和肝性昏迷。上消化道出血是晚期血吸虫病最常见和最严重的并发病。出血病人病情危重,死亡率高。在晚期病人死亡原因中,上消化道出血居首位,占50%以上。出血常发生于食管下段或胃底静脉破裂处,出血量大,常反复发作,易死于失血,或诱发肝昏迷。大出血后由于大量血液和蛋白质损失,肝缺血缺氧,以及肠道积血吸收,血氨增高,从而诱发肝昏迷,或出现腹水、黄疸。

肝性昏迷是晚期血吸虫病的一种严重并发症。占晚期血吸虫病人的1.6%~5.4%,以腹水型为最多。肝性昏迷者肝功能损害严重,动脉血氨升高,死亡率在70%以上。晚期血吸虫病肝昏迷临床症状与其他原因引起的肝昏迷表现相似。在昏迷前多有精神神经症状,如性格变异、烦躁不安、行为怪异、记忆力减退、定向力丧失、嗜睡、大小便失禁等。经过数h至1、2 d昏迷前期而进入昏迷。少数患者无昏迷前期症状即迅速进入昏迷。检查除晚期血吸虫病症状外,可见痛觉反应迟钝或消失,瞳孔散大,对光反应迟钝,扑翼样震颤,踝阵挛、膝反射亢进、迟钝或消失,腹壁与提睾反射消失,病理反射出现等。

第2节　钉螺生物学

钉螺是一种雌雄异体、水陆两栖、卵生的淡水螺。属软体动物门、腹足纲、前鳃亚纲、栉鳃目、觿螺科、钉螺属。

1　钉螺形态

钉螺螺体由两部分组成，一部分为外壳和厣，另一部分为软体。钉螺外壳呈圆锥形，湖沼地区钉螺较粗大，一般为(3.49~4.24)mm×(8.64~9.73)mm；水网地区钉螺为(3.13~3.2)mm×(7.54~7.87)mm；山区钉螺最小，为(2.71~2.85)mm×(5.80~6.93)mm。钉螺通常有6~8个螺旋，从壳顶按顺时针方向从左到右绕壳柱(壳轴)旋转而下，直达壳基。壳顶至壳基依次为核螺旋、核后螺旋、体前螺旋和体螺旋，螺旋逐渐膨大，向外开口。螺旋间凹陷为壳缝，壳口靠壳柱边缘凹陷称壳脐，壳口外唇近边缘处有一条较厚的脊状突起，称唇脊、髻冠或脊突(图3-2)。湖沼地区和水网地区钉螺壳表一般都有明显的纵行凸纹，称纵肋。凡有纵肋的钉螺称为肋壳钉螺；山区钉螺壳表纵纹不明显，统称为光壳钉螺。苏北沿海平原地区钉螺壳表纵纹非常微弱，近似为光壳钉螺。肋壳钉螺一般呈淡黄色或黄棕色，光壳钉螺为棕红色(图3-3)。钉螺厣为半透明的角质，厣底钝圆、厣上端较尖，附于腹足后面，有梭状肌相连，当软体缩入壳内时，厣可封闭壳口。

钉螺软体包括头、颈、足、外套膜和内脏。钉螺的头位于软体前端，活动时连同足部伸出壳外。头前端为吻，钝圆状，正中凹陷。头部背方各有一个触角，触角基部外侧各具一眼，稍向外突，眼具黑色虹彩，其中有发亮的瞳孔。眼后方的皮下组织中有淡黄色颗粒聚成眉状，称作假眉。颈部连接头、足和内脏囊。头与颈界限不明显，常以眼后作为颈部。颈部富有伸缩性，能上下左右活动，常被外套膜遮盖。雄螺的阴茎盘曲于颈部，阴茎末端呈红色，借此可辨钉螺性别。钉螺足位于头颈部的腹面，活动时伴随头部伸出壳外。足底部为足蹠，吸着时呈圆形，匍匐时向前后延伸，前端钝圆，后端略呈尖形。外套膜由内脏囊向前延伸折叠而成，位于体螺旋内，前端游离，向外开口。外套膜与螺体间的腔隙称外套腔。外套膜后端与

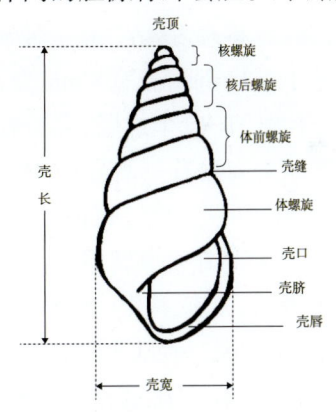

图3-2　钉螺壳外形(据郭源华，1963)

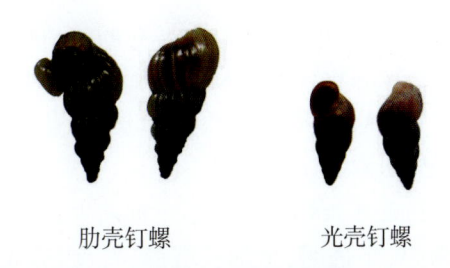

肋壳钉螺　　　光壳钉螺

图3-3　钉螺实体图

内脏囊及颈、足相连。内脏囊位于外套膜后部,随螺旋上达壳顶,其内包藏内脏(图3-4)。

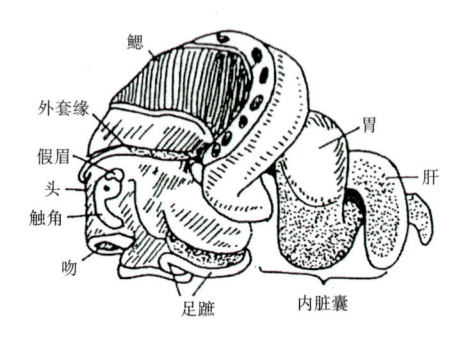

图 3-4 钉螺软体侧面(据李赋京,1956)

附:相似螺类

与钉螺相似的螺主要有海蛳(方格短沟蜷)、烟管螺(真管螺)、菜螺(细钻螺)、拟钉螺(小黑螺)。

(1)海蛳(方格短沟蜷) 系一种水生螺蛳,螺壳高可达28 mm,壳宽8 mm左右,呈长圆锥形,右旋,有12个螺层,壳口较薄有锯齿,有厣,近壳口处有三条明显的横纹,壳表有粗大的纵肋(纵肋较钉螺稀疏,突起显著)(图3-5)。栖息在水流缓慢,水质清澈,水草丰盛的湖泊、河流、沟渠、池塘等环境。

(2)烟管螺 系一种陆生螺,壳口无厣、呈梨形或椭圆形、有皱褶,壳体呈长锥形、筒状、纺锤状或塔状,左旋,一般有8~16个螺层(图3-5)。小型螺壳高15 mm以下,中型的壳高16~25 mm,大型壳高26 mm。软体深褐色,成螺较钉螺长大。喜栖息于阴暗潮湿、多腐殖质、多石灰岩环境,如庭园、花坛、灌木丛、树洞、土石缝隙等。

(3)菜螺(细钻螺) 系一种陆生螺,壳薄、易碎,半透明,呈细长塔形,右旋,壳长7.5~9 mm,宽3~4.5 mm,有6.5~8个螺层,壳口呈椭圆形无厣,壳面淡黄褐色或淡黄白色,眼有柄能伸缩(图3-5)。喜栖息于潮湿多腐殖质的菜地、腐木下或草丛中,在春夏季雨后出来活动、取食。

(4)拟钉螺(小黑螺) 系一种水生螺,螺壳小型,成螺壳高 3.5~6.6mm,壳宽 1.5~2.5mm。壳质薄、透明、易碎、外形呈长圆锥形,右旋,与钉螺相似,但比钉螺小得多(图3-5)。有5~7个螺层,壳面略凸,螺旋部高,体螺层膨胀,壳口呈梨形,厣角质,具有螺旋纹的生长线,厣核位于内唇外侧略靠近中央处。脐孔明显呈沟裂状,位于轴缘后方。吻前端有纵裂,眼后侧有黄色颗粒。栖息在水流较缓而浅,水底为石块、砂石的小溪、山坡灌溉沟渠、地下泉水渗潴沟和潭,以及稻田、藕田内,常群栖于水底淤积的泥沙、石块、瓦块下或水中的落叶下面。

图 3-5 与钉螺相似螺类

海蛳　烟管螺　菜螺　拟钉螺

2 钉螺生活史

我国钉螺寿命一般多为1年,有的可达2~3年。生活史分成螺、卵、幼螺三个阶段。

2.1 成螺

性腺变化　雌雄成螺性腺随季节呈周期性变化,春季雌螺卵巢丰满,夏季和冬季呈萎缩状态,秋季逐渐恢复丰满。除了萎缩期外,其余时间卵巢均含有不同发育阶段的卵,其中以4、5月含卵最多。各地钉螺因气候不同,卵巢发育程度也有所不同。在雌螺卵巢发生变化的同时,雄螺睾丸也相应发生周期性变化,但一般睾丸开始萎缩的时间较卵巢萎缩时间稍迟,而恢复时间则稍早。

交配 钉螺交配频度与其性腺发育状态有关,春季最多,秋季次之,酷暑和严寒则显著减少或停止。气温在15~20℃最适于钉螺交配,30℃以上或10℃以下则不适宜。绝大多数钉螺在近水的潮湿泥面及草根附近交配,很少在水中交配。干旱可严重影响钉螺交配,甚至使钉螺停止交配。感染血吸虫的钉螺,其交配率也会降低。雌螺经一次交配接受的精子可供其终生产卵受精之用。钉螺可重复交配,交配二次的雌螺储精量与孕卵数均显著多于交配一次。

产卵 钉螺产卵的时间基本与性腺变化时间一致。尽管各地气候不同,钉螺产卵时间也有所不同,但一般均以春季为最多,秋季次之,酷暑和严冬停止产卵。钉螺在半潮湿的泥土上产卵最多,在水中产卵则比较少,在完全干燥和无泥的环境中不能产卵。钉螺在产卵时,雌螺先以吻在泥土上掘一个泥洞,随即在洞内排卵,然后用足轻微运动,用泥土将卵包埋起来。因此螺卵外形似一个泥球,其直径一般为1~1.5 mm。剥去泥皮为一透明胶质圆球,内含有不同发育阶段的卵胚。螺卵必须有泥土包被,如仅有水、草而无泥土则钉螺不产卵,且螺体内副腺和卵巢逐渐萎缩。螺卵外包裹的泥皮不仅具有保护作用,且对螺壳的形成也具有重要影响。钉螺在不同环境条件下产卵量差别较大,一般一个雌螺在一个产卵季节的产卵数在9~258只,最多的可达上千只。

2.2 螺卵 螺卵发育过程可分为单细胞期、双细胞期、四细胞期、八细胞期(桑椹期)、十六细胞期、囊胚期、原肠胚期、担轮幼虫期、缘膜幼虫期(面盘幼虫期)。幼螺孵出时,即具有2个螺旋。螺卵孵化时间的长短与温度有关,平均温度13℃时,需30~40 d,16℃时需20~28 d,23℃时需18 d左右。温度增高,可相应缩短孵化时间。过高或过低温度均不利于螺卵孵化。在低于6℃或超过37℃的环境中,螺卵很难孵出。螺卵必须在水中或在潮湿泥面上才能孵化,在干燥环境中不能孵出,在水中孵化时间平均为14~35 d,在湿泥上平均为24~64 d。螺卵在水中的孵化率要较在潮湿泥土上的孵化率高。螺卵在自然干燥24 h后,其孵化率仅为5.3%,干燥5 d后仅为1%,再延长干燥时间则完全不能孵出。光照有利于螺卵的孵化,但在完全黑暗的情况下,螺卵也能孵化。未经交配的雌螺,虽能产卵,但螺卵不能孵化。螺卵外包裹的泥皮对孵化有利,去除泥皮后螺卵的孵化率显著降低,螺壳形成受阻。虽然钉螺产卵每年可长达6~7个月,但幼螺多在温暖多雨的4、5、6月出现。

2.3 幼螺 幼螺孵出后第1~3周,生活在水中,密集于水的边缘;第3周后逐渐离水营陆上生活;第6周后完全与成螺一样离水而栖息在潮湿的泥面。在正常情况下,幼螺孵出至发育成熟并开始交配约需2.5个月,在温度较低时幼螺发育成熟时间相应延长。

3 钉螺生态

钉螺通常喜欢生活在近水有草的潮湿泥土,其生长发育需要同时具备水、土、草、温度、光照、食物、氧等生态条件,缺一不可。

3.1 水 水分是钉螺生存和活动的重要条件之一,尤其是幼螺,必须在水中生活,离水后即很快死亡。在水中或潮湿的地面上,成螺常伸出头足活动,但在干燥的环境中,其软体便缩入壳内,闭厣不动,以减少体内水分蒸发。一般认为,泥土含水量少于20%时,钉螺活动力较差;而泥土含水量在30%时,钉螺活动则较强。土壤含水量不等,钉螺分布亦随之而不同。

在夏季阳光直射下,钉螺在干土上的寿命很短,但在湿土上的钉螺则不易死亡。钉螺在干燥环境中虽然不能活动,但成螺却具有一定的耐干能力。钉螺耐干能力与温度有关。在气温较高的情况下,钉螺耐干时间较短,而在低温下则较长。幼螺耐干能力要远远低于成螺。总之干燥不利钉螺生活,因此在湖、河岸壁水淹不到的地方,钉螺分布很少。然而,在河湖长期水淹6~8个月的地区钉螺也极少,甚至无钉螺孳生。

一般钉螺孳生环境水的pH值为中性或微碱、微酸。但有的地方钉螺在pH 8.0左右的水中也可生活,在pH 9.75~9.80的水中尚有部分钉螺爬行,但在pH 9.80以上时,钉螺即闭厣不动。

3.2 土壤 钉螺喜欢富含有机质,含氮、磷、钙的肥沃土壤环境。pH 6.8~7.5的土壤中钉螺都能生存,甚至在含沙量为87.8%、pH值在8.0以上、可溶性盐高达0.26%的泥土中钉螺也能孳生。在湖沼地区,有机质丰富,钉螺长得较肥大,壳表纵肋较粗,而土壤贫瘠,则钉螺长得较小,纵肋也较细或不明显。

3.3 草 环境中的杂草可保持土壤湿度、调节温度、提供蔽荫和食物,是钉螺生存的重要条件之一,凡有钉螺孳生的环境,往往杂草丛生,无草处(通常距有草处不远)即使偶然有螺,其密度亦很低。因此,草的多少及分布与钉螺的分布关系十分密切。

3.4 温度 温度对钉螺的生存繁殖影响很大,适宜钉螺生活的温度是20~25℃。

温度升高时,钉螺活动加剧,但过高温度可导致钉螺衰竭死亡;低于6℃时,钉螺大多隐匿不动,但只要局部温度稍高,钉螺即能恢复活动;干寒环境中,钉螺耐寒能力较强;水温可影响钉螺开厣活动。在自然界寒冷或炎热的季节,钉螺有冬眠和夏蛰现象。我国有钉螺的地区年平均气温都在14℃以上,或在1月份平均气温1℃等温线以南。

3.5 光照 钉螺对光反应敏感,随光线照度的不同,钉螺表现为趋光性或背光性。钉螺喜欢的照度在3 600~3 800 lux。在全暗或全亮环境中,钉螺爬行无一定方向。强烈日光下(4 000 lux以上)钉螺表现畏避。钉螺活动以下午6时至次晨6时最为活跃,白昼活动较少。

3.6 食物 钉螺食物种类有原生动物、藻类、蕨类、苔藓和草本种子等,但以植物性食物为主。温度在5℃及30℃时,钉螺不进食或少进食;10℃时舐食较持久而均匀;20℃时钉螺大事吞食,饱后舐食运动减少,直到停止。实验室可用米粉、奶粉、干酵母粉、骨粉等配制综合饲料,进行人工饲养钉螺。徐国余等(1989)观察报告钉螺喜食垂盆草。陈婧等采用不同饲料喂养钉螺幼螺发现浮游植物与蚯蚓混合饲料喂养成活率最高;在25℃条件下,浮游植物干粉及蚯蚓与浮游植物混合饲养的幼螺发育最快;在25℃条件下植物型饲料饲养的钉螺产卵时间长产卵量高。实验表明,植物型食物是钉螺生长繁殖的主要营养来源。现场观察长江防浪林中草丛和藻类与钉螺分布密度关系,发现钉螺密集处硅藻、绿藻等单细胞藻类丰富。钉螺迁徙、驻留和繁殖的地方,也往往有十分丰富的单细胞藻类。

3.7 氧 钉螺依靠鳃和外套腔与水接

触，交换气体而获得氧气。耗氧量随温度增高而增加，随温度降低而减少，但过冷或过热均明显抑制钉螺耗氧量；幼螺耗氧量大于成螺，对缺氧亦较成螺敏感；钉螺在水中的耗氧量大于离水后的耗氧量。王根法等研究报告，实验水温25℃时测得野外捕获钉螺比人工饲养钉螺耗氧量大；各地钉螺耗氧量显示雄螺较雌螺大；钉螺感染血吸虫毛蚴后随感染时间延长耗氧量逐步降低。杭德荣等研究表明，环境温度在1~36℃时钉螺耗氧量随温度升高而增加，过冷或过热均明显抑制钉螺的氧代谢，导致钉螺"冬眠"或"夏蛰"现象。

4 钉螺分布

4.1 地理分布 我国大陆钉螺主要分布于长江流域及以南12个省（市、自治区），北界在江苏宝应县（北纬33°15′），南界在广西玉林县（北纬22°37′），东起上海原南汇县（东经121°51′），西至云南云龙县（东经98°41′）。钉螺分布高程最高为2 400 m（云南省），最低接近0 m（上海市）。在长江下游江阴夏港（北纬32°4′37.15″，东经120°28′41.91″）、靖江北圩（北纬32°4′37.15″，东经120°28′41.91″）以东沿江无钉螺分布，黄浦江沿岸也无钉螺孳生，无螺原因与日潮差大、水流速度快有关。

4.2 不同类型地区分布特点 钉螺分布地区按地理特征和钉螺形态可划分为三种类型，即湖沼型、水网型和山丘型。不同地区钉螺分布均具有聚集性。钉螺分布与水、草的分布密切相关。地面水分布极不均匀，土壤保持潮湿的时间也不一致，因此也影响钉螺分布，同时钉螺分布也与地下水的分布相吻合。

4.2.1 湖沼地区 包括长江中下游沿江洲滩和洞庭湖、鄱阳湖等大小湖区及洲垸，可分为洲岛、汊滩、洲垸和垸内亚型。这类地区具有广阔的滩地，芦草茂盛，每年江湖水位季节性涨落而产生"冬陆夏水"现象，极有利于钉螺孳生繁殖，钉螺常呈面状分布。垸内则似水网型，但水系与江湖相通，受垸外水系及钉螺扩散影响。湖沼型有螺区主要在洪水位线以下和枯水位线以上的范围内。洪水位线以上地势较高的滩地及枯水位线以下的低洼滩地往往无螺，通常一年中水淹时间达8个月以上的地方无钉螺孳生；淹水2.5~5个月的滩地钉螺较多。湖滩钉螺分布呈"两线三带"状态，两线指最高有螺线和最低有螺线，三带指上稀螺带、密螺带和下稀螺带。在长江下游感潮河段及黄浦江两岸日潮差大于1 m，或流速超过14 m/s的河岸无钉螺孳生。与长江、大湖相通的河道钉螺分布较多，而且控制难度较大。

4.2.2 水网地区 长江下游的苏、浙、沪平原水网地区及江苏里下河地区气候温和、雨量充沛，河沟纵横交错，密如蛛网，水系相连。水网型地区钉螺沿水系呈线状或网状分布，多孳生于水流缓慢、水位变化不大的河浜、沟塘、灌渠、稻田进出水口、低洼的河荡滩地、芦苇草滩、荒芜湿地等。调查发现钉螺在河沟岸壁上的分布具有聚集性，服从负二项分布。通常河岸钉螺分布在水线上下1 m宽范围内，尤以水线上下30 cm范围内钉螺密度最高，水线上约占60%，水线下约占40%；近水线处钉螺密度高，远水线处钉螺密度低；冬季水下钉螺少，春夏之交水下钉螺较多；钉螺有随水位上下移动的趋势；地势平坦的斜坡或浅滩处钉螺密度较高。水网地区码头、石滩等复杂环境通常也是钉螺聚集之所。水网地区在建立电灌渠道网后,造成机电水泵提水致使钉螺从有螺河道到灌渠向灌区扩散,同时灌渠因生产季节需要而呈"干湿交替"变化,成为钉螺孳生和扩散源头。

4.2.3 山丘地区 包括高山峡谷型、高山平坝型、丘陵型。这些地区环境复杂,钉螺按水系自上而下分布,由于受地形环境影响,钉螺分布呈零星、分散的小片或点状。有螺环境类型主要有山上源头(常有泉眼)、溪沟两边草滩、荒坡、灌溉沟渠、塘坝、梯田、洼地、石芽地、竹林、树林等。因暴雨、山洪的冲刷,山丘地区钉螺较容易向下游扩散而形成新的孳生地。

4.3 土表和土层分布 钉螺栖息在土表与土层的情况因地而异,并随季节气候变化而有所不同。山丘地区土表钉螺一般约占60%,其余在土层内;冬季土层内钉螺最多,夏季次之;冬季借助缝隙匿居土层钉螺深度最深可达14 cm,一般以2~4 cm土层内钉螺密度较高。水网地区钉螺在冬季大多深入土内;气温在6~19℃时,土表和土内钉螺数相近。湖沼地区土表钉螺占60%以上,土层越深,钉螺越少,在6~8 cm土层内即不易找到钉螺。

4.4 钉螺分布的自然隔离现象 在钉螺地理分布范围内并非普遍有钉螺孳生。在血吸虫病流行省(直辖市、自治区)中只有部分县(市)有钉螺;在有钉螺分布的县中可能仅有部分乡(镇)有钉螺;而在有钉螺分布乡(镇)中可能只有几个村有钉螺孳生。即使在钉螺呈大片分布的地区也总存在着无螺的"孤岛",甚至在同一水系(河道、湖泊)也可以同时存在有螺段和无螺段。江苏省宝应(北纬33°15′)以南地区历史上并非都有钉螺分布,而是呈有螺区和无螺区间隔分

布的特点;扬州泰州地区的通扬运河两岸历史上也不是全部有钉螺,钉螺分布是断断续续的。高邮湖是重要的湖沼型血吸虫病流行区,其钉螺分布主要在江苏省高邮市湖滨乡(现高邮镇)、界首镇,金湖县银集镇、塔集镇,以及安徽省原天长县湖滨乡,而其他湖岸沿线则从无钉螺发现。江苏省张家港市(原沙洲县)北临长江,东、南、西分别与血吸虫病历史流行区常熟市、江阴市相邻,但从未发现自然界钉螺孳生。江苏省望虞河是引江济太工程骨干河道,北接长江、南连太湖,河道沿线历史累计钉螺面积758.87万 m²,但望虞河自入江口(耿泾口)至常熟市城郊均无钉螺孳生,也无血吸虫病流行,城郊以南则为流行区,有钉螺分布,历年监测亦未发现有螺区钉螺向无螺区扩散。造成钉螺分布中的自然隔离现象的原因与钉螺生物学特性有关,与微环境有关。通常钉螺喜固守原来的孳生地,除非自然环境经讨自然力或人力发生变化,钉螺并不善于任意迁徙。许发森、钱晓红等对安宁河流域植物土壤特征与钉螺分布关系以及钉螺孳生地微环境理化因素的研究显示:植物盖度的高低与钉螺孳生有密切关系,而植物盖度的高低又与土壤的含水量和持水量密切相关。从土壤质地看,壤黏土和黏土较适合钉螺孳生,沙壤土和沙土不适宜钉螺孳生;壤黏土和黏土一般含水量及持水量均较高,这样的环境对草本植物的生长是有利的。研究表明有螺环境土壤中的可溶性盐、亚硝酸盐氮、硫和水体中的磷含量明显高于无螺环境。各种因素综合作用分析显示有无钉螺孳生取决于水体的温度、pH、磷,土壤中可溶性盐、硝酸盐氮、氨态氮、钙、镁、锰以及有无荒坡和是否种植蔬菜旱地作物等因素;而

钉螺孳生密度则与海拔、土壤中可溶性盐、硝酸盐氮、镁、硫等因素有关。

5 钉螺水力学

由于钉螺在水体中的扩散类似泥沙运动,但钉螺是一种生物,故又不完全与泥沙相同。为了解钉螺在水体中扩散运动规律,国内学者借鉴泥沙运动、水力学相关理论,结合钉螺生物学开展了钉螺水力学研究。

5.1 钉螺和螺卵在静水中沉降及运动方式 张威和杨先祥等在研究钉螺水力学时发现无论采用何种方式投放,钉螺进入静水中均呈水平姿态垂直下沉,钉螺在静水中的分布只有水底和水表两层。

采用常规空气排气法测定钉螺重率(钉螺比重),用常规比重试验法测定螺卵的重率(螺卵在水中的比重)。结果活钉螺平均重率为1.80 g/cm³;螺卵平均重率为2.29 g/cm³。

将钉螺螺体几何形状按Φ值(Φ等于螺高和螺径/螺宽的比值)和螺旋数分为3级。采用螺口向上、螺口向下、螺体水平投放3种方式,将钉螺逐只投入沉降管,使钉螺在管内自由沉降运动,观察并记录钉螺的沉降状态和沉降时间。同样将泥钵中取出的完整螺卵投入沉降管,观察并记录螺卵沉降状态和时间。结果钉螺和螺卵静水沉降平均值为2.22~13.89 cm/s,其中Ⅰ、Ⅱ、Ⅲ级钉螺平均沉降速度分别为2.22、10.16、13.89 cm/s,螺卵平均沉降速度为2.92 cm/s(表3-1)。

5.2 钉螺在流动水中沉降和运动方式 张威和杨先祥等采用大型玻璃水槽进行不同水深、不同流速下钉螺沉降和运动方式的实验观察,结果钉螺在进入流动水中后,均以水平形式下沉,在动水中似呈底层分布的水力学特征;观察钉螺从水面沉降至水底轨迹发现在水流速度<10 cm/s时接近

表3-1 钉螺分级表

钉螺级别	Φ值	螺旋数(旋)
Ⅰ	<2.0	<4.5
Ⅱ	2.0~2.5	4.5~7.5
Ⅲ	>2.5	>7.5

直线型,沉到水底不发生位移;流速>10 cm/s时,其沉降轨迹略呈现抛物线型,钉螺沉到水底后出现移位,呈现向下游滚动现象,其滚动距离随流速的加快而延长;当在水底设置障碍物时,可阻止钉螺向下游滚动;钉螺沉入水槽底部后,当水槽平均流速达30 cm/s时,附着在水槽底部的钉螺仍能够缓慢地逆水向上或向侧壁运动。

5.3 钉螺在流动水中位移距离计算 根据钉螺在静水中沉降速度及在动水中等速直线、抛物线运动关系分析,得出钉螺在动水中沉降距离计算公式:

$$L = \frac{UH}{W_0}$$

公式中符号所代表的物理量为:

L:钉螺动水沉降距离(cm)

U:平均流速(cm/s)

H:水深(cm)

W_0:钉螺静水沉速(2.22~13.89 cm/s)

该公式经水槽试验验证,符合情况较好。

5.4 钉螺的起动流速 钉螺在水中受水流流速的作用而产生运动,当钉螺从静止状态转变到运动状态瞬间的平均水流速度称为钉螺的起动流速。钉螺起动流速是钉螺运动的重要水力参数。生存在江河渠道中的钉螺起动状态与河道中泥沙的起动状态相似,因而可以用水力学的方法来研究它的起动规律,但由于钉螺是有生命的动物,在水下钉螺通常突出于河床(渠底/壁)表

面,螺体直接受近底/边水流的拖曳,故钉螺起动的边界条件比泥沙起动的边界条件简单,同时钉螺的生物功能表现为能够在低流速条件下顺水或逆水爬行,也能以靠腹足牢固吸附于河床(渠底/壁)表面或其他载体上抵抗水流冲击。因此,钉螺起动流速不仅仅是水力学问题,同时还存在生物力学问题。

考虑到水力和生物力对钉螺起动的影响,钉螺起动状态可分为三种类型:(1)无吸附力状态起动(或闭厣状态起动)。钉螺头颈部和腹足伸出壳外才能吸附和爬行活动,当受到外界惊扰时钉螺头颈和腹足即缩回壳内并闭厣(或者在低温时钉螺软体也多闭厣不出),此时钉螺便丧失了吸附力,螺体起动则与水力因素建立关系。(2)定床有吸附力的起动。如钉螺吸附在牢固不可冲的物体(如水泥护岸、岩石河床等)上,称为定床有吸附力起动,钉螺在此状态下起动,除与水力条件变化有关外,还与钉螺吸附能力的强弱有关,因此不能单纯依靠水力学方法研究它的起动规律。(3)动床有吸附力的起动。钉螺吸附在可冲性沙土组成的床面上,称为动床有吸附力的起动。这种情况钉螺的起动条件较前两者更为复杂,除了与水力因素变化有关外,还与钉螺的吸附能力和河床河岸组成物的可冲性有关,因此也不能用简单的水力学方法来研究它的起动规律。

水槽试验结果表明:①在定床无吸附力状态下,钉螺起动流速一般不大,当水深大于20 cm、小于40 cm时,起动流速最小值为14.0 cm/s;当流速增大至17.0 cm/s时,绝大部分钉螺处于明显间歇性滑动或滚动状态,只有个别钉螺发生连续性的推移运动;当流速增大至18.0 cm/s时,大部分钉螺已由间歇性运动转为连续性的推移运动,少数仍保持间歇性运动;当流速再增大至19.0 cm/s时,除个别钉螺能保持间歇性运动外(与水底流向变化有关),其余钉螺全部进入推移状态。②钉螺运动一般以滚动形式沿水流方向滚动,螺壳头尾与水流方向垂直。③在相同条件下,作用于较大钉螺的水流速度远大于小钉螺,因此大螺较小螺更容易起动。④在有吸附力情况下,钉螺起动流速要比无吸附力情况下大。由于各地河床组成物(即被吸附物)结构不同,有的为不可冲的整体结构,如岩石、水泥护面等;有的为可冲性松散结构,如沙质河床。水槽试验表明,钉螺吸附在水泥表面抗冲能力最强,吸附在可冲性水质河床表面则抗冲能力相对弱很多。试验表明钉螺吸附在不可冲结构表面大部分可抵抗1.07 m/s以上的水流而不被冲走,吸附在松散可冲性沙质河床上其抵抗的水流速度仅在0.3~0.4 m/s。

马拆修等对钉螺起动流速研究发现,吸附在泥土上的钉螺在流速为1.83 m/s时,起动率达100%;而吸附在铁板、玻璃上的钉螺分别在流速为2.0 m/s和2.4 m/s时,起动率达100%。同时发现不同大小、不同地区钉螺的起动流速有差异。对钉螺吸附耐力的观察发现,水流在1.29 m/s时,38.4%的钉螺在7 min内起动;到60 min时,91.8%的钉螺已经起动。观察测定不同螺龄钉螺在静水下的爬行速度,结果以3周龄的幼螺爬行速度最快。水温升高则爬行速度加快;光滑的铁板对钉螺爬行无影响,钉螺在粗糙的铁板上爬行速度减慢,而木板不论光滑与否,对钉螺爬行都无影响。水流为0.1 m/s时,钉螺朝四周爬行;流速为0.3 m/s时,30.1%的钉螺用腹足吸附固定而不爬行;流速为1.29 m/s时,100%的钉螺固定不爬,头向上游;在不同亮度条件下,随着亮度增强,钉螺在静水下爬行速度逐渐加快;在80~200 lux 光线下,钉螺静水中趋光爬行多,而在480 lux 光线下钉螺静水中趋光爬行少。

6 钉螺迁移活动

钉螺活动时软足随头部伸出螺壳,通过足部肌纤维伸缩运动和黏液的配合进行吸附、匍匐爬行等运动,仅能在局限的范围内爬行移动。但其软足舒展时也能在水边作仰泳状漂浮。在孳生环境经自然力或人力的作用发生变化时,如洪涝灾害、人畜携带等,钉螺可发生较大距离的迁移扩散,钉螺也可吸附于漂浮物循江河水流漂流扩散。因此,钉螺迁移方式主要有爬行、漂移、吸附漂流、被动携带等。

6.1 爬行迁移 钉螺主动迁移主要依靠其软足爬行。现场观察钉螺可沿沟渠岸边爬上0.5~1.0 m高处。沟中钉螺可向田中爬行迁移,田中钉螺也可向沟中爬行迁移,但以沟向田迁移为主,100 d后钉螺移行最远距离不超过6 m。洞庭湖滩钉螺在1—2月,95.4%~99.9%留居原地,极少数钉螺最远迁移距离不超过0.5 m;4—5月中钉螺迁移距离,5 d为1.3 m,30 d为4.15 m。表明在恒定水位情况下钉螺爬行扩散的距离不远。赵文贤等在实验条件下(直径30 mm玻管)观察水下钉螺在良好条件下24 h可上爬8.0 m,但上爬钉螺经不起2~6 cm波浪冲刷而脱落,再次上爬能力则下降一半。元艺等采用玻璃圆管观察不同水深钉螺上爬行为,实验发现钉螺上爬速度与静水压强成反比,当水深<60 cm时水压对钉螺上爬速度影响不明显,当水深>60 cm时钉螺上爬速度变慢,当水深>80 cm时钉螺上爬较为困难。

6.2 漂浮迁移 钉螺没有专门的游泳器官,但幼螺可以软足向上漂浮在水面,如无外界影响,不会翻转下沉。胡主健等将一定数量1~27日龄的幼螺移入200 ml盛满清水的烧杯底部后连续观察,并吸取浮于水面的幼螺加以计数,结果1日龄幼螺1 h浮于水面的比率达35%~78%,2 h达75%~84%;3日龄幼螺1 h浮于水面比率为8.3%~13.3%,2 h为13.3%~30%,8 h为28.3%~70%。同时观察发现幼螺不能直接从杯底游至水面,而必须先沿杯壁爬行至水面后再伸展足蹠,以壳口向上,壳尖向下的体态浮于水面。为进一步模拟观察幼螺浮水方式,在两只盛满清水的玻璃缸内各竖放一株小草,其中一缸的小草露出水面,另一缸小草不露出水面,将1日龄幼螺用吸管移置小草基部,结果露出水面的草株10 min后周围水面即见有浮于水面的幼螺,205 min时幼螺浮于水面率竟达91.4%;而小草未露出水面玻璃缸则始终未见有幼螺浮于水面,缸内幼螺由草株基部爬至顶端后又返回。有观察表明成螺也可以伸张腹足,倒悬水面漂浮或觅食,漂浮移动的速度和水温有关,水温6°C以下时,虽能浮在水面,但不能游动,坚持时间一般不超过5 min。在静水面漂移时间约为36.15 h,每 min漂移速度约为2.2 cm;在流动水面漂移最长时间为20 min,每 min平均漂移速度为1.55 m。研究表明不管成螺或幼螺,都不能直接从水底浮游至水面,必须借助于高秆植物、或其他与水面相通的物体、岸壁上爬至水面,并依靠水面张力才能漂浮于水面,当水膜被波浪破坏时漂浮的钉螺随之下沉。观察中未发现幼螺或成螺在水面漂浮时主动向前后、左右游动,通常是在外力(风力、水流)影响下被动下堕、自然下沉或随水悬浮,因此钉螺在水面漂浮移动的能力非常有限。

6.3 吸附漂流 钉螺常常可吸附于芦苇、杂草等载体随水漂流,这是一种被动式迁移方式,也是钉螺扩散的主要方式。曾在镇江市郊捞取漂流物,检查220次,发现有钉螺附着56次,检获钉螺221只;湖北医科院(1979)报告,在石首县芦滩排水沟下段及沟口附近长江水面上,用尼龙网捞螺或拦螺,结果在离密螺带200~600 m距离内均捞获或拦到不同数量钉螺,拦截40 h,获钉螺8 000余只,其中绝大多数是新螺。钉螺随漂流物扩散的数量和距离与水位、水流速度及波浪等因素有关。在洪水时,水面漂流物增多,钉螺大量随之漂流扩散,且距离较大。唐国柱等(1978)报告,在湖北监利进行长江洪水期钉螺的扩散实验,发现在江面水流速度0.97~2.2 m/s,风速3 m/s情况下,有17.3%的钉螺可依附载体漂流50 km以上,而多数钉螺只能随漂流物漂流至50 km以内,在此距离内,载体上的钉螺数随漂流距离的增大而减少,载体分别漂流1 000m、5 000、10 000m、30 000m和50 000m时,其途中散失钉螺的百分率依次为20.0%、27.5%、45.7%、67.7%和82.7%。其中2~4旋的小螺的散失率明显低于5~8旋的大螺。李波等报告在长江中,漂浮物1次直接扩散的距离可达50~60 km。与有螺江湖洲滩水系相连的通江河道、涵闸、排灌渠道通常是钉螺扩散的主要通道。

6.4 携带(被动)迁移 在有螺区,钉螺可随着人畜活动而被携带至他处,此种由于人畜携带而造成的钉螺扩散形式多样。观察发现人们穿着的鞋底缝隙中能粘藏螺卵和钉螺,随足迹散播;牛蹄趾间夹带钉螺引起扩散。王生茂对捕虾网具夹带钉螺调查13户,检查鱼虾20.5 kg。其中插密阵(捕鱼工具,20孔/25.4 mm)捕获的11 kg鲜鱼中未发现钉螺。5户安密毫(捕虾工具,40孔/25.4mm)捕获9.5 kg小虾中发现钉螺1 398只,其中4旋幼螺居多,占89.2%(1 247/1 398)。罗茂林等调查4个有螺滩上的30具"迷魂阵"捕鱼网具,检获钉螺1 310只。周剑平等调查4个村,在5处堆放鳝鱼篓的场所发现钉螺。曾小军等报告"虾笼"、"迷魂阵"等渔具在赣江北支洲滩晾晒、整理造成钉螺扩散而形成了新的血吸虫病疫区。2003年丁兆军等报告了一起由捕鳝篓携带湖沼型肋壳钉螺至山丘地区,并引发急性血吸虫感染事件。王艾容等报告安徽望江县两处垸内原无螺环境因堆放外来芦苇而出现钉螺。张孝仁等1982—1992年对常德市造纸厂购进芦苇夹带钉螺情况进行了调查,结果在芦苇卸运码头和堆场均发现钉螺;不同季节购入的芦苇均有钉螺;调查运输芦苇船32只,发现携螺2只,在船舱内检获钉螺7只,船底周围未发现钉螺。皮辉等报告湖南省汉寿县罐头咀乡捕捞村从垸外洲滩割回大量湖草(用于养鱼)。调查垸内沟渠、鱼塘,发现有螺沟渠7条,有钉螺的地方均为挑草路过或堆放青草的地方。李仁美报告江苏高淳螃蟹养殖中从外地血吸虫病疫区引进螺蛳(喂养螃蟹的饲料)夹带感染性钉螺而造成非流行区发生急性血吸虫感染病例。1992年李会曙等对东洞庭湖鹿角镇一带沿湖渔船进行了调查,随机抽查50条小型渔船(1~3 t),结果发现全部携带钉螺,共检获钉螺4 900只,每船携带钉螺17~572只(平均98只/船),钉螺多为幼螺。易映群等在湖南沅水入洞庭湖口及沅水中游调查逆水行船的货船外体和渔船外体携带钉螺情况,结果在4个调查点调查货船60条,船外体均未发现携带钉螺,认为货船主要在水流较大的主航道行驶,离河岸有一定距离,不易携带钉螺;调查本地非动力渔船60条,其中13条渔船外体发现钉螺17只,分析认为非动力渔船行驶慢、活动范围小、离岸近,容易携带钉螺;同时观察渔船相对速度(水流速度)≥3 m/s时,船体外也未发现携带钉螺。谢娟等报告浙江省某苗木产业园钉螺调查发现桂花树(大乔木)、茶梅树(小乔木)和小叶冬青树(灌木)3种苗木种植区有螺面积分别为200 m²、900 m²和800 m²,活螺密度分别为0.08、0.56只/0.1 m²和0.55只/0.1 m²;抽查桂花树、茶梅树和小叶冬青树各30株,检出树下(桂花树半径100 cm、茶梅树半径30 cm、小叶冬青树半径30 cm)土表钉螺159、461只和376只;抽查50株红叶石楠树移栽苗木泥球中均携带有钉螺(检出率为100%),共检获钉螺3 726只,平均75只/株。表明有钉螺孳生地区苗木交易、移植存在钉螺输出扩散风险。因此,随着经济社会的发展、产业结构的变化、人畜流动及物流的增加,钉螺通过携带方式的被动扩散可随时随地发生,对此应给予足够的重视。

附:双脐螺和小泡螺

国内学者在论及水利工程对血吸虫病流行影响时,常引用曼氏血吸虫病和埃及血吸虫病因水利工程(大坝工程、灌溉工程)而使流行加重的案例。然而,这两种血吸虫病的传播媒介(双脐螺和小泡螺)却与钉螺有很大不同。

双脐螺和小泡螺系软体动物门(Phylum Mollusca)、腹足纲(Class Gastropoda)、肺螺亚纲(Pulmonata)、扁卷螺科(Planorbidae)、双脐螺属(*Biomphalaria*)和小泡螺属(*Bulinus*)的水生淡水螺类(图3-6)。前者是曼氏血吸虫的中间宿主,后者是埃及血吸虫和间插血吸虫的中间宿主。双脐螺属和小泡螺属下各有数十种可作为曼氏血吸虫、埃及血吸虫和间插血吸虫的中间宿主,主要分布在非洲、东地中海地区、加勒比海国家和南美地区。其中蒿杆双脐螺近年在我国香港和深圳地区也有发现。

双脐螺外壳右旋,呈圆盘状、双面凹陷,直径为7~22 mm。螺壳颜色呈棕色、深红色,或黑色、灰白色等。小泡螺外壳左旋,呈圆锥形或卵圆形,高4~23 mm,通常有4~5

亚历山大双脐螺

非洲小泡螺

截形小泡螺

图3-6 双脐螺和小泡螺
(上图黑白照片来自Mandahl-Barth G. 1957)

个螺旋(有的种类可有 7 个螺旋)。双脐螺和小泡螺均无厣,无鳃,可通过其"肺囊"直接从空气中获得氧气,并定时获得空气补充。

双脐螺和小泡螺均为雌雄同体,可自体繁殖,也可异体交叉繁殖,繁殖率高。两类螺均栖息于水塘、沟渠、溪流、河道、湖泊等环境。与湖北钉螺不同的是,此两类螺都能够自主漂浮于水面,也能自主下潜水中,因此特别容易随水漂流扩散。

第 3 节　日本血吸虫病流行病学

1　流行环节

日本血吸虫病传播涉及人和哺乳动物、中间宿主,以及它们共同生存并能完成传播的外界环境。其中供成虫寄生并完成有性繁殖的人或其他哺乳动物是终宿主或贮存宿主,也是血吸虫病的传染源;能够供毛蚴经过无性繁殖发育成尾蚴的钉螺是中间宿主;而血吸虫幼虫阶段还需在外界环境自由生存。因此,血吸虫病流行环节包括传染源、中间宿主、易感人群和哺乳动物及传播/易感环境。只有包括全部流行环节的地区才能成为血吸虫病流行区,如果没有传染源而仅有钉螺孳生的地区则是潜在的血吸虫病流行区。

1.1　传染源　体内有成虫寄生,并排出成熟虫卵的人和哺乳动物是血吸虫病的传染源。日本血吸虫病是人兽共患性疾病,血吸虫病人和病兽(畜)可以互相提供传染源。在不同地区、不同环境中人、畜、兽在流行病学上的意义可有不同。通常人为主要传染源,放牧的牛、猪等家畜在流行病学上具有重要意义。羊、马、猫、狗、鼠、兔、猴等约有 40 多种动物可感染血吸虫,也可成为传染源。苏德隆教授指出:对人来说,感染性钉螺是传染源;对钉螺来说,感染血吸虫的人和哺乳动物是传染源。这一阐述对于科学制订防治策略非常重要。

1.2　中间宿主　钉螺是日本血吸虫的唯一中间宿主,主要孳生在有机质丰富、杂草丛生、泥土湿润的环境,寿命多为 1 年。但钉螺产卵有先后、孵化有早晚,因此其种群的生活周期大于 1 年,世代交替有利于血吸虫病传播。钉螺活动范围不大,但能吸附于载体随水漂流扩散,或由湖草、芦苇、水产品、苗木等夹带至远处,遇环境适宜则形成新的孳生地。钉螺被感染后,可陆续逸放出数千条尾蚴。故感染性钉螺的分布最具有流行病学意义。距居民点(或牧场)越近,受粪便污染越重的地方,钉螺感染率越高。含尾蚴的水体具有感染性,称疫水。尾蚴还可随水流漂流至无螺区域,从而使疫水范围不仅限于有螺环境。

1.3　易感人群和哺乳动物　人群对血吸虫普遍易感,感染率和感染度与地理环境、钉螺分布、粪便污染程度、居民接触疫水的频度以及宿主免疫状态有密切关系。农民、船民和渔民的感染率和感染度通常较高。5 岁以下儿童感染率低,10 岁以后感染率上升,15~30 岁最高,然后逐渐下降。幼儿免疫功能较成人差,一旦接触疫水,较成人易于感染。非流行区或轻度流行区人群进入重流行区,因缺乏免疫力而较当地居民易感。男、女对血吸虫的易感性没有差异，各地男女感染率的差异是由两性生产劳动方式及生活习惯的不同造成的。血吸虫感染免疫是一种非消除性免疫，不能完全防御再度感染，因此，重流行区居民多有重复感染，或治愈后再感染。日本血吸虫哺乳动物宿主有40多种，其中牛、羊、猪、犬及野鼠等为主要的动物宿主。不同的动物宿主对日本血吸虫易感性不同，小鼠和狗较高，其次为山羊、兔、黄牛、恒河猴、豚鼠、绵羊等，马和水牛最低。水牛有自愈趋向，但可重复感染。

1.4 易感环境 凡血吸虫感染风险大的环境称为易感环境或易感地带，这种血吸虫病传播的高风险环境/地带在地理分布上相对稳定。通常离居民点较近、人畜常到、放牧点、粪便污染较严重及钉螺密度高的地方，或者虽然没有钉螺，但由于风向和水流的作用使血吸虫尾蚴可能波及的地方。张绍基等根据钉螺分布和急性血吸虫病发生情况对鄱阳湖区血吸虫病易感地带进行了研究，提出了易感地带分类标准：一类为易感地带，感染性钉螺密度在 0.005 只/0.1 m² 以上，有急性血吸虫病人或成批急性血吸虫病发生的洲滩；二类为次易感地带，钉螺密度在 2.0 只/0.1 m² 以上，感染性钉螺密度在 0.005 只/0.1 m² 以下，无或有少数急性血吸虫病发生的洲滩；三类为非易感地带，无钉螺或活螺密度在 2.0 只/0.1 m² 以下，无感染性螺发现且无急性血吸虫病发生的洲滩。

2 流行特征

2.1 地方性 日本血吸虫病是一种地方性流行的寄生虫病，由于钉螺是日本血吸虫唯一的中间宿主，而钉螺的地理分布具有严格的地方性，因此日本血吸虫病的地方性特征是由钉螺分布所决定的。我国血吸虫病分布的"四至"与钉螺分布完全一致（北至江苏宝应县、南至广西玉林县、东至上海南汇县、西至云南云龙县）。流行病学调查表明凡有日本血吸虫病流行的地方必定有钉螺孳生；没有钉螺的地方可能有血吸虫病病人（输入性病例），但不能在该地传播流行，不能构成流行区；有钉螺孳生的地方也可没有血吸虫病的流行，如江苏、福建、四川一些地区历史上从未有当地感染的血吸虫病病人，但这些地区的钉螺在实验室可被血吸虫感染，因此这些地区被认为是血吸虫病潜在流行区。钉螺和血吸虫病的分布都存在地方聚集性现象，钉螺分布还存在自然隔离现象。我国血吸虫病流行区通常年平均气温都在14℃以上，或在1月份平均气温1℃以上。但随着气候变暖，能否构成血吸虫病传播还需要看其他流行因素和生态条件，如降雨、植被、土壤等，不可或缺。

2.2 季节性 血吸虫病流行季节性是尾蚴逸出季节性和终宿主接触疫水季节性相互交集的结果。在流行区通常一年四季都能感染血吸虫，但以春、夏、秋季感染的机会较多，冬季较少。这种感染的季节性与人们接触疫水的机会、时间、频率、方式和暴露面积以及气温、雨水等自然因素有关。由于气候的原因，冬季下水的人数少、次数少、时间短、接触面小，故冬季感染机会少。而春夏之交，农民由于劳动与疫水接触的机会频繁，夏季接触机会更多，如下河游泳，皮肤与疫水接触面积大，感染尾蚴数量大大增多。同时，由于气温适宜，血吸虫在钉螺体内发育较快，且春夏多雨，导致钉螺水栖增多，尾蚴逸放随之增多。雨后，草叶上滴水增多，地面上水量亦增多，增加了逸放尾蚴的机会，因此可能发生感染的机会也相应增加。湖沼地区一般在4—6月出现第一个感染高峰,9—10月为第二个高峰;水网型地区感染高峰多在夏秋;山丘型地区则以4—9月为多。

2.3 人兽共患性和自然疫源性 日本血吸虫既能感染人,又可感染家畜和哺乳类野生动物,人和动物可以相互提供传染源,因此,血吸虫病是典型的人兽共患性疾病。在有钉螺存在情况下,血吸虫病也可在自然界野生哺乳动物间传播而形成自然疫源地,当人进入该自然疫源地时也可感染血吸虫,因此血吸虫病也是一种自然疫源性疾病。我国已发现血吸虫自然感染的哺乳动物有7个目、28属、40种,种类和数量繁多,分布面广,增强了血吸虫病的传播。研究表明牛粪内虫卵密度远低于人粪,但耕牛日排粪量很大,散布很广,且入水机会多,因此在流行病学上具有重要意义。1988年四川省芦山县和普格县山丘地区耕牛血吸虫感染率分别为28.0%和56.8%,普格县绵羊、山羊感染率分别为11.1%和8.5%;马感染率为13.5%,其中1~3岁马感染率为22.2%,4~6岁为16.4%,7~9岁为4.2%,10岁以上为阴性;野粪调查结果牛粪阳性率为12.6%,羊粪阳性率10.8%,马粪阳性率7.5%,猪粪阳性率5.1%,狗粪阳性率3.4%。云南省巍山县大仓镇1991年黄牛感染率为20.53%,水牛感染率为9.93%,猪感染率为6.06%,马感染率为2.2%。1995报告安徽省江滩地区耕牛血吸虫感染率为45.42%,江滩野粪中牛粪虫卵数达99.8%;1996~1998年南京市江心洲(潜洲、子母洲)沟鼠平均感染率为59.8%,其中沟鼠体重200 g以上感染率为72.5%,体重300 g以上感染率达92.9%。汪恭琪等(2007)报告安徽省石台县2006年孵化法调查犬粪血吸虫阳性率为18.9%,解剖检查野鼠和野兔血吸虫阳性率分别为27.9%和33.3%。袁对松等(2006)调查湖北省石首市长江故道地区麋鹿野粪血吸虫阳性率达29.23%;马秀平等(2007)报告用毛蚴孵化法检查湖北省石首市天鹅洲自然保护区麋鹿野粪75份,结果血吸虫阳性率为16%;2020年吕尚标等报告江西省鄱阳湖国家湿地公园银宝湖栖息地麋鹿野粪血吸虫阳性率为4.35%,且感染强度高于牛粪。

2.4 水传性 由于长期的选择和多种因素的影响,日本血吸虫病传染源(同时也是易感宿主)与中间宿主在相同生境中交集,从而完成传播。其中传染源粪便中排出的血吸虫卵需在有钉螺生长的水体孵化出毛蚴,毛蚴需在水中活动并侵入钉螺,感染性钉螺释放尾蚴于水中,再由人或哺乳动物接触该疫水而感染。因此,血吸虫病也是一种水传性寄生虫病。

3 流行类型

我国血吸虫病流行区按照地理环境、地形地貌和钉螺形态和血吸虫病流行特点分为水网、湖沼和山丘三种不同类型。

3.1 水网型 也称平原水网型,钉螺为肋壳型。北自江苏宝应、兴化、大丰,南至杭嘉湖平原,为长江下游冲积平原。该类型地区气候温和、雨量充沛、河网密布,钉螺随水系呈线状或网状分布,并可沿灌渠扩散。由于水网地区人口稠密,生产生活接触水频繁,既往该地区群众常在河中洗刷马桶、粪具,施用新鲜粪肥,粪缸或粪坑置于河边,遇雨水冲刷外溢,因此历史上水网地区钉螺密度和感染率高,病人多,严重危害了当地人民身体健康和经济社会的发展。江浙沪等水网型流行区甚至出现"寡妇村"、"无人村"的凄惨景象。经过70多年实施因地制宜、综合治理措施,积极控制和消灭钉螺,积极治疗病人病畜,大力开展改水改厕等,水网型流行区均已达到了血吸虫病传播阻断/消除标准。

3.2 湖沼型 该类地区钉螺为肋壳型,主要分布于长江中下游的湘、鄂、赣、皖、苏5省的沿江洲滩地区,以及与长江相通的洞庭湖、鄱阳湖、江汉平原诸湖和江西湖口以下通江湖泊。这些湖泊对长江及其支流洪水有调蓄作用,水位有明显的季节性涨落,通常在5月进入汛期开始涨水,淹没部分有螺滩地,至7、8月大汛时长江水倒灌,淹没全部滩块,至10月长江水位下降后露出滩面,呈"冬陆夏水"变化特征。季节性水位涨落难以控制,但利于钉螺繁殖。洞庭湖疫区分洲岛、汉滩、洲垸和垸内4亚型,湖区水位变幅大,地形复杂,有堤挡、柳林、芦苇和草洲;鄱阳湖疫区分洲岛、汉滩、洲垸3亚型,湖洲平坦,单元性强,植被以草洲为主。沿江洲滩可分为垸内、垸外。垸内系指滩地经过筑堤围垦,垸内水位受长江、大湖影响较小,但由于垸内地下水位较高,沟渠、内河、湖荡、坑塘处潮湿积水,钉螺孳生密集,同时垸内灌溉渠网化,钉螺沿灌溉渠系分布和扩散,钉螺分布成垸内水网型。另外,垸外与垸内水系相通,垸外钉螺通过涵闸、河道不断向垸内扩散,特别遇特大洪水时,圩堤可能溃决,钉螺特别容易向垸内扩散,同时垸内人口密集,居民在防洪抢收中容易感染血吸虫。垸外系指圩堤外沿江沿湖滩地,受水位涨落影响,包括洲岛、洲滩、湖汊等环境类型。湖沼型疫区距居民点及渔船民停泊点愈近钉螺感染率愈高,或距牲畜放牧点愈近钉螺感染亦愈高,由此居民血吸虫感染率和再感染率也高。目前湖沼地区钉螺分布面积占全国钉螺面积96%以上,调查表明在鄱阳湖、洞庭湖区及沿江洲滩地区耕牛及菜(肉)牛是血吸虫病主要传染源,另外还有羊、猪、狗等家畜传染源。同时这些地区还有大量野生哺乳动物,特别是麋鹿等国家保护动物尚未纳入血吸虫病防控体系,因此湖沼型流行区是钉螺的"大本营"和扩散来源,也是血吸虫病最主要的疫源地。由于洪涝频发和水位难控,灭螺速度跟不上钉螺扩散速度,湖沼型地区疫情易出现反复,在短期内难以完全阻断血吸虫病的传播。

3.3 山丘型 山丘型地区钉螺为光壳螺,包括高山峻岭、山间盆地和起伏丘陵地区,是我国分布范围最广、流行县市最多的一种类型。全国12个流行省(直辖市、自治区)除上海市外,其余11个省(自治区)均有山丘型流行区的分布。通常山丘型疫区血吸虫病具有家庭聚集性。山丘型地区钉螺分布较孤立分散,一般沿山区水系分布,水系以山峰为界,各自独立,往往山一边有螺而另一边无螺;在同一水系自上游到下游的沟渠及相连的稻田有钉螺孳生;通常上游呈点状分布,随水系而下钉螺分布逐渐连成片状。由于山丘地区环境复杂,钉螺难以消灭,且此类地区保虫宿主较多,血吸虫病传播难以彻底阻断。根据流行病学特点和钉螺孳生环境,可将山丘型流行区分为平坝型、高山型和丘陵型。

平坝型系高山之间的盆地,主要分布于四川,四面环山,中部平坦,海拔在1 000 m以上。水源来自山间溪流,或水库、塘坝。其地形与水网地区类似,沟渠纵横,稻田和沟渠为钉螺主要孳生地。平坝型人畜集中,血吸虫病易于传播,历史上血吸虫病疫情严重。

高山型主要位于北纬31°以南的四川、云南两省的高山峻岭地区,地广人稀,交通闭塞,年平均气温较高,气候温和湿润,雨量丰沛,水系独立,植被茂盛,地理环境复杂。钉螺多呈线状和点状分布,钉螺分布高程多在200~2 400 m之间。主要钉螺孳生环境有梯田、草坡、洞沟、溪流、坑塘、田间沟等。

丘陵型介于平坝型和高山型之间,主要分布在安徽、江西、浙江、江苏、福建、广西和云南、四川等省、自治区。丘陵型疫区海拔多在300m以内,而四川、云南两省丘陵型疫区海拔则多在800m以上。水系分明,以山峰为界,自上而下呈树状分布,有源流、干流、支流。钉螺分布不但与地面水有关,还与地下水有关。沟渠、梯田、竹园、树林、荒草滩等潮湿环境均可为钉螺孳生地。通常钉螺沿水系分布,而人群常沿水而居,因此易于发生局灶性血吸虫感染和暴发疫情。

第4节　日本血吸虫与钉螺、哺乳动物相容性

1　日本血吸虫和钉螺相容性

钉螺是日本血吸虫唯一的中间宿主,是由于血吸虫毛蚴与钉螺之间存在一定程度的相容性。研究表明血吸虫毛蚴与钉螺具有共同的表面抗原,可使钉螺的防御系统不能识别,从而逃避钉螺的细胞防御反应。而不同品系钉螺与血吸虫之间共同抗原性的多少也影响血吸虫对钉螺的感染率,感染率高的湖北钉螺亚种与血吸虫之间存在较多的共同抗原。因此,血吸虫在钉螺体内的生存是虫的抗干扰能力和螺宿主抵抗能力相互作用的结果。血吸虫幼虫在易感的钉螺体内发育生长良好,无明显的螺蛳组织反应;但在非适宜螺体内刚侵入的毛蚴或刚转变的胞蚴立即被螺体内的变形细胞及纤维细胞所包围,继而被消灭。钉螺各亚种对不同来源血吸虫易感性的明显差异不仅存在于不同亚种钉螺之间,而且存在于来自不同地区的同一亚种(地域株)之间。中国大陆的湖北钉螺湖北亚种除对台湾彰化的血吸虫不易感外,对源于中国大陆、日本和菲律宾的血吸虫都易感;日本的带病亚种(片山亚种)除不受大陆的血吸虫感染外,对其他各地的血吸虫都易感;菲律宾的夸氏亚种只能受当地的和中国台湾彰化的血吸虫感染;来自中国台湾彰化的中国台湾亚种只能感染当地和中国台湾宜兰的血吸虫;中国台湾宜兰的台湾亚种除不能感染大陆的血吸虫外,对其他地区的日本血吸虫均易感;中国台湾高雄的台湾亚种只能感染彰化和宜兰的血吸虫。

在长期选择中,因受多种因素的影响,日本血吸虫毛蚴到达钉螺喜欢活动的生境部位。如钉螺喜栖居于水体岸边的水线交界处,这也是毛蚴最聚集的区域。毛蚴在水体中的垂直分布主要在水体上层1/3部位,这与水体上层较光亮,毛蚴向光性致其向水体上层集中。因此,毛蚴行为与其宿主螺生态习性的一致性是钉螺被感染的重要条件。同时,钉螺的分泌物对日本血吸虫毛蚴具有引诱作用。当毛蚴到达钉螺栖居部位时,便在钉螺四周折返游动,并接近钉螺作出钻穿

运动。毛蚴在养螺水中改变直线运动为折返回转运动,养螺水增加了毛蚴运动旋转角度和旋转频率,而不影响其游速。据观察,放置钉螺越久的水对毛蚴的此种作用越强。对养螺水分析表明主要有Mg^{2+}、氨、脂肪酸、氨基酸等,由螺蛳释放的这类对毛蚴具有引诱作用的物质称为"毛蚴松"。研究表明蛋白质分子对毛蚴的吸引作用很小,在钉螺吸引毛蚴的理论方面可不考虑蛋白质分子的趋向影响。实验还表明非目标螺类及其养螺水也可引起毛蚴的趋性反应和钻穿反应,但日本血吸虫毛蚴不能在非靶螺内生长发育。由于这些非靶螺蛳的"诱骗"作用,可能使钉螺感染率明显降低。

2 日本血吸虫和哺乳动物相容性

寄生于人体的血吸虫都可不同程度寄生其他哺乳动物,但以日本血吸虫的动物宿主最广。除人以外,日本血吸虫的哺乳动物宿主至少有43种以上,包括家畜、家养动物、野生动物和实验动物,涉及7目、18科、38属。其中已发现有自然感染日本血吸虫的哺乳动物有7目、28属、40种。家畜中有黄牛、水牛、奶牛、山羊、绵羊、马、骡、驴、猪、犬、猫、家兔等。野生动物中有褐家鼠、黑家鼠、小家鼠、田鼠、黄胸鼠、黄毛鼠、黑线姬鼠、野兔、黄鼬、刺猬、赤腹松鼠、獐、猴、狐、豹、麋鹿等。其中牛、羊、猪、犬及野鼠等为主要的动物宿主。黄牛感染率高于水牛,水牛的感染率随年龄增长而降低,有自愈趋向。何毅勋等(1960、1962、1963)将日本血吸虫尾蚴一次性人工感染不同的哺乳动物,观察动物血吸虫感染率及动物体内血吸虫发育情况,结果血吸虫发育率以小鼠和狗最高,分别为59.4%和59.0%;其他依次为山羊(54.8%)、兔(53.0%)、黄牛(43.6%)、恒河猴(38.8%)、豚鼠(35.6%)、绵羊(30.0%)、大鼠(22.3%)、褐家鼠(12.8%)、猪(9.3%);马和水牛最低,均小于1%。感染后30周或39周解剖观察,水牛和马体内仅检出少数合抱的血吸虫,且马体内的血吸虫体细小,发育不良;大鼠体内虫体明显萎缩;褐家鼠体内多数虫体亦有萎缩,但少数发育正常。实验小动物粪便排出虫卵以小鼠和家兔粪便排出虫卵最多,豚鼠次之,大鼠和多数褐家鼠未排出虫卵。金黄仓鼠和长爪沙鼠人工感染日本血吸虫后虫体发育率高,且粪便可长期排卵。家畜中以狗、黄牛、猪的粪便排出虫卵为最多,山羊和绵羊次之。以上动物从粪便中排出虫卵时间均可持续1年以上。水牛于感染后7周其粪便即有虫卵排出,但在第11周后排出虫卵逐渐减少,并于感染后第19周或第27周停止排出虫卵。说明水牛于一次感染日本血吸虫后可呈现自愈现象,并于感染后半年左右粪便停止排出虫卵。但水牛可重复感染而再排卵。黄牛体内虫体平均回收率为55.5%,水牛为5.8%。马于感染后7~15周粪便中有少量虫卵排出,但此后则停止排卵而转为阴性,或始终无虫卵排出。

根据人工感染实验结果,日本血吸虫在小鼠、仓鼠、沙鼠、豚鼠、兔、狗、黄牛、水牛、猪、山羊、绵羊、恒河猴等动物宿主体内均能发育成熟,并排出活虫卵而完成其生活史循环,所以称之为日本血吸虫可容宿主。而日本血吸虫在大鼠和马体内发育很差,大部分虫体未能发育成熟,通常无活卵排出,不能完成其生活史循环,因而称之为日本血吸虫不可容宿主。东方田鼠(又称沼泽田鼠或湖鼠)是我国湖沼型血吸虫病流行区的常见鼠类,但迄今为止未见其自然感染日本血吸虫。张容等(1962)对其进行人工感染试验,发现该鼠感染日本血吸虫尾蚴后虫体发育迟缓,感染后2~5周一些虫体在肝内萎缩退化而死亡。实验表明东方田鼠是日本血吸虫的不可容宿主。

第4章

东线工程江苏段血吸虫病流行概况

我国血吸虫病流行区及钉螺分布的最北界位于江苏宝应县，南水北调东线工程江苏段自宝应县至长江取水口历史上均为血吸虫病流行区，该区域亦多为江苏省"江水北调"工程所涉及，主要包括扬州市宝应县、高邮市、江都区、邗江区、广陵区，泰州市高港区、海陵区、医药高新区，以及淮安市金湖县等。该地区河网纵横，河湖相通，主要水源河道（位于第一级泵站以下：夹江、芒稻河、新通扬运河、三阳河、潼河）和输水河道（位于第一级泵站以上：高水河、里运河、金宝航道等），以及相邻湖泊（高邮湖、宝应湖、邵伯湖等）和相关流域历史上均为血吸虫病流行区。长江三江营取水口及夹江、芒稻河持续有钉螺分布，毗邻的高邮湖和邵伯湖也是钉螺孳生地。

第1节 东线相关区域历史流行概况

截至2004年，东线工程江苏段所涉血吸虫病历史流行区覆盖人口数约318万，其中流行村人口为192万；累计钉螺面积2.34亿 m²，历史累计血吸虫病人352 121人。至2004年该区域尚有钉螺面积1 199.40万 m²，其中水源区有感染性钉螺147.38万 m²，有血吸虫病病人364例。

宝应县是江苏省扬州市下辖县，地处江苏省中部，夹于江淮之间，京杭运河纵贯南北，境内河湖密布，气候温和湿润，年平均降水量966 mm，年平均气温14.4 ℃。历史上是血吸虫病严重流行区，也是我国流行血吸虫病最北的县，历史累计血吸虫病病人23 926人，累计钉螺面积441.94万 m²。1951年在宝应县卫生院门诊发现首例来自宝应芦村区的血吸虫病患者，同年10—11月在芦村区粪检查出血吸虫病126人；1952年春季在芦村区胜利乡张钓沟河和刁圩河发现了肋壳钉螺，证实该地区有血吸虫病流行。1953年宝应县血防站在潼河两岸进行居民血吸虫感染典型调查，结果氾水区镇界乡任家、毕家两村血吸虫感染率分别为54.88%和54.24%；芦村区胜利乡新桥、平安、林沟3村血吸虫感染率分别为43.25%、49.30%和31.76%；高阳乡贺湾村血吸虫感染率高达67.58%。1955年调查发现宝应县城附近的原松岗乡东窑村（现安宜镇东升村）窑河孤立螺点，全长1 650 m，其中有螺长度1 200 m，钉螺平均密度5.94只/0.1 m²，未发现感染性钉螺。据当地血防志记载，此处钉螺系群众打湖草输入所致，此发现也确定了我国血吸虫病流行区的最北界。1957年宝应居民血吸虫病粪检阳性率为21.31%，1964年为21.09%，1970年为7.55%，之后即趋于下降，并稳定控制在1%以下；1978年在运西氾光湖查出大面积钉螺（达182.89万 m²），1981、1984年发现少量残余钉螺，1987年达到了血吸虫病传播阻断国家标准（图4-1）。其后继续坚持开展血吸虫病监测，于2017年通过了血吸虫病消除标准（GB 15976—2015）评估。在扩大和加强血吸虫病监测中于2017、2018、2019年在该县安宜镇、氾水镇内陆非流行区（北纬33°15′以南）发现钉螺面积0.69、0.58、7.84万 m²，走访调查发现当地群众有挖芦根做柴烧的习惯，可能是导致钉螺输入的原因。

第4章　东线工程江苏段血吸虫病流行概况

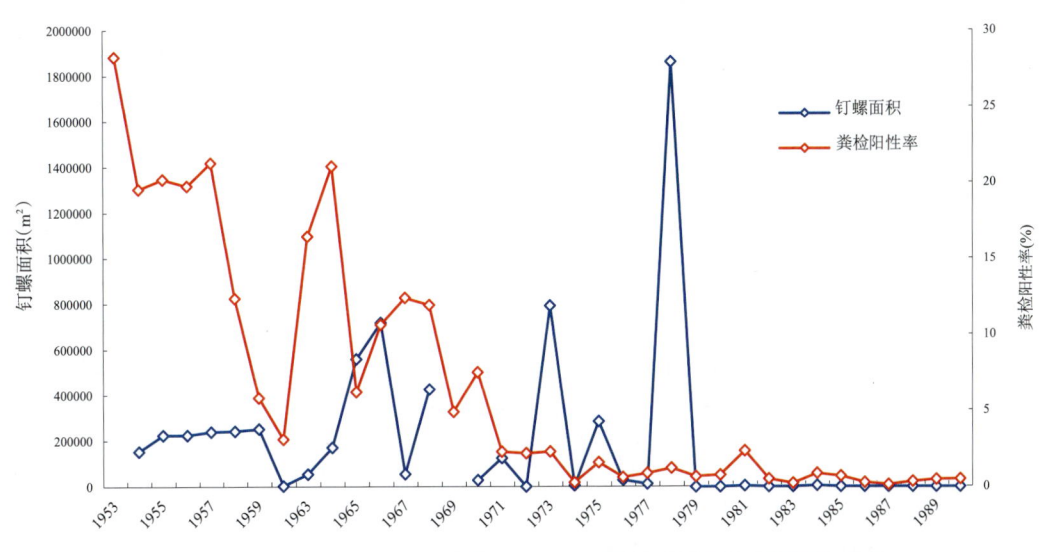

图4-1　宝应县1953—1990年居民血吸虫病粪检阳性率和钉螺面积消长

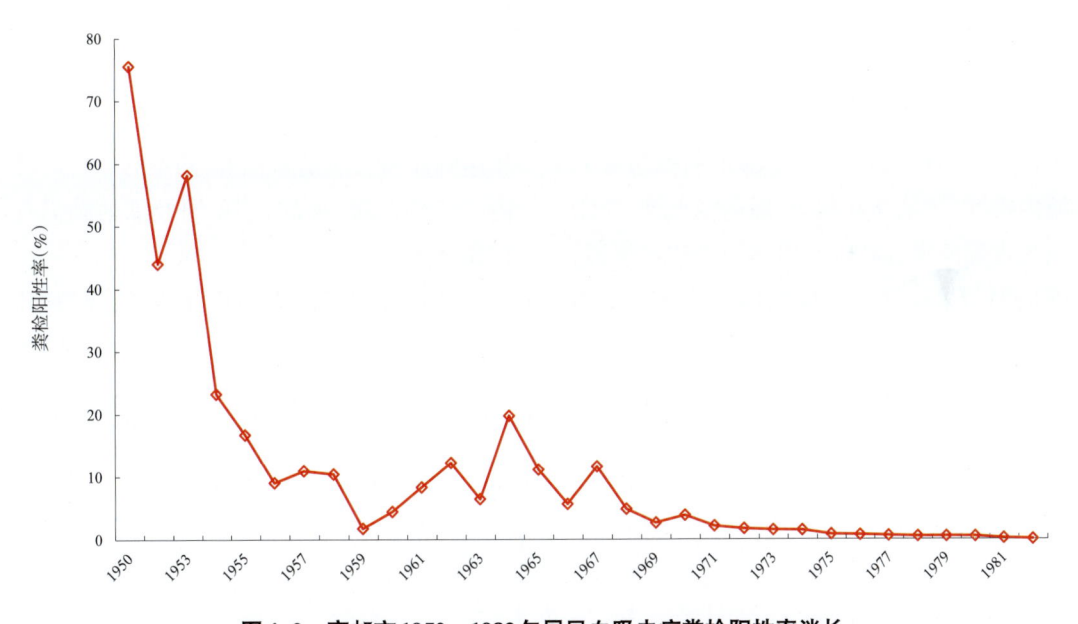

图4-2　高邮市1950—1982年居民血吸虫病粪检阳性率消长

高邮市地处淮河下游、江淮平原南端，北接宝应、金湖，南望扬州，其西部的高邮湖紧傍里运河(指京杭大运河江都邵伯至淮阴船闸段)，年均降水量1 000 mm左右，年均气温14.6℃。南水北调东线工程利用其境内里运河及与其平行的三阳河为输水干线。历史记载：1857年高邮新平滩(今新民滩)80多人死于"大肚子病"；1940年高邮新民乡钱家庄11户52人有44人死于血吸虫病，死绝8户；1944年高邮王港河马家庄6户36人全部死于急性血吸虫病。1950年高邮市湖滨乡(原新民乡)血吸虫感染率高达

49

76.45%，暴发了震惊全国的急性血吸虫病疫情，急性感染 4 017 人，死亡 1 335 人。1953 年 12 月调查高邮周山实验区河道 6 条，钉螺平均密度 690 只/0.1m²，最高密度 1971 只/ 0.1 m²；1955 年首次发现里运河高邮段（车逻至二十里铺）有钉螺孳生。1953 年高邮周山实验区粪检 12 361 人，查出血吸虫病病人 5 437 人，粪检阳性率为 43.98%；居民粪检阳性率最高为高邮新民乡（今湖滨乡），高达 80% 以上。全市历史累计钉螺面积 5 627.41 万 m²，历史累计病人 35 343 人。1995 年高邮市达到血吸虫病传播阻断标准，2017 年达到血吸虫病消除标准（图 4-2）。目前辖区内新民滩（涉高邮湖和邵伯湖）仍有钉螺孳生。

江都区（2011 年撤市建区）位于扬州市东部、江淮交汇处，是南水北调工程东线源头（包括三江营取水口、江都水利枢纽等），境内夹江、芒稻河江都段、新通扬运河、三阳河为水源河道，高水河、里运河为输水河道，邵伯湖与里运河仅一堤之隔。该区年平均气温 14.9℃，降水量 978.7 mm，历史上是血吸虫病严重流行区之一。历史累计血吸虫病人 176 253 人（血吸虫病人数列扬州市首位），累计钉螺面积 6 086.67 万 m²。1930 年寄生虫病学者陈方之、李赋京在江都县城南门外即发现了钉螺；1941 年寄生虫病学者吴光、许邦宪在《吾国血吸虫病之大概》一书中将江都、高邮、泰县列为血吸虫病流行区。1923—1924 年扬州浸会医院对 400 多名住院病人进行粪便检查，29 例查出血吸虫卵，其中 22 例为江都人。1953 年居民血吸虫病粪检阳性率为 21.4%，1964 年为 25.22%，1970 年为 11.4%，其后下降并控制在 1% 左右；1970 年查出钉螺面积最高，为 2 820.58 万 m²，1970 年代后持续下降，1986、1987 年降至 5 万 m² 以下，1988 年后稍有回升，2000 年达到了血吸虫病传播控制国家标准，2020 年达到血吸虫病消除标准（图 4-3）。目前境内三江营江滩、夹江、芒稻河及邵伯湖仍有钉螺孳生。

扬州市邗江区南临长江，东沿邵伯湖、

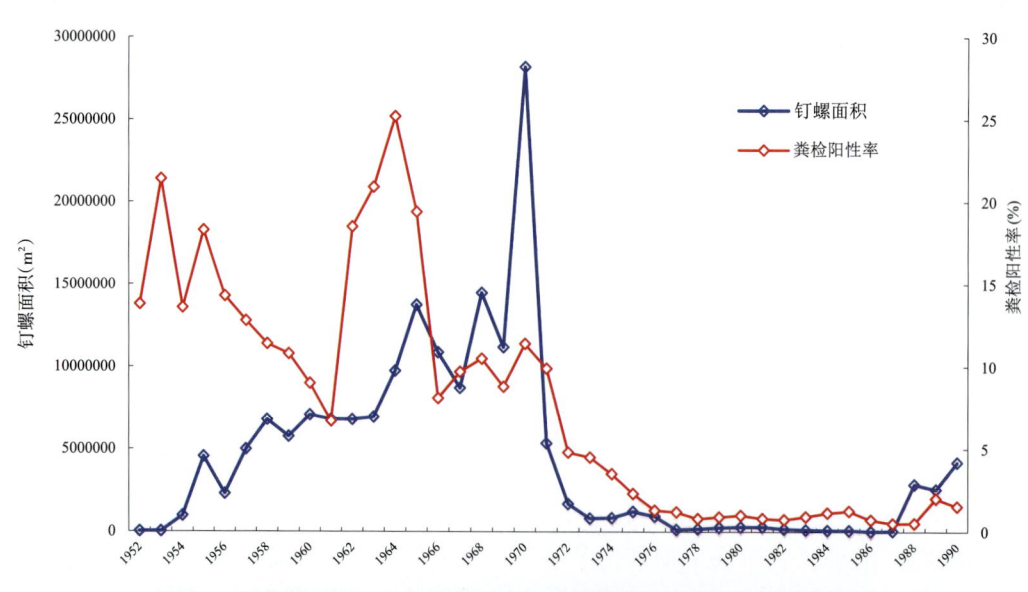

图 4-3　江都市 1952—1990 年居民血吸虫病粪检阳性率和钉螺面积消长

第4章 东线工程江苏段血吸虫病流行概况

运盐河、芒稻河、金湾河、夹江与江都交界，京杭大运河纵贯南北，是淮河入江的通道。1950年境内黄珏群众到高邮湖打湖草积肥发生急性血吸虫感染1 051人，死亡42人；1953年邗江新坝青年参军体检99人，有97人患血吸虫病（患病率97.98%）；同年对渔民粪便检查89人，62人血吸虫病阳性（阳性率69.66%）。该区于2001年撤县建区，2011年邗江区李典、头桥、沙头、杭集、泰安5个镇（包括夹江、芒稻河等归江河道）并入扬州市广陵区，而扬州市原维扬区的行政区域（包括原维扬区所属部分邵伯湖水域）与邗江区合并。截至2011年（区划调整前）邗江区历史累计钉螺面积为5 729.06万 m^2，累计血吸虫病62 851人。2019年达到了血吸虫病消除标准，目前境内邵伯湖仍有钉螺孳生。

扬州市广陵区于1983年设立，2011年行政区划调整后归江河道（夹江、芒稻河等）沿线血吸虫病流行区及防治工作均被划入广陵区。该区累计历史钉螺面积3 880.69万 m^2，累计血吸虫病人49 463人，已于2020年达到血吸虫病消除标准。但目前境内南水北调东线水源河道（夹江、芒稻河）仍有钉螺孳生。

金湖县地处淮河下游，境内湖泊众多，沟渠纵横，有白马湖、宝应湖、高邮湖三湖环抱，淮河入江水道自西而东横贯，南水北调东线工程运西线金宝航道则自东向西接三河入洪泽湖。该县气候温暖湿润，年均降水量1 085mm，年平均温度14.6℃，曾于1969年首次发现钉螺，是江苏省最后发现的血吸虫病流行县。其钉螺来源曾有人说是长江洪水顶托致钉螺逆向扩散所致，但金湖以下有三级控制线（水位不同），可防止江水倒灌，即金湖控制线（入江水道东、西偏泓漫水

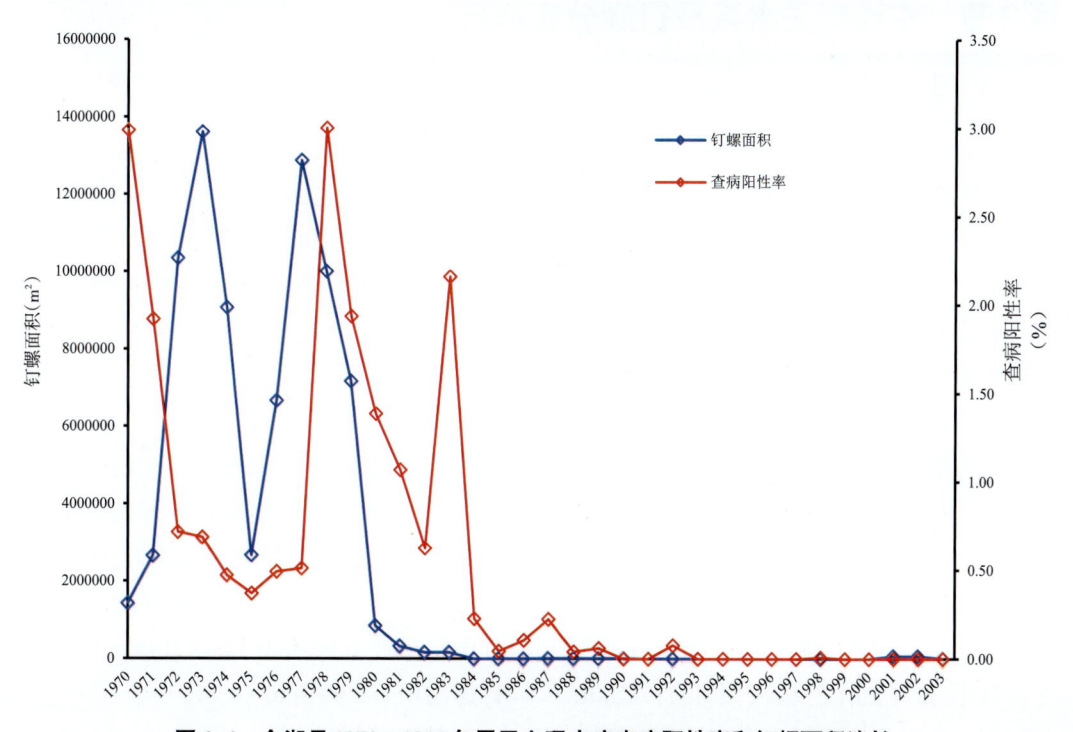

图4-4 金湖县1970—2003年居民血吸虫病查病阳性率和钉螺面积消长

闸、大汕子隔堤等)、高邮湖控制线(新、老王港闸等6座漫水闸)、归江控制线(万福闸、太平闸、金湾闸、芒稻闸等)。而且长江汛期也是淮河入江水道排涝的季节(淮河入江水道设计行洪流量达12 000 m³/s),1987年以前金湖最高水位为10.74 m,邵伯湖六闸最高水位8.84 m,镇江段长江最高水位8.38 m,因此有关江水顶托钉螺扩散的说法缺乏科学依据。

金湖县于1970年开始开展血吸虫病防治工作,据统计,该县历史累计钉螺面积3 420.98万 m²,累计血吸虫病人1 785人。1973年有钉螺面积1 361.13万 m²,至1980年下降为85.33万 m²,1991年开始钉螺面积降至0,直至2001年又在高邮湖滩新发现少量钉螺;血吸虫病查病阳性率最高为1978年的3.0%,随着钉螺得到有效控制,居民血吸虫病查病阳性率也大幅下降,自1984年即稳定控制在1%以下,2017年通过了血吸虫病消除标准评估(图4-4)。

泰州市高港枢纽也是南水北调东线工程取水口门,境内的泰州引江河、新通扬运河泰州段均为南水北调东线引水河道/水源河道,涉及该市高港区、海陵区、医药高新区,流域内历史累计钉螺面积1 414.33万 m²,累计血吸虫病病人45 228人。1952年高港区永安乡粪检177人,检出血吸虫病155人,阳性率达87.57%。泰州市已于2018年达到消除血吸虫病标准。

综上所述,南水北调东线工程江苏段历史上曾是血吸虫病严重流行区,目前均已达到了血吸虫病消除标准。但在水源区的三江营江滩、夹江、芒稻河,以及毗邻的高邮湖、邵伯湖仍有较多钉螺孳生。

第2节 东线有关水系及钉螺分布概况

南水北调东线第一期工程从扬州附近长江干流取水,终点是黄河以北德州大屯水库和胶东地区威海市米山水库。该区域现有河道、湖泊众多,大部分可以用于南水北调向北输水。江苏段血吸虫病流行区主要河道有夹江、芒稻河、新通扬运河、三阳河、泰州引江河、高水河、里运河、金宝航道,以及毗邻的宝应湖、高邮湖、邵伯湖等水域(图4-5)。

1 夹江、芒稻河 夹江和芒稻河位于扬州市江都区和广陵区(原属邗江区),起自三江营,至江都站西闸全长22.42 km,其中夹江段长11.4 km,芒稻河段长11.02 km。夹江和芒稻河既是淮河入长江的主要通道,又是南水北调东线工程的引水河道。河道以天然河道为主,河面较宽,绝大多数河段的宽度均超过100 m。河道有部分块石护坡,但部分河段坍塌较为严重,堤坡及江滩杂草丛生,适合钉螺孳生,同时由于受长江潮汐和钉螺扩散影响,夹江和芒稻河沿线滩地"冬陆夏水",灭螺难度很大。1954年开始在江滩调查钉螺(因夹江和芒稻河与长江相连,故归入江滩),结果芒稻河光明滩发现钉螺,其后历年调查夹江和芒稻河均有钉螺。2004年夹江有钉螺面积712.36万 m²,其中感染性钉螺面积77.32万 m²;芒稻河有钉螺面积183.09万 m²。

2 新通扬运河 西连江都芒稻河,东

第4章 东线工程江苏段血吸虫病流行概况

图4-5 东线工程有关河道示意图

至通榆河，全长90 km，其中江都东、西闸之间长约1.5 km，为江都站的站下引河。新通扬运河具有灌溉、排涝、通航等综合功能，原是江苏省江水北调的引水干河，现作为南水北调东线工程引水河及江都枢纽的配套工程。新通扬运河于1964年首次发现钉螺，累计钉螺面积7.84万 m²。后曾于1976、1978、1979、1980、1998、2004、2008年分别查出钉螺面积0.006万、0.252 5万、0.01万、0.025万、0.25万、0.60万、0.10万 m²。

3 三阳河、潼河 三阳河、潼河是连接新通扬运河到宝应抽水站的输水河道，并且是江苏省里下河地区输水、排涝的主干河道。三阳河南自宜陵接新通扬运河，北至杜巷入潼河，全长66.5 km，其中樊川至杜巷进行了扩挖、疏浚（其中三垛以北至杜巷29.95 km为新开挖）（图4-6）。潼河为东西向河道，在杜巷与三阳河相接，向西至宝应站接里运河，全长15.5 km，其中14.3 km河道完全由平地开挖而成。历史上三阳河、潼河流域均为血吸虫病重流行区，河道和沟渠钉螺密布。三阳河最早于1955年发现钉螺，历史累计钉螺面积18.42万 m²。三阳河最近于1977、1998年查出钉螺面积5.34万、1.33万 m²。潼河系新开挖河道，未发现有钉螺孳生。

4 泰州引江河 泰州引江河一期工程于1995年11月开工，1999年9月底完工。南起长江，北至九里沟与新通扬运河相连，全长24 km，全线硬化护砌，实施了高标准

53

三阳河　　　　　　　　　　　　潼河

图4-6　三阳河和潼河

图4-7　高港水利枢纽和泰州引江河

的水土保持和绿化防护工程。河道建成运行以来未发现有钉螺,但河口外江滩则时有钉螺发现(图4-7)。

5 高水河 高水河连接江都站与里运河,自江都迎江桥至邵伯轮船码头,全长15.2 km。高水河是江都站向北送水的起始河段。同时,也是沟通里运河与芒稻河的通航河道。高水河历史上未发现钉螺。

6 里运河 江都邵伯至淮阴船闸称里运河,里运河全长138.7 km,里运河两岸分别有大堤与周围河道及湖泊隔开。

里运河高邮段长 43 km,于1955年首次在车逻至二十里铺发现钉螺面积1.40万 m²,其后自1965—1982年查出11个钉螺孳生点(段),钉螺面积30.45万 m²。1977年开始对江都段里运河石驳岸开展钉螺调查,共发现14个有螺段,有螺面积10.94万 m²。里运河宝应段于1965年在里运河西堤石驳岸发现钉螺,面积为4 800 m²,1977年在里运河东堤西坡丰收洞以北20 m处发现150 m²钉螺面积;1984年在里运河西堤东坡宝应地龙渡口堤埂查到4 935 m²钉螺面积。

里运河高邮段于1977—1982年对有螺石驳岸进行了水泥灌浆勾缝处理,消除了块石与块石之间缝隙,使这些护坡形成了一个硬化的整体。因此,采取混凝土灌浆和水泥砂浆勾缝措施后,里运河高邮段有10年未发现钉螺。宝应县和江都区分别于1980—1987年对里运河石驳岸进行了水泥嵌缝灭螺4.63万 m²和20.29万 m²,彻底消除了钉螺及其孳生环境。但高邮段石驳岸由于水流冲刷,水泥砂浆勾缝地段破损严重,1993年在石驳岸破损处查到钉螺面积为0.125万 m²,1998~2012年连续查到钉螺。

7 金宝航道和新三河 金宝航道和新三河是南水北调东线工程运西线(大汕子至洪泽站站下引河口)输水河道。全长66.88 km(裁弯后64.4 km),以淮河入江水道三河拦河坝为界分为金宝航道段(长30.88 km,裁弯后28.4 km)和三河段(长36 km)两部分。金宝航道历史上河湖(宝应湖)相连,环境复杂,1981年首次发现钉螺,1981—1983年每年有钉螺面积13.33万 m²;1992、1995年分别有钉螺面积14.0万 m²和16.0万 m²,经过环境改造后未再发现钉螺。新三河历史上未查出钉螺。

8 宝应湖 宝应湖南连高邮湖,西接金湖县,北会白马湖,分属宝应、金湖两县管辖,该湖长 21 km平均宽 5.9 km,总面积约 140 km²。主要入湖河道有老三河、洪金排涝河、淮南圩西中心河、淮南圩东中心河、阮桥河。泄水途径:(1)通过南运西闸向里运河退水;(2)通过大汕子退水闸、涂沟退水闸向高邮湖退水;(3)通过金湖站向淮河入江水道翻水。湖底高 5 m,蓄水位 5.7 m,灌溉库容 0.56 亿 m³;防洪水位 7.5 m,防洪库容 3.08 亿 m³;死水位 5.3 m,库容 0.42 亿 m³。宝应湖阮桥站年平均水位 6.23 m,月平均水位以 7月份最高(6.6 m),月平均水位高低差 0.66 m;宝应湖大汕子站年平均水位 6.07 m,月平均水位 7、8月最高,高低差 0.41 m,两站各月水位变化平缓,没有明显"冬陆夏水"变化(表4-1)。1969年兴建大汕子隔堤后,该湖不再承泄淮河洪水,部分湖滩退湖为陆,部分浅滩被围垦或辟为鱼池,实际成了几条大河。宝应湖历史累计钉螺面积1 346.65万 m²,其中金湖县 1 053.48万 m²,宝应县293.17万 m²。1981年开始金湖县和宝应县所属宝应湖滩均未再发现钉螺。

9 高邮湖 高邮湖地处苏皖交界,东

表4-1 宝应湖月平均水位变化（m）

平均水位	1月	2月	3月	4月	5月	6月	7月	8月	9月	10月	11月	12月
阮桥站	5.99	5.94	6.05	6.05	6.14	6.31	6.60	6.57	6.53	6.31	6.21	6.01
大汕子站	5.94	5.89	5.99	5.98	5.97	6.05	6.30	6.30	6.25	6.14	6.05	6.00

与里运河（京杭大运河）一堤相隔，南以高邮湖控制线与邵伯湖相连，西与天长县（属安徽省）白塔圩、高邮市郭集大圩、菱塘大圩、金湖县淮南大圩为界，北至大汕子隔堤与宝应湖相望，是江苏省第三大湖。湖区长48 km，最大宽度28 km，面积650 km²。当水位5.55 m时，水域总面积为760.67 m²，其中水面积648 km²。高邮湖属河道型浅水型湖泊，为淮河入江水道，北承淮水，南泄长江。主要入湖河流有白塔河、铜龙河、新白塔河、秦栏河、杨村河，以及三河（淮河入江水道）等。三河来水原经宝应湖、氾光湖入湖，历史上高邮湖经常冲决运河堤防，1952年兴建的洪泽湖三河闸使淮河洪水得到初步控制。1958年修建了穿金沟直达高邮湖的入江水道堤防，1969年筑大汕子隔堤，改由入江水道入湖，湖水经高邮湖控制线（全长10.3 km）相连的庄台闸、新王港、新港、老王港、杨庄漫水闸和毛港闸泄入邵伯湖。控制线自东向西穿过新民滩，将高邮湖和邵伯湖分开，控制线正常年份可控制高邮湖水位5.6~6.0 m，高邮湖水位超过6.0 m以上即漫滩行洪。因此，高邮新民滩常年呈"冬陆夏水"，是钉螺孳生"大本营"，1950年即发现钉螺。高邮湖历史累计钉螺面积3 455.82万m²，其中金湖县2 250.77万m²，宝应县38.01万m²，高邮市983.04万m²，天长县184.0万m²。由于环境复杂、灭螺难度大，目前高邮湖区新民滩仍是重要的钉螺孳生地。

10 **邵伯湖** 位于淮河入江水道中段，湖周分属江苏省扬州市邗江、高邮和江都三地。北起新民滩（高邮湖控制线以南）与高邮湖相连，东依京杭大运河西堤，西毗高邮、邗江沿湖地区，南抵江都六闸河口。邵伯湖上承高邮湖来水，下经六闸注入归江河道入长江。1990年调查邵伯湖总面积为133.36 km²，其中高邮境内53.6 km²（水面20 km²，滩地33.6 km²）。

第3节 东线原流行区钉螺扩散途径和方式

据资料记载，历史上宝应县境内钉螺主要是由高邮湖、里运河洪水泛滥、农田灌溉、湖滩取绿肥和割柴草等途径扩散。《宝应县志》记述自1329—1949年发生洪涝灾害130次，特别是1931年（民国20年）京杭运河扬州至宝应段西堤（运河与高邮湖之间的隔堤）漫缺51处，其中宝应21处。宝应段运河以东地区农田灌溉均依赖运河，运河水系钉螺可由运河自流灌溉而随水流向运东灌区扩散。氾水、子婴等乡（镇）农民群众每年春季都到高邮湖有钉螺的吴家滩等地积绿肥、割柴草，从而造成钉螺被动（携带）扩散至运东里下河地区。另外宝应还有许多渔民经常往来于高邮湖、邵伯湖、长江、鄱阳湖等有

第4章 东线工程江苏段血吸虫病流行概况

螺区,其渔具和水产品亦可携带钉螺扩散。1954年调查发现老潼河西起大运河军民洞,现即宝应地龙(连接运西高邮湖的底涵),东至夏集乡黄小沟,钉螺断续分布,钉螺随水流扩散至与老潼河相通的河、沟、渠,钉螺平均密度31.11只/0.1m^2,钉螺感染率2.12%。涵马河(老芦氾河)西起氾水北沿运干渠,向东经芦村、小尹庄至后舍入广洋湖,沿线钉螺孳生环境与老潼河相似,钉螺循水流扩散,1955年调查芦村段钉螺平均密度8.58只/0.1m^2,钉螺感染率高达12.50%。1988—1994年在宝应境内船闸检查往来船只船体外部水线四周有无钉螺吸附,共检查船只6 466条,查获其他螺1 758只,未发现钉螺;在里运河和金宝河打捞漂浮物5 670.4 kg,查获其他螺1 015只,未发现钉螺。

20世纪70年代及以前,高邮市运东地区每年农忙季节都有群众到高邮湖新民滩打湖草积肥的习惯,仅1971年春季运东地区群众到新民滩割秧草一个多月时间,湖滩钉螺就随秧草扩散至运东10个公社(乡)、55个大队(行政村)、212个生产队(村民小组),其中有45个大队、157个生产队原为非流行区。随着农田水利建设的推进,运东地区依托运河基本实现了自流灌溉,而钉螺也从运河沿线通过12条干支渠由近及远、由重至轻地向东蔓延扩散。2010年高邮市检测大运河、高邮湖和邵伯湖水域运行船只180条,其中渔船79条,运输船81条,渔船和运输船船体外壳均未发现钉螺;在新民滩(邵伯湖)检查"地龙网"(一种渔具)6条(图4-8),其中1条检出钉螺5只;在盛鱼虾的塑料桶中,约7 kg龙虾中查获钉螺25只。

晾晒地龙网 　　　　查找地龙网钉螺

图4-8　地龙网

《江都血防志》记述江都历史上钉螺传播有4条途径:一是高邮湖、邵伯湖钉螺经水系传入中西部的艾菱湖,然后向东呈扇形散布;二是沿江地区江滩钉螺来自上游扩散;三是吴桥、谢桥一带的钉螺由通江的白塔河传入;四是东南角浦头一带的钉螺由泰兴风筝港(系当地一条重要的通江河道,沿线多为血吸虫病疫区)传入。除此以外,历史上电灌渠网建设也是钉螺扩散的途径,1959年原宗村公社(现小纪镇)建造了一座

电灌站及配套的灌溉渠网,同年钉螺面积为42.24万 m^2,至1970年灌渠和稻田出现大面积钉螺,稻田钉螺面积达568.96万 m^2,占耕地总面积的46%。另外人为携带导致的钉螺扩散也是一种重要方式。其中江都邵伯镇渔业村在20世纪90年代曾因"漂鱼花"(鱼类产卵繁殖),渔民到安徽芜湖等沿江采集柳树根须(做鱼巢以供鱼产卵繁殖),导致钉螺随柳树根须输入,同时也造成输入性急性血吸虫感染。

1980年4月江苏省血吸虫病防治研究所和扬州市有关血防部门组织对京杭大运河苏北段两岸石驳岸进行钉螺调查,结果显示运河钉螺分布范围北自宝应地龙(过水底涵)(北纬33°03′),南至邗江六圩入长江处,全长129 km,钉螺断续分布,总有螺面积为39.26万 m^2,占运河两岸石驳岸总面积的10.52%。其中运河西岸(西堤东坡)有螺长度占总有螺长度的78.20%,有螺面积占总有螺面积的78.44%;而东岸(东堤西坡)有螺长度仅占21.80%,有螺面积占21.56%。由于运河西堤与高邮湖、邵伯湖仅一堤之隔,因此运河两岸钉螺分布特点也提示高邮湖和邵伯湖钉螺是运河水系钉螺来源。

京杭大运河是我国第二条黄金水道,现状航道达二级,常年可行驶2 000 t级的船舶。1975—1979年江苏省组织调查组在船闸处设卡检查,对往来船只进行登记,并逐只沿船边水线上下观察或用特制网兜沿船舷水下刮检,结果共检查各种船只3 883条,木竹排105块,未查到钉螺。

曾有专家提出"高邮段大运河钉螺分布地段3年向北推移4 km"的说法,经查考此说并无科学依据。实际上京杭大运河20世纪50—60年代钉螺为零星分布(查螺用工少,调查范围小);20世纪70年代则开展了反复普查,被发现的钉螺分布范围较大,钉螺面积基本见底;而后随着大规模灭螺,钉螺面积大幅压缩,直至消除。因此,大运河钉螺面积消长和分布范围变化,主要与查螺和灭螺力度有关,即查螺力度大则发现钉螺多,在此基础上灭螺力度大则可有效消除钉螺。

第 5 章

东线工程江苏段钉螺扩散规律

钉螺循水系迁移扩散通常需要吸附漂浮物，此类扩散模式常见于血吸虫病流行区，特别是自流灌区/机电灌区，以及长江中下游湖沼型疫区。南水北调东线工程从长江下游扬州江都段抽引长江水，利用京杭大运河及与其平行的河道为输水主干线和分干线向北方输水。历史上东线工程江苏段宝应至长江水源区均系血吸虫病疫区，了解该区域钉螺扩散规律对于评估南水北调东线工程钉螺扩散风险非常重要。

第1节 河道调查

南水北调东线一期工程充分利用现有河道并连通作为调蓄水库的洪泽湖、骆马湖、南四湖、东平湖等作为调蓄水库，构成了从长江取水至北方的调水系统。由于黄河以南输水干线从南至北逐级升高，总扬程达65 m，需要依靠大型泵站才能提水北送，因此黄河以南有13个梯级75座泵站，水工建筑物很多，决定了调水系统水文学、水力学及生态等不同于水位难控的长江水系，也不同于干湿交替的灌溉系统。为了解东线工程河道钉螺扩散规律，黄轶昕等选择东线工程水源河道和输水河道进行了调查观察。

1 水源河道钉螺扩散监测 在芒稻河选择江都西闸外（北纬32°24.75'；东经119°33.37'）和宁通公路桥段（北纬32°23.88'；东经119°33.51'）为监测断面，于2005年1—12月采用网捞法逐月观察各个监测断面漂浮物携螺扩散情况，每月1次，每个点（断面）网捞调查面积为6 000 m²水面，捞获漂浮物用淘洗过筛法观察吸附钉螺，记录吸附钉螺数量、漂浮物数量（kg）。结果：江都西闸外断面（该断面为东线水源进入江都泵站的口门）两侧河岸有钉螺分布，2005年逐月共打捞漂浮物62.85 kg，分别于7、8月检获钉螺，共计6只，平均为0.096只/kg；芒稻河宁通公路桥段断面（位于夹江与芒稻河连接处），该处河段沿线均有钉螺分布，1—12月共打捞漂浮物156 kg，分别于6、7、8、9、10月检获钉螺，共计156只，平均为1.84只/kg（表5-1）。芒稻河打捞漂浮物逐月分布情况表明，东线工程水源河道漂浮物主要产生在汛期，钉螺较易吸附漂浮物漂流扩散；而枯水期水位低、水面漂浮物少，加之水温低，钉螺多闭厣不动，不会吸附漂浮物。结果表明东线工程有螺水源河道仅在汛期有钉螺吸附漂浮物漂流扩散。

2 输水河道钉螺扩散监测 选择里运河高邮至淮安之间为监测河段，共设置4个钉螺监测断面，分别为：高邮南门渡口段（北纬32°46.12'；东经119°25.95'），位于里运河高邮段南端，河道两岸现状无钉螺分布；高邮马棚渡口段（北纬32°53.69'；东经119°24.72'），位于里运河高邮段中部，东西两岸现状有钉螺分布；高邮界首渡口段（北纬33°00.42'；东经119°24.63'），位于里运河高邮段北端，河道两岸现状无钉螺分布；淮安袁庄渡口段（北纬33°21.84'；东经119°13.09'），该断面跨越了历史上钉螺分布的北界，历史上从未发现有钉螺。各监测断面打捞观察方法同水源河道。其中在里运河高邮段马棚渡口段、南门渡口段、界首渡口段监测断面同时采用诱螺法进行监测调查。即每个断

第5章 东线工程江苏段钉螺扩散规律

表5-1 芒稻河漂浮物携带钉螺打捞观察

月	江都西闸外断面 (北纬32°24.75′;东经119°33.37′) 打捞漂浮物 (kg)	检获钉螺 (只)	芒稻河宁通公路桥段断面 (北纬32°23.88′;东经119°33.51′) 打捞漂浮物 (kg)	检获钉螺 (只)
1	3.00	0	0.00	0
2	0.15	0	0.00	0
3	0.20	0	0.00	0
4	0.60	0	6.00	0
5	5.70	0	8.50	0
6	10.70	0	12.00	5
7	12.00	4	15.50	8
8	17.00	2	21.00	137
9	13.50	0	17.00	5
10	0.00	0	4.70	1
11	0.00	0	0.00	0
12	0.00	0	0.00	0
合计	62.85	6	156.00	156

表5-2 里运河高邮至淮安楚州段漂浮物携带钉螺现场观察

月	高邮南门渡口段 (北纬32°46.12′;东经119°25.95′) 打捞漂浮物(kg)	检获钉螺(只)	高邮马棚渡口段 (北纬32°53.69′;东经119°24.72′) 打捞漂浮物(kg)	检获钉螺(只)	高邮界首渡口段 (北纬33°00.42′;东经119°24.63′) 打捞漂浮物(kg)	检获钉螺(只)	淮安袁庄渡口段 (北纬33°21.84′;东经119°13.09′) 打捞漂浮物(kg)	检获钉螺(只)
1	0.65	0	0.55	0	0.65	0	0.00	0
2	0.25	0	0.25	0	0.20	0	0.50	0
3	1.20	0	0.20	0	1.00	0	0.70	0
4	0.65	0	0.10	0	0.90	0	0.50	0
5	0.70	0	0.30	0	3.10	0	0.40	0
6	1.20	0	1.80	0	1.60	0	0.60	0
7	1.00	0	6.20	0	9.00	0	0.80	0
8	32.00	0	12.00	0	14.00	0	0.20	0
9	2.50	0	2.00	0	33.00	0	0.15	0
10	0.50	0	3.20	0	13.50	0	0.50	0
11	2.00	0	1.50	0	0.50	0	0.25	0
12	0.80	0	1.20	0	0.90	0	0.00	0
合计	43.45	0	29.30	0	78.35	0	4.6	0

面分东、西两岸共6个点作为诱螺监测点，每个监测点于6—9月中旬设置稻草帘10块，稻草帘大小为0.1 m²，每个草帘间距20 m，每块草帘均用尼龙绳(1~1.5 m)和固定桩固定，并委托人员看护。诱螺1周(7 d)后分别取出，用淘洗过筛法检查，即将草帘置塑料盆内加水轻轻搓揉，然后将水倒入分样筛(30孔/25.4 mm)漂洗过筛，检查余渣内有无钉螺或其他螺类(图5-1)。结果输水河道4个监测断面全年各月共打捞漂浮物155.7 kg，均未检获钉螺；其中高邮段3个断面全年打捞获得漂浮物分别为43.45 kg、29.3 kg和78.35 kg，漂浮物主要集中在5—10月；淮安袁庄渡口段则全年打捞获得漂浮物显著少于高邮段3个断面(表5-2)。诱螺法监测高邮段3个断面，共投放稻草帘240块，检获其他螺10 273只，未发现钉螺(表5-3)。

表5-3 里运河高邮段稻草帘诱螺监测

观察点	投放草帘	6月 钉螺	6月 其他螺	7月 钉螺	7月 其他螺	8月 钉螺	8月 其他螺	9月 钉螺	9月 其他螺
高邮南门渡口	80	0	918	0	289	0	2 896	0	23
高邮马棚渡口	80	0	469	0	590	0	1 141	0	732
高邮界首渡口	80	0	1 934	0	620	0	589	0	72
合计	240	0	3 321	0	1 499	0	4 626	0	827

输水河道打捞漂浮物　　设置诱螺稻草帘

图5-1 输水河道水体钉螺监测

第2节 泵站调查

江都泵站是南水北调东线工程第一级泵站，于1961年开始兴建，1977年全部建成（图5-2）。有4座大型电力抽水站（2006—2010年对三站、四站进行了更新改造）、12座节制闸及引排河道等配套设施组成，是一个具有灌溉、泄洪、排涝、发电等综合功能的大型水利枢纽工程。其中4座抽水站共装有大型立式轴流泵机组33台（套），装机容量53 000 kW，最大抽水能力为505 m³/s，设计扬程7.0 m。站前引河长约1.5 km，原有钉螺孳生。2005—2007年对引河进行了疏浚，以满足引水550~950 m³/s的要求，同时对引河两岸进行浆砌石硬化或混凝土护坡。泵站出水池（即东线工程渠首，亦称消力池），长约1 260 m，宽110 m，东有放水闸与新通扬运河相连，西与高水河相接。出水池南岸为滩地，有芦苇、树林、杂草等植被，GPS测定面积约13 837 m²；北岸均为防冲硬化护砌，无泥土、杂草。研究表明鱼类经水泵流道后可部分存活，南水北调东线江都泵站试验表明幼鱼过泵能力为42.1%。曾模拟将染色钉螺投放于电灌站水泵（口径为50.8 cm）进水口，结果90.13%钉螺通过水泵进入渠道。鉴于江都枢纽泵站在实施南水北调之前已运行40多年，引河内钉螺是否吸附于漂浮物通过水泵流道进入出水池引起了研究人员的关注，为此对江都泵站进水口拦污栅和出水池滩地进行了调查。

图5-2 江都水利枢纽鸟瞰图

1 拦污栅钉螺调查

拦污栅是设在泵站进水口前,用于拦阻水流挟带的水草、漂木等杂物的框栅式结构。通常由钢材制成的边框、横隔板和栅条构成,可以是固定式,也可做成起吊式。江都水利枢纽抽水站进水口拦污栅为直立可起吊式(图5-3)。为了解拦污栅截留钉螺情况,黄轶昕等分别于2005年6、7、8、9月,每月1次组织人员对江都站拦污栅拦截的漂浮物进行抽样检查,用淘洗过筛法检测钉螺,共检查拦污栅漂浮物173.2 kg,检获其他螺156只,未发现钉螺。调查表明,江都站拦污栅拦截的漂浮物主要来自里下河地区河网,排涝时通过江都东闸进入引河;而长江来水(通过江都西闸进入引河)漂浮物较少;同时水泵停机时产生的反冲水流可对拦污栅形成反向冲刷。因此,钉螺难以吸附于拦污栅及其拦截的漂浮物。

图5-3 江都站拦污栅采集漂浮物

2 泵站出水池滩地钉螺调查

江都站"江水北调"已运行数十年,其1~4号泵站出水池即为东线输水河道渠首,北连高水河(图5-4)。出水池北岸均为浆砌块石护墙、护坡,其南岸直立护墙下则有大片自然滩地,植被有芦草、树林,土质肥沃。

图5-4 江都抽水站出水池滩地(下)和护岸(上)

第5章 东线工程江苏段钉螺扩散规律

2005年11月组织专业人员采用随机设框法对江都水利枢纽1~4号泵站消力池内滩地进行了钉螺调查,共调查626框,未发现钉螺。然后又于2006年4月11日组织专业人员20人,采用机械抽样法进行设框调查,框距为2~3 m,共调查1 043框,亦未发现钉螺。

滩地土壤钉螺适生性:取江都泵站出水池滩地泥土,经过筛后置于28 cm×38 cm塑料盘中制成饲养盘,投入江滩型健康钉螺20对,经室内饲养5个月(2005年12月3日至次年5月8日)后过筛观察钉螺存活率、平均产卵量(枚/对)、螺卵孵化率。结果经越冬后钉螺存活率为99.10%(110/111),平均产卵10.85枚/对(651/60),螺卵孵化率为58.24%(212/364),均高于对照组。结果表明出水池滩地泥土适合钉螺生长繁殖。

2006年秋季再次对泵站出水池滩地进行钉螺调查,共调查1 043框,结果在3号滩(3站和4站间的滩地)发现钉螺30只,钉螺面积50 m²,钉螺密度为0.028 8只/0.1 m²。钉螺孳生点位置为:北纬32°25.225′,东经119°33.702′。2007年4月9日用相同方法调查997框,结果在3号滩再次发现钉螺,活螺密度为0.0 502只/0.1 m²,最高密度为12只/0.1 m²,钉螺面积为2 530 m²(图5-5)。

分析认为钉螺可随水流由夹江、芒稻河从江都西闸进入江都水利枢纽引河,并可在

1—现场查螺;2—钉螺孳生环境;3—来自引河的废弃物;4—钉螺

图5-5 江都水利枢纽出水池滩地有钉螺环境

引河两岸孳生（既往调查表明引河有钉螺孳生），在水泵抽水时可以将钉螺抽吸过水泵而进入出水池。但钉螺不具备游泳的能力，脱离漂浮物后即使被抽吸过水泵进入较大水体的出水池也难以上爬登岸并形成孳生地。2005年秋季和2006年春季连续2次调查出水池滩地未发现钉螺，可以表明江都抽水站40多年运行未有钉螺在出水池滩形成孳生地。而2006年11月及2007年4月发现钉螺密度较低，面积较小，也表明钉螺为近期出现（如果早有钉螺进入出水池孳生的话，40多年的江水北调运行应造成出水池高密度大范围钉螺孳生地）。现场有来自引河的废弃物，表明钉螺系人为携带至3号滩而扩散，钉螺来源与引河疏浚工程有关。

第3节 定位漂流

鉴于吸附于漂浮物漂流扩散是钉螺迁移扩散的主要方式，因此掌握漂浮物在江河水系中的漂流规律非常重要。唐国柱等选择在长江汛期，将钉螺自行吸附于芦苇制成的"E"形载体，将39个载体投放长江主航道水面，当载体每漂流1、5、10、30、50 km时，用网捞取1个载体观察钉螺数。结果1、5、10、30、50 km钉螺散失率分别为19.95、27.45、45.67、67.72、82.68%。39个载体在顺直河道漂流过境的有37个，进入弯度大、回流多、缓流岸边和江心洲段时，只有6个载体漂流过境，其他主要滞留在回流处，其次是江边芦滩、缓流岸边和江心洲水面。同时研究还发现在洪水漫滩后早、中、末期都有钉螺扩散，但主要在洪水初期。桂新池等（1995）选择有螺通江河道（两岸钉螺平均密度103.5只/0.1 m²）作为实验现场，利用河内自然聚集的柴草、废旧塑料、树木等携带钉螺的漂浮物作为实验载体，提前1d收集并集中在实验河段进水口河滩上适当位置。实验当日再查看漂浮物携带钉螺情况，选用其中携带钉螺较多的17件，先在水中试放，确定漂浮物的入水线，捞起后分别计数漂浮物所吸附或夹带的钉螺数，并对各漂浮物标记编号，然后在涨潮时依次放入水中随水漂流。结果分段收集实验河道两岸及近岸水面自然存在的漂浮物41件，携螺率为46.3%，平均每件有钉螺8.5只，最多1件47只。观察实验标记漂浮物17件，总携带钉螺211只，平均每件12.4只，最多带螺46只。17件标记漂浮物中除1件木棍入水后下沉外，其余16件漂浮物入水时携钉螺199只，至终点剩90只，保持吸附漂浮物的钉螺占45.5%。

为了精确观察南水北调东线工程输水河道漂浮物漂流规律，评估钉螺随漂浮物扩散风险，黄轶昕等分别于东线工程通水前后采用GPS定位技术对输水河道漂浮物扩散规律开展了进一步研究。

1 工作原理

将车载GPS模块作为载体，内置GPS定位程序的终端设备，通过间隔上传定位信息方式获取GPS设备的地理经纬度信息。结合GIS地理信息系统，对漂浮物活动进行监测。系统由GPS卫星、定位终端、互联网、定位服务平台（数据中心）、用户客户端

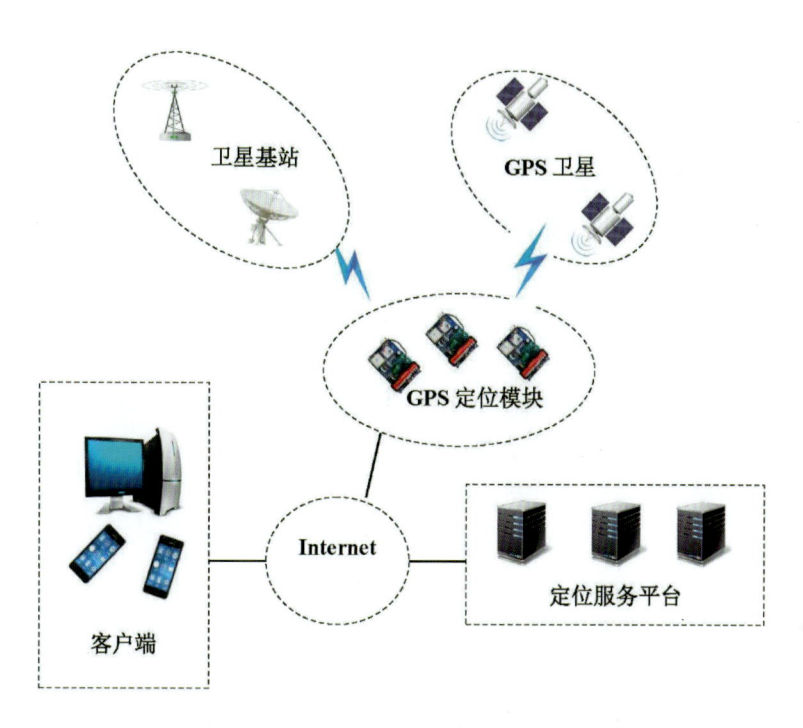

第 5 章　东线工程江苏段钉螺扩散规律

图 5-6　漂浮物 GPS 定位漂流试验工作原理示意图

(PC/智能手机)组成(图 5-6)。

现场工作时将 GPS 定位设备编号后分别安装于水密封塑料袋,然后将漂浮物(水草)与设备固定在一起投放于漂流测试河段,通过船只跟踪观察试验漂浮物漂流状态,同时由定位服务平台在后台记录漂浮物漂流轨迹。

2　现场试验

2013 年选择东线工程输水河道中的高水河段、金宝航道段为试验河段,分别在东线工程通水前及试通水时于高水河和金宝航道试验河段中间投放搭载有 GPS 定位模块的漂浮物(称 GPS 漂浮物)(图 5-7、图 5-8),在 GPS 漂浮物靠岸边停滞不动时重新

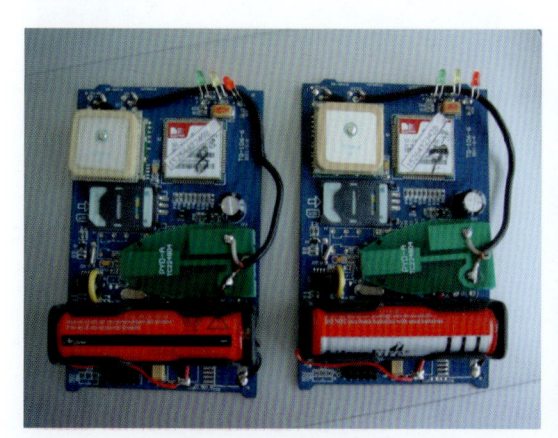

图 5-7　GPS 定位器

图 5-8　搭载 GPS 定位漂浮物

将其投放于河道中间继续漂流。通过 GIS 信息平台观察、记录每次漂流轨迹、速度，计算每次漂流距离和平均漂流速度；使用 LS1206B 型旋桨式流速仪测定试验河段中心表层流速，记录调水流量等数据；现场记录风向、风速。

2.1 通水前漂流试验 于 2013 年 5 月 8 日上午进行了高水河漂流试验，共投放 GPS 漂流物 4 个，高水河表层北向水流速度为 0.45 m/s，东南风 3~4 级，中雨，江都泵站抽水日平均流量为 380 m³/s。结果搭载 GPS 的漂浮物在水流、风向、船行波作用下，逐渐向岸边靠拢，平均漂流速度为 0.56~0.60 m/s，平均每次漂流 999.70~1 995.50 m（表 5-4）。现场观察漂浮物到达岸边后由于芦苇、水草或其他障碍（河道弯曲部、停泊船只、码头建筑物等）阻滞而停止不前。2013 年 5 月 10 日上午在东线工程金宝航道段进行漂流试验，投放 GPS 漂流物 1 个，试验当日未调水运行，测水面流速（自东向西）为 0 m/s（控制运西输水线的南运西闸未开放），西北风 3~4 级（逆风），漂流物投放后即滞留于水草处，无明显漂流移动。

2.2 通水期间漂流试验 东线工程江

表 5-4 南水北调东线输水河道通水前 GPS 漂浮物漂流试验

试验河道	风向和风力	水表层流速（m/s）	GPS 终端编号	投放次数	实际漂流距离（m）	平均每次漂流距离（m）	平均漂流速度（m/s）
高水河	东南风 3~4 级	0.45	G1	2	3 916.99	1 958.50	0.56
			G2	2	3 991.00	1 995.50	0.59
			G3	4	3 998.78	999.70	0.60
			G4	3	3 884.52	1 294.84	0.57
金宝航道	西北风 3~4 级	0.00	J1	1	—	—	—

表 5-5 南水北调东线输水河道试通水时 GPS 漂浮物漂流试验结果

试验河道	风向和风力	水表层流速（m/s）	GPS 终端编号	投放次数	实际漂流距离（m）	平均每次漂流距离（m）	平均漂流速度（m/s）
高水河	偏北风 3~4 级	0.45	G1	2	2 568.06	1 284.03	0.41
			G2	2	2 498.71	1 249.36	0.35
			G3	2	2 496.11	1 248.06	0.39
			G4	2	2 576.51	1 288.26	0.40
			G5	2	2 578.87	1 289.44	0.39
金宝航道	东北风 3~4 级	0.28	J1	4	1 985.50	496.38	0.27
			J2	4	1 911.05	477.76	0.25
			J3	4	1 921.54	480.40	0.25
			J4	4	1 952.88	488.22	0.26
			J5	4	1 791.75	492.94	0.27

第5章　东线工程江苏段钉螺扩散规律

苏段于2013年5月30日成功试通水,其后在江苏段试通水期间开展了漂流试验。金宝航道段(2013年10月22日上午)共投放GPS漂浮物5个,测水面流速(自东向西)为0.28 m/s,东北风3~4级(顺风),天气晴。平均漂流速度为0.25~0.27 m/s,平均每次漂流477.76~496.38 m(表5-5)。高水河段(2013年10月23日上午)共投放GPS漂浮物5个,测水面流速(自南向北)为0.45 m/s,偏北风3~4级,平均漂流速度为0.35~0.41 m/s,平均每次漂流1 248.06~1 289.44 m(表5-5)。金宝航道和高水河段漂流轨迹显示:由于风向、水流和船行波的作用,GPS漂浮物总是漂向岸边,并在岸边水草、芦苇或其它障碍(河道弯曲部、停泊船只、码头建筑物等)的阻滞下停止漂流(图5-9,图5-10)。

图5-9　高水河定位漂流轨迹图

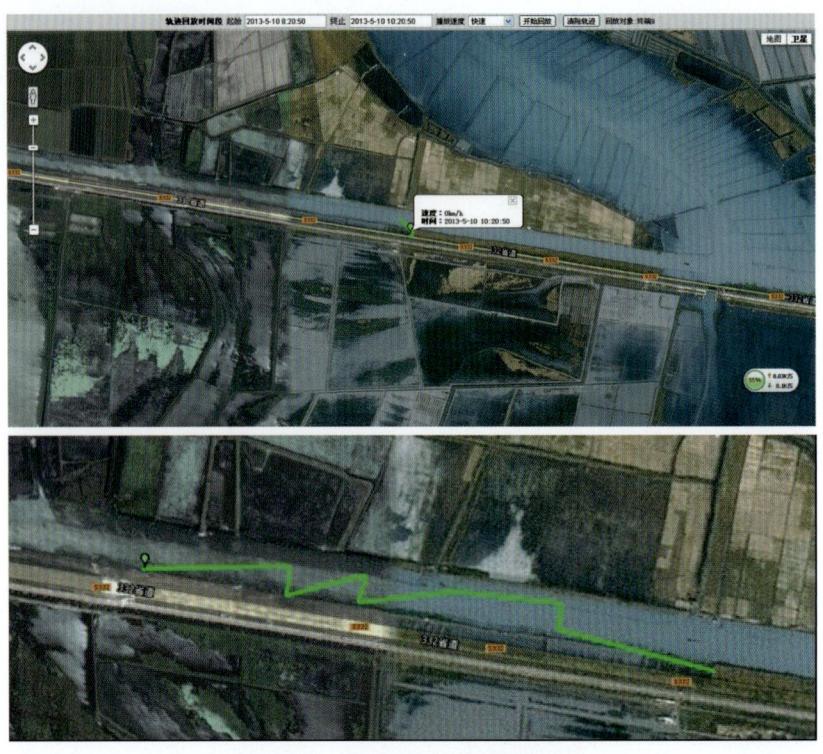

图5-10　金宝航道定位漂流轨迹图

GPS定位漂流试验表明，东线工程输水河道漂浮物北移漂流速度较慢，并在水流、风向、船行波作用下逐渐向河岸边靠拢，在受到芦苇、水草或其他障碍(河道弯曲部、停泊船只、码头建筑物等)的阻滞时停止不前，如无外力帮助则不能继续漂流。说明南水北调东线工程输水河道中漂浮物随水向北漂流能力不大，如有钉螺吸附则随水漂流北移扩散的风险范围也较局限。本次GPS定位漂流试验较好地提供了漂浮物漂流运行轨迹，揭示了南水北调东线工程输水河道漂浮物漂流规律，其结果为南水北调东线工程钉螺北移扩散风险评估提供了科学依据，同时也将为通航河道防止钉螺扩散技术研究提供帮助。

第 6 章

人工北移钉螺研究

由于钉螺是日本血吸虫唯一的中间宿主,有钉螺分布才可能有血吸虫病流行。因此我国血吸虫病流行区需有日本血吸虫中间宿主钉螺和传染源同时存在。而南水北调工程能否导致血吸虫病流行区向北扩展,关键在于钉螺是否会随工程调水而沿输水干线北移扩散(越过北纬33°15′——我国钉螺分布最北界),这是南水北调东线工程是否会导致钉螺北移扩散并造成日本血吸虫病流行区向北方蔓延的重要问题。自20世纪70年代末期以来,国内学者用笼养法进行模拟现场实验,以观察人工北移实验钉螺在北纬33°15′以北地区的生存繁殖能力和传播血吸虫病的能力。为了防止人为造成钉螺扩散,人工放养螺笼通常选择在南水北调东线工程输水干线附近便于观察和管理的养鱼塘、河道、水沟等小环境。

第1节 人工北移钉螺生存繁殖能力

1978—1981年,江苏省血吸虫病防治研究所肖荣炜等受水利部委托,开展了"南水北调是否会引起钉螺北移的研究"。课题研究选择在北纬33°15′以北的宝应(北纬33°20′,东经119°18′)、洪泽(北纬33°18′,东经118°51′)、清江(北纬33°36′,东经119°02′)、新沂(北纬34°22′,东经118°21′)、济宁(北纬35°23′,东经116°34′)、德州(北纬37°26′,东经116°18′)为现场实验点,以无锡为对照点(北纬31°35′,东经120°19′)。采用笼养法模拟现场条件,即用8#铅丝作支架、内衬聚乙烯窗纱(20孔/25.4 mm)(防止钉螺逃逸)和尼龙纱绢(120孔/25.4 mm)(防止螺卵外泄),制成底部为1.0 m²、高1.0 m的螺笼。将螺笼设置于塘边、河边或沟边(图6-1)。设置螺笼时先开挖小沟,将螺笼下部埋入沟内,用土填没,螺笼倾斜安放,一半水下、一半水上,泥土保持当地原有植被,螺笼上加盖。笼内放养钉螺来自同一地点、螺龄相仿,笼内钉螺密度为40只/0.1 m²。放养后每月从各观察点随机捕捉钉螺100只置于培养皿内,加入20℃温水,观察钉螺死活,记录并统计各实验点钉螺的死亡数。结果

人工移入宝应、洪泽、清江、新沂等4地的实验钉螺越冬死亡率分别为34.89%、25.43%、29.15%、37.14%,与无锡对照点的钉螺越冬死亡率(29.00%)相比无显著差异;而移至济宁、德州2地实验钉螺的越冬死亡率分别高达96.50%和94.03%,显著高于对照点。表明钉螺能在宝应、洪泽、新沂、清江越冬,而在德州和济宁则难以越冬。观察发现德州和济宁两地经过一个冬季,人工北移的实验钉螺基本死亡,不存在增殖情况;其余各点均有不同数量的钉螺继续存活,并具有一定的生殖能力。观察表明各点实验钉螺的年增殖倍数以对照点(无锡)钉螺为最高,达11.61倍;清江市最低,为0.92倍;其余各点都仅为对照点的20%左右。从1978年11月至1979年10月,每月在新沂、清江、洪泽、宝应、无锡实验点螺笼内各捕捉10对钉螺进行解剖,分离其生殖器官,显微测量雌螺卵巢和雄螺睾丸的阔度,比较各实验点钉螺生殖腺的发育程度。结果发现北纬33°15′以北各实验点雌雄钉螺生殖腺出现萎缩,其发育受到不同程度抑制。雌螺卵巢和雄螺睾丸的平均阔值均较无锡对照点的小,差异非

常显著。1979年3—8月,每月在各实验点各选择1个未经捕捉过钉螺的螺笼,铲下螺笼内1框(0.1 m²)表层2 cm厚的泥土,筛取螺卵和幼螺。结果新沂、清江、洪泽螺卵数均偏少,北纬33°15′以北各实验点幼螺数亦较对照点少。

为了解温度对人工北移钉螺生存的影响,进行了实验室观察。试验时将钉螺置于培养皿中,分土表组和土内5cm组,分别放在冰箱(−1~−2℃)及室温(2~14℃)条件下,定期观察各组钉螺死亡情况。结果:钉螺在冰箱内−1~−2℃持续低温下,土表组钉螺死亡率在30 d时达96%;65 d全部死亡。在相同持续温度下,冰箱土内5 cm组在30 d时钉螺死亡率为50%。在2~14℃的室温下,土表组在65 d时死亡率为58%;土内5 cm组在同样天数内死亡率仅为2%。同时,各实验点抄录1980年1—2月气温,并测量各实验点同期土内5cm温度。结果1980年1—2月德州和济宁两地气温低于0℃的持续天数都在37 d以上,最低温度达−10℃。两地实验点土表钉螺经1~2个月全部死亡。两地土内5 cm温度低于0℃的持续时间在35 d以上,但最低温度很少低于−4℃,经1~2个月土内尚有少量活螺。土层对钉螺抵抗低温起了一定作用。现场和实验室观察结果表明,持续低温是促使钉螺在德州、济宁大量死亡的主要原因之一,且低温作用随纬度增加而增大。研究还观察了土壤对人工北移钉螺的影响,从各实验点取一定泥土,分别置于瓷盘内制成实验泥盘,从无锡对照点捕获一定数量钉螺,将雌雄钉螺配对饲养于实验泥盘,每盘放养钉螺20对,定期筛取螺卵,每月更换一次相应的泥土。4—6月每天观察和记录钉螺交配对数两次。4月份每组解剖雌雄钉螺各10只,显微测量卵巢和睾丸阔值外;观察和记录雌螺输卵管及卵巢内的孕卵数;显微测量雄螺精囊的长度和阔值;计数精子数/mm³。同时采集各实验点螺笼内表层泥土进行土壤分析。结果饲养于各实验点泥土上的钉螺交配率显著低于对照点(无锡),新沂、清江、洪泽和宝应实验点钉螺交配率差异无显著性;饲养于对照组泥土上钉螺合计产卵数最多,为2 164只,其他各组合计产卵数均未超过622只;对照组每1只雌螺平均产卵数为108.2只,其他各组平均产卵数均未超过31.1只;饲养于对照组泥土上雌螺卵巢平均

图6-1 螺笼法人工放养钉螺现场(肖荣炜,1978)

阔值为(805.8 ± 21.53) μm,其他各组均未超过(676.6 ± 23.20) μm;对照组输卵管和卵巢内孕卵总数为52只,平均每一雌螺内孕卵数为5.2只,其他各组孕卵总数均未超过15只,平均孕卵数均未超过1.5个。饲养于对照组泥土上的雄螺精巢平均阔值为(464.1 ± 26.10) μm,其他各组雄螺精巢平均阔值均未超过(418.2 ± 16.12) μm;对照组雄螺精管平均长度为(4 928.3 ± 374.94) μm,精管平均阔值为(171.7 ± 6.44) μm,其他各组精管平均长度均未超过(2 721.7 ± 854.26) μm,精管平均阔值均未超过(91.8 ± 23.39) μm;对照组每个雄螺1 mm³稀释精液内平均精子数最多,达5 925只,其他各组均未超过4 410只。土壤分析表明各实验点表层土中钾、钠、钙、氯等离子含量无明显差别;但北纬33°15′以北各点土壤中有机质含量、腐殖质含量和全氮量均较对照点低,而pH值则较对照点为高。研究认为:钉螺不适宜在北纬33°15′以北地区长期存活;钉螺在北纬33°15′偏北的新沂至宝应一带也不适宜。其主要原因是钉螺不适应北方的温度和土壤,因此在北纬33°15′以北地区形成新的钉螺孳生分布区是受限制的。

1979—1980年,崔新民等选择安徽省江淮间非流行区全椒县官渡乡(北纬32.06°,东经118.11°)、长丰县杨公乡(北纬32.28°,东经 117.09°)、淮北的五河县城郊(北纬33.09°,东经 117.57°)、宿县城郊(北纬33.39°,东经116.58°)为实验观察点,同时选择长江北岸血吸虫病流行区的和县白桥乡(北纬32.06°,东经118.21°)为对照观察点。每个点放置1.0 m³螺笼12只,笼内放泥土草皮约15 cm,笼内投放当年新生钉螺100只。螺笼放置于河、沟、渠道水边,埋入土内1/3~1/2,保持潮湿,水位稳定。每月于各观察点取螺笼1只,观察钉螺死活。结果宿县城郊5个月后钉螺存活数均为零;五河县城郊各月均有存活钉螺,第12个月钉螺存活率为2.3%;长丰县每月都有较多钉螺,第12个月钉螺存活率为12.9%;全椒县第12个月钉螺存活率为28.9%,且有新繁殖的幼螺27只;和县各月存活钉螺数显著较其他实验点为高,第12个月钉螺存活率为58.8%,并于1980年6、7月发现新繁殖幼螺256只和594只。实验观察期间各月气温宿县、五河县显著低于长丰县和全椒县,更低于对照点和县。各观察点降雨量似无显著差异。因此,气温对钉螺生存似有直接影响。

1991—1999年,梁幼生等将江苏省南京江滩的当年幼螺放置于徐州岱山(北纬34°21′)、山东济宁(北纬35°23′)和对照点镇江(北纬32°10′)。结果经6、12、18、24个月后,在徐州岱山的钉螺死亡率分别为16.23%、79.57%、86.24%、76.73%;在济宁的钉螺死亡率分别为35.55%、95.18%、100%、100%;而在对照点镇江的钉螺死亡率则为10.93%、32.38%、30.68%、31.58%。钉螺在济宁的产卵量和螺卵孵化率为镇江的1/3,且孵出幼螺的成活率为0;而钉螺在徐州岱山的产卵量、螺卵孵化率、子代幼螺存活率和年增殖倍数均显著低于镇江。对实验钉螺北移后生殖腺进行组织学观察,发现钉螺雌雄生殖腺均呈萎缩状态,腺体被空泡样结构取代,各级生殖细胞减少。北移实验钉螺生殖腺组织化学观察发现实验钉螺生殖腺内糖原、DNA和组蛋白含量减少。钉螺生殖腺酶组织化学观察:雌雄生殖腺内细胞色素氧化酶、5′-核苷酸酶、乳酸脱氢酶、葡萄糖-6-磷酸酶的活性降低,而睾丸琥珀酸脱氢酶则升高。钉螺生殖腺超微结构观察发现，雄螺睾丸内精子减少、肿胀、密度下降、变性、破溃甚至崩解。观察证明北移实验钉螺生殖腺萎缩、代谢障碍，生存和生殖能力低下。此后将徐州岱山（北纬34°21′）放养繁殖3年的子3代钉螺移至山东济宁（北纬35°23′）继续用螺笼放养，结果在济宁放养1年即全部死亡。但在徐州岱山（北纬34°21′）子3代钉螺存活期超过2年，并保持一定繁殖力，直到第5年才全部死亡。故徐州岱山钉螺种群自1991年9月螺笼放养至1999年9月共观察8年，其间钉螺存活数逐渐下降，至第8年钉螺全部死亡。因此，梁幼生等认为可将我国大陆北纬35°23′以北地区列为钉螺非孳生地，35°23′~33°15′列为钉螺非适宜孳生地。如将钉螺移至非孳生区，钉螺则不能存活；移至非适宜孳生区，钉螺仍可生存一段时间，但终因不能适应环境其生存与繁殖力逐年下降，钉螺种群呈逐渐消亡趋势。

2000年缪峰等报告长江江滩钉螺在济宁用笼养法经一个冬季放养（6个月）后，死亡率为35.33%，18个月后全部死亡。3~6月放养100对成螺，每对钉螺平均产卵15.93个，随机观察1 000只螺卵，孵化率为32.5%（325/1 000），但幼螺均在5个月内死亡。光镜观察在济宁现场放养6个月后钉螺睾丸、卵巢出现不同程度萎缩，腺体被空泡样结构取代，各级生殖细胞减少。而对照组睾丸小叶分枝粗大丰满，内部充满大量发育成熟的精子；卵巢呈长叶状多而丰满，其中遍布各级卵细胞，两组比较有明显差异。电镜观察济宁放养钉螺睾丸内精细胞减少，成熟精子头部呈不同程度肿胀、电子密度下降、破溃甚至呈崩解状。对照组钉螺睾丸内精子丰富，成熟精子分头、体两部分，头部含一电子密度极高的呈螺旋状染色体，嵴棱角分明，体较疏松。酶组织化学分析表明济宁放养钉螺睾丸所含糖元（PAS）、DNA、细胞色素氧化酶（CCO）、乳酸脱氢酶（LDH）及卵巢所含PAS、组蛋白、CCO均低于对照组，睾丸琥珀酸脱氢酶（SDH）含量明显升高。

缪峰等报告了山东微山湖独山岛连续13年用螺笼放养钉螺的观察结果，放养点为一养鱼塘（北纬35°05′、东经116°44′）（图6-2）。自2004年10月开始，至2011年连续放养7年84个月，经历了7个冬天。共投放螺笼10个，每个螺笼投放钉螺100对（雌雄），亲代钉螺来自江苏扬州江滩。7年间共收获子1代活螺671只、子2代活螺823只、子3代活螺337只、子4代活螺401只、子5代活螺158只、子6代活螺203只、子7代活螺1017只。至2017年该放养点钉螺已生存13年、繁殖了12代。因此，微山湖放养钉螺经世代交替繁殖，存活了13年以上，并仍保持种群生存繁殖能力。缪峰等认为钉螺放养点所在的微山湖独山岛土壤、植被和水质适宜，同时气温不断上升，有利于钉螺生存繁殖。尽管如此，经对微山湖地区放养钉螺子代进行壳型特征测量后发现，子代钉螺唇脊厚度明显降低，并随子代数增加呈递减趋势；螺壳长度和壳口长度变短。研究表明微山湖地区放养的实验钉螺子代螺体变小、螺壳变薄。同时，透射电镜观察微山湖第12代实验放养钉螺雌性钉螺卵细胞核膜较对照组光滑，核仁不明显，细胞内含物更加稀疏。推测实验组雌性钉螺卵细胞的上述变化会影响其卵细胞发育成熟，不利于精、卵染色体融合，导致蛋白质合成等功能降低，从而可能影响实验组雌性钉螺受精卵产量;而雄性钉螺的精子细胞尾部横切面"9+2"微管结构消失,精子头端染色质密度较对照组稀疏。精子尾部"9+2"微管消失会影响精子的运动能力,精子头部染色质稀疏则表明染色质减少、蛋白质等合成功能降低。以上钉螺形态学和生殖腺超微结构变化提示该地区非完全适宜钉螺孳生。但人工北移山东微山湖独山岛13年的钉螺感染血吸虫毛蚴后所释放尾蚴感染小鼠产生的虫负荷、肝虫卵及病理变化均与对照组无显著差异,仅雌虫有14个基因表达有明显不同。何健等采用微卫星DNA标记技术分析未发现微山湖人工放养钉螺与其来源地江苏省长江江滩钉螺群体产生明显的遗传学分化。

2017年,缪峰等再次报告在山东省东平湖湖心岛鱼塘(北纬35°55′,东经116°17′)用螺笼连续4年人工放养长江钉螺情况(图6-2)。发现经过3个冬季36个月放养,钉螺繁殖产生了子3代钉螺86只,其数量较亲代钉螺减少了57.0%,较子2代减少了62.28%;经过4个冬季48个月放养,钉螺最终存活率为0。该处人工放养钉螺创造了一个新纪录,突破了梁幼生等基于人工放养钉螺而提出的"钉螺非孳生地"的地理划分。

然而,以上人工笼养模拟现场试验中,因钉螺未受到南北水调输水河道或调蓄湖泊水情变化的影响,其模拟实验条件与输水河道及湖泊自然生态条件有显著差异。

微山湖独山岛鱼塘　　　　　　　东平湖湖心岛鱼塘

图6-2　山东螺笼放养钉螺现场

第2节　人工北移钉螺传病能力

为了解实验钉螺子代对日本血吸虫的易感染性,梁幼生等(2002)分别取徐州岱山笼养实验钉螺和对照钉螺(镇江)各100只,实验室取用徐州岱山现场水塘水,并按钉螺和毛蚴1:5、1:20、1:40比例在实验室25℃、白炽灯照射下人工感染日本血吸虫毛蚴,感染50 d后用压片法解剖检查钉螺感染情况,结果钉螺和毛蚴1:5、1:20、1:40感染的徐州岱山子代钉螺的血吸虫感染率分别为14.89%、65.96%和62.22%,对照组分别为

16.84%、56.25%和69.41%，实验组和对照组差异无显著性。提示北移至徐州一带（非适宜孳生区）的钉螺能够生存一定时间，并在适宜条件下保持对日本血吸虫的易感性。

郑灿军等于2005年9月选择山东省微山湖区独山岛湿地一水坑为现场，以感染性钉螺释放血吸虫尾蚴感染小白鼠30只、家兔3只。现场实验时将25只感染性钉螺置于水中（水深0.33 m处）连续逸蚴5 h，实验当天气温23~28 ℃、水坑内水温20~24 ℃。实验小白鼠尾骶部背毛剪除呈1.0 cm×1.0 cm皮肤裸露区，实验家兔腹毛剪除呈1.0 cm×1.0 cm皮肤裸露区。分别将实验小白鼠和家兔装入相应铁丝笼内，使实验小白鼠颈部以下全部浸没于水坑疫水中，将实验兔腹部剃毛区与水坑内疫水充分接触。于感染后5周，解剖存活小白鼠19只，在肠系膜静脉和门脉系统均收集到血吸虫成虫、肝脏均有血吸虫虫卵结节。于感染后第7周用孵化法检查家兔粪便，3只家兔均为阳性；解剖实验兔均见肠系膜静脉、门静脉系统内有大量血吸虫，多呈雌雄合抱状。

缪峰等于2017年对放养于山东微山湖13年的江苏长江钉螺进行现场血吸虫感染，并以长江扬州段钉螺（与微山湖放养钉螺同源）作为对照。将血吸虫卵与牛粪混合后分置于螺笼中自然感染127 d，结果微山湖放养钉螺与对照组钉螺血吸虫感染率分别为3.26%（14/429）和2.73%（12/439），两者差异无统计学意义（$\chi^2=0.210, P>0.05$）；实验组和对照组平均每个阳性钉螺一次逸蚴分别为3.17条和3.6条。表明微山湖放养13年的钉螺子代仍然保持有感染血吸虫的能力，其病原生物学特性没有发生改变，在适宜条件下仍可以使哺乳动物感染血吸虫。

第 7 章

江水北调工程对钉螺分布的影响

南水北调工程 与血吸虫病——科学认知和应对

  江水北调工程位于江苏省境内,是南水北调工程之前国内规模最大、线路最长、运行时间最早的跨流域调水工程,具有农田灌溉、城市供水、防洪排涝、航运、发电等综合效能。由于南水北调东线工程是在江水北调工程基础上扩大规模、向北延伸,江水北调工程数十年建设和运行为南水北调东线工程积累了大量经验,工程的环境效应也已得到了体现,因此江水北调工程是南水北调东线工程最理想的试验模型。鉴于江水北调工程水源区及宝应以南输水沿线曾是血吸虫病流行区,因此江水北调工程建设和运行对于钉螺分布的影响也有助于阐明南水北调东线工程对钉螺分布和血吸虫病传播的影响。

第1节 江水北调工程概况

  江苏省江水北调工程于1961年开始兴建,1965年开始抽水,至1977年江都水利枢纽4个抽水站全部建成,1999年10月又建成了泰州引江河一期工程。近40年的建设,从长江边做起,逐步向北延伸和扩大规模,标准由低到高,不断完善,逐步建成抽引江水和自流引江相济的江水北调工程。

  江水北调工程输水干支线总长864 km,分为京杭运河调水线(主线)、徐洪河调水线(西线)、淮沭新河调水线(东线)(图7-1)。

  京杭运河调水线(主线):以扬州附近的江都站为起点,由高水河、里运河、中运河和

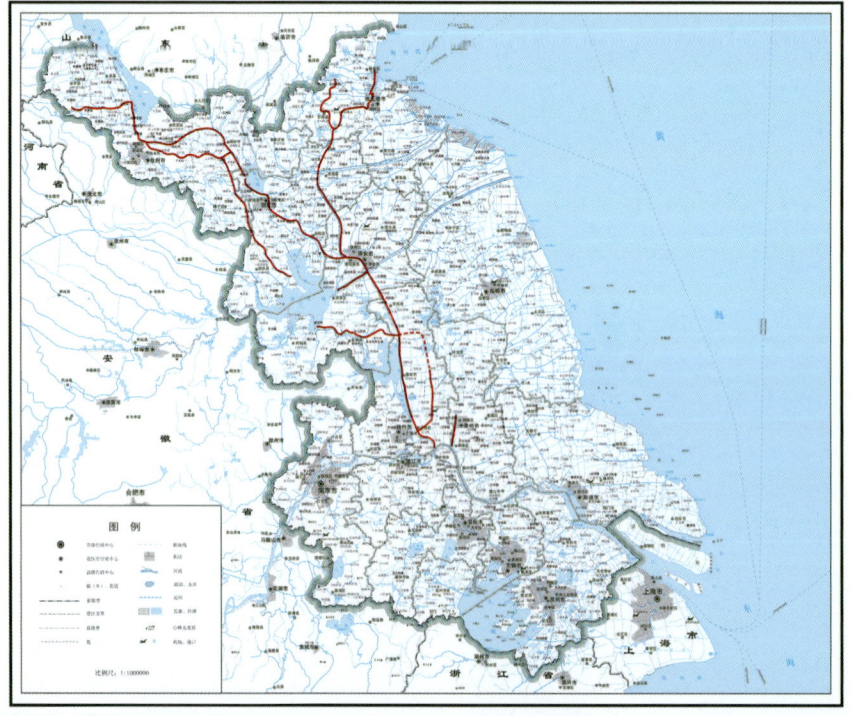

审图号:苏S(2020)022号

图7-1 江水北调工程线路示意图

不牢河组成,长404 km,沿线有洪泽湖、骆马湖调蓄。从江都站抽引长江水,经里运河输水至淮安枢纽,再经苏北灌溉总渠、二河输水入洪泽湖,或协同洪泽湖泄放的淮水一并输水至泗阳站下,由中运河输水入骆马湖。经骆马湖调蓄后继续北送由不牢河输水入下级湖。沿途已建成江都、淮安、淮阴、泗阳、刘老涧、皂河、刘山、解台、沿湖等9级抽水泵站,装机944台、装机容量239 930 kW。

徐洪河调水线(西线):从江都站抽引长江水,经里运河在南运西闸入金宝航道、入江水道,由石港、蒋坝站抽水入洪泽湖(该线一般情况下不使用,石港、蒋坝站后已基本废弃),然后自洪泽湖的顾勒河口,沿安河旧道经金锁镇、大口子、七嘴、沙集,穿过废黄河,至刘集接通房亭河,再循房亭河向西北至徐州市东郊的荆山桥入不牢河(京杭运河)。

淮沭新河调水线(东线):由二河、淮沭河、沭新河三段组成,全长172.9 km,通过淮阴枢纽向连云港输水。

江水北调工程串联洪泽湖、骆马湖、南四湖下级湖,沟通长江、淮河、沂沭泗三大水系,既可引江补充淮河、沂沭泗地区,也可在淮河和沂沭河水系间互相调度,形成了一个基本完整的网络,初步实现了有计划的南北水源调度。

1 泵站工程

1.1 京杭运河调水线(主线)

1.1.1 江都抽水站 位于扬州市江都区西南芒稻河与新通扬运河交汇处,是京杭运河调水线的一级站,由江都一站、二站、三站、四站组成,同时还建有宜陵闸、五里窑船闸、江都西闸、邵仙闸洞、运盐闸、芒稻闸及芒稻船闸等配套工程。江都抽水站共装机33台(套),总容量53 000 kW,设计流量400 m³/s,包括备机总规模505 m³/s。自1961年第一站开工,1963年建成,后陆续建一个站投产一个站,于1977年全部建成。

1.1.2 淮安站 位于淮安城南郊,苏北灌溉总渠与京杭运河相交处的西南角上,是江水北调第二级站,于1974、1979年和1997年先后建成一、二、三站。其作用:一是抽引江都站送来的江水,送入灌溉总渠运东闸上,除供沿线农业、航运用水外,并经下一级抽水站将江水补入洪泽湖;二是抽排白马湖地区46 666.9万 m²耕地的内涝。淮安一、二、三站总装机19 800 kW,抽水流量246 m³/s。

1.1.3 淮阴站和淮阴二站 两站共同组成江水北调第三级抽水站,将淮安站送来的江水抽入二河后进入洪泽湖或中运河北上,抽水流量共220 m³/s。淮阴站位于高良涧越闸下游的灌溉总渠北堤后,距越闸600 m,除抽水北送外,还可结合渠北运西地区排涝。淮阴二站位于淮安市西南,头河与二河交汇处,于2001年3月开工,2002年5月建成,设计抽水流量100 m³/s。

1.1.4 泗阳站 位于泗阳县城东4公里的泗阳船闸南侧,原来由新、老两座抽水站组成,抽水流量150 m³/s。1995年2月兴建泗阳二站时,老站全部拆除(老站于1970年5月兴建),现由一站和二站组成江水北调第四级抽水站,总装机15 600 kW,抽水流量166 m³/s。

1.1.5 刘老涧站 位于宿迁市宿豫县仰化乡刘老涧节制闸下游引河的南北两岸,是江水北调的第五级抽水站。1974年和1982年先后兴建新、老两个机站,共安装柴油机116台,11 338 kW,抽水流量116 m³/s。1995年1月兴建刘老涧大型电力抽水站时,新、老两个机站全部拆除。目前刘老涧站安装直径3.1 m轴流泵,配2 200 kW电动机4台(套),设计抽水流量150 m³/s,于1996年6月投产运行。

1.1.6 皂河站 位于宿迁市皂河镇以北5 km处,中运河与邳洪河之间的夹滩上,是江水北调第六级站。该站于1976年12月开工,1986年4月交付使用。皂河站安装2台直径为6 m的混流泵,是当时国内最大的水泵,各配单机功率7 000 kW同步电机,总功率14 000 kW,抽水195 m³/s。

1.1.7 刘山站 位于邳县宿羊山乡,由南、北两站组成,是江水北调第七级站。设计流量80 m³/s,共有机泵121台(套),其中电动机82台,9 460 kW;柴油机39台,1 433 kW。

1.1.8 解台站 位于铜山县解台闸下,由东站和新站组成,是江水北调的第八级站。总装机52台(套),7 270 kW,抽水流量60.30 m³/s。

1.1.9 沿湖站 位于微山湖西原铜山县境内的郑集河与顺堤河交汇处,由郑集地涵站和沿湖站两个小站组成,是江水北调第九级站。1985年开工,1986年建成,安装电动机泵20台(套)、装机容量2 100 kW,设计流量30 m³/s(装机抽水流量320 m³/s)。该站抽顺堤河的低水至郑集河,向西供郑集站抽水灌溉,向东可向微山湖补水。

1.2 徐洪河调水线(西线)

1.2.1 石港站 位于金湖县东北的三河北堤外侧,是江水北调工程徐洪河调水线(江都至洪泽湖线路)第二级站。江都站来水通过南运西闸从金宝航道抽水入三河,并结合抽排宝应湖、白马湖涝水。1973年11月开工,1974年8月建成。共安装240台(套)机泵,总装机13 200 kW。设计水位:下游6 m,上游8.9 m,校核水位:下游4.86 m,上游11.86 m,抽水流量130 m³/s。

1.2.2 蒋坝站 位于洪泽县蒋坝镇东6 km处,接石港站抽来之水注入洪泽湖,是江水北调工程徐洪河调水线(江都至洪泽湖线路)第三级站。1973年突击抢建,1974年改建为永久站,当年1月开工,1975年1月建成,安装机泵260台(套),总装机14 300 kW。设计水位:上游14.5 m,下游7.5 m。抽水流量130 m³/s。该站建成后,抽水运行时与三河船闸通航发生矛盾。因此,于1979年3月将抽水站建立单独的进、出水系统,把船闸下游一段引河作为出水池,向西挖河切除泗坝建桥,接泗河塘送水进洪泽湖,船闸另挖引河。入湖处于1979年建进湖闸,进水池前于1981年建引江闸,当三河闸泄洪时,关引江闸挡水。后因工程停缓建,到1987年底,抽水站与进湖闸间的引河及船闸下游引河均未开挖,抽水与通航的矛盾仍未解决。

1.2.3 沙集站 系徐洪河上第一级抽水站,位于睢宁县沙集乡徐洪河西堤挡洪堤外,可直接抽调洪泽湖水,1993年6月竣工。安装机泵5台(套),总装机8 000 kW,抽水流量50 m³/s。

1.2.4 刘集站 系徐洪河上第二级抽水站,位于邳州市房亭河北岸刘集闸附近,为解决骆马湖退守宿迁和黄墩湖滞洪时房亭河以北运西地区的排水问题,以及在抗旱时向房亭河上游补水,于1981年开工,1983年1月竣工,安装机泵66台(套),总装机3 630 kW,抽水流量33 m³/s。1991年兴建徐洪河刘集地下涵洞时,开挖引河与刘集站前池接通,此时,刘集站才可引徐洪河水向房亭河刘集闸上补水,供单集站向上翻水。

第7章 江水北调工程对钉螺分布的影响

1.2.5 单集站 系徐洪河上第三级抽水站,位于原铜山县单集乡房亭河向阳桥东约800 m处。1990年徐洪河工程续建时,批准兴建单集站,于1991年5月竣工。该站安装机泵8台(套),总装机2 240 kW,抽水流量20 m³/s。

1.2.6 大庙站 系徐洪河上第四级抽水站,位于原铜山县大庙乡陇海铁路桥北侧,房亭河与房改道的交叉口处。1990年徐洪河工程续建时批准兴建。该站安装机泵8台(套),总装机2 240 kW,抽水流量20 m³/s。

1.3 淮沭新河调水线(东线)

1.3.1 房山站 位于东海县房山乡,是向石梁河水库补水的第一级抽水站。1973年11月兴建临时抽水站,1974年5月竣工投产,安装柴油机泵81台(套),装机容量2 978 kW。1976、1977、1978年分三次进行机改电。1981年冬开始分三期进行扩建,兴建东、西、北3座站,至1985年扩建完成东、西两站,北站于1988年扩建完成。安装155 kW轴流泵机组30台(套),总装机容量4 650 kW,设计抽水流量30 m³/s。

1.3.2 芝麻站 位于东海县房山乡的石安河东岸,距房山站3.5 km,是向石梁河水库补水的第二级抽水站。1973年11月兴建,1974年竣工;1981年进行扩建,1985年完工。安装轴流泵机组30台(套),总装机容量4 650 kW,设计流量30 m³/s。

1.3.3 石梁河站 位于东海县石梁河乡的石梁河水库大坝下游,是向石梁河水库补水的第三级抽水站,同时可直接向磨山抽水站补给翻山水源,以解决东海县西部山区抗旱灌溉之用。1974年1月兴建,1976年1月竣工,装机36台(套),装机容量4 680 kW,设计抽水流量20 m³/s。

2 涵闸(洞)及船闸

江水北调工程徐州以南输水沿线有涵闸(洞)200余座,主要功能为引水灌溉、防洪排涝、城市用水、冲污等,设计流量在0.3~150 m³/s,大部分建于20世纪60—70年代,最早建于清代。其中里运河宝应以南沿输水线有34个涵闸(洞),其中自流灌溉29个、排灌型5个(表7-1)。

江水北调工程沿线有船闸25座,主要集中在调水主线即京杭大运河上,最早的船闸建于1953年,大部分是20世纪60—70年代建造。闸室宽8~25 m。高水河至中运河段共有23个船闸,船闸上游水位均高于下游,其水流通常由输水河道下泄进入归江河道,而不会从归江河湖反流入输水河道(表7-2)。

3 其他水工建筑

江水北调工程的输水方式是通过9级抽水泵站逐级提水北送,输水沿线除抽水泵站外,还有许多节制闸、控制闸等水工建筑,抽水站前通常设置清污机及拦污栅,可以有效拦截大部分漂浮物,以保护水泵。抽水站进水口还多设有"胸墙",水流由"胸墙"下通过,墙体可阻挡水面漂浮物,同时致过闸水流产生漩涡。

4 河道工程

4.1 引水河道 从长江三江营口门引水至江都站,包括夹江、芒稻河、新通扬运河。其中长江水位(三江营~江都站西闸)高于新通扬运河,因此长江水可自流至江都站下,同时可以东引。

4.2 输水河道 从江都站提水向北调水河道,包括高水河、里运河、中运河、不牢河、金宝航道、淮河入江水道、二河、淮沭河、沭新河等(表7-3)。

83

表7-1 江水北调输水干线血吸虫病流行区涵闸(洞)现状调查表

县、市别	涵闸名称	所属河道	涵闸类型	现状主管单位	建筑物所在地(乡、镇)	建成年月	孔数	闸孔净宽(m)	设计流量(m³/s)	设计水位(m) 上游	设计水位(m) 下游
邗江	塘里涵	高水河	灌排	太安	太安乡		1	0.80	0.30		
高邮	车逻洞	里运河	灌溉	水利	车逻镇	1966.6	1	3.20	22.58		
高邮	车逻洞	里运河	灌溉	水利	车逻镇	1740	1	4.04	15.60		
高邮	八里洞	里运河	灌溉	水利	高邮镇	1951年改	1	0.70	1.76		
高邮	南关洞	里运河	灌溉	水利	高邮镇	1974.5	1	2.80	17.00		
高邮	琵琶洞	里运河	灌溉	水利	高邮镇	1717	1	0.58	1.22		
高邮	南水关洞	里运河	冲污	水利	高邮镇	1718	1	0.70	0.43		
高邮	头闸	里运河	灌溉	水利	开发区	1957.5	1	4.00	51.20		
高邮	周山洞	里运河	灌溉	水利	界首镇	1957.5	1	2.50	18.80		
高邮	界首闸	里运河	灌溉	水利	界首镇	1932	1	1.80	11.10		
高邮	子婴闸	里运河	灌溉	水利	界首镇	1890	1	3.40	20.00		
高邮	调度闸	高邮湖	补水	水利	高邮镇	1999.11	2	3.70	107.00		
江都	玉带洞	高水河	补水	水利	江都镇	1963.6	1	1.00			
江都	土山洞	高水河	补水	引江处	江都镇	1962.7	3	3.00	80.00	8.50	5.00
江都	尚桥洞	高水河	引水	双沟镇	双沟镇	1963.6	1	1.00			
江都	谈庄洞	高水河	引水	邵伯镇	邵伯镇	1963.5	1	1.00			
江都	邵伯节制闸	里运河/邵伯湖	补水	引江处	邵伯镇	1953.6	2	2.00	150.00	8.00	3.00
江都	昭关闸	里运河	引水	水利	邵伯镇	1959.5	1	1.00	34.50	9.20	6.50
宝应	小涵洞	里运河	灌溉	水利	泾河	1973	1	0.89	2.00	6.50	6.30
宝应	泾河洞	里运河	灌溉	水利	泾河	1971.5	2	2×2.00	20.00	6.50	6.30
宝应	八浅洞	里运河	灌溉	水利	安宜	1983.5	1	1.80	3.20	8.50	8.45
宝应	大兴洞	里运河	灌溉	水利	安宜	1952.7	1	1.20	3.00	7.00	5.50
宝应	新民河	里运河	灌溉	水利	沿河	1959.4	1	3.40	14.00	7.00	6.86
宝应	朱马洞	里运河	灌溉	水利	沿河	1977.5	1	2.47	14.00	6.50	6.05
宝应	郎儿洞	里运河	灌溉	水利	氾水	1974.5	1	2.22	16.00	6.30	6.00
宝应	胡成洞	里运河	灌溉	水利	氾水	1951	1	0.70	1.80	6.80	5.50
宝应	张成洞	里运河	灌溉	水利	氾水	1951	1	0.70	1.50	6.80	4.80
宝应	宝应地龙	大运河	排灌	水利	氾水	1960.8	3	3×3.50	150.00	5.00	3.00
宝应	永安洞	大运河	灌溉	水利	氾水	1967.3	1	3.00	15.00	6.20	5.50
宝应	丰收洞	大运河	灌溉	水利	氾水	1960.1	1	2.60	15.70	6.10	5.80
宝应	山阳闸	大运河	灌溉	水利	山阳	1960.6	1	4.00	15.00	7.76	7.61
宝应	中港洞	大运河	灌溉	水利	安宜	1960.6	1	2.00	7.70	7.16	7.01
宝应	瓦甸洞	大运河	灌溉	水利	氾水	1963.12	1	1.20	1.00	7.01	6.81
宝应	南运西闸	运河/宝应湖	排涝补水	总渠处	氾水	1973.4	6	6×6.00		7.80	9.00

第7章 江水北调工程对钉螺分布的影响

表7-2 江水北调工程高水河至中运河段船闸情况调查

县、市	船闸名称	现状主管单位	所属河道 上游	所属河道 下游	设计水位(m) 上游	设计水位(m) 下游	船闸所地(乡、镇)
高邮	高邮船闸	航道处	里运河	里运河	6.00	5.00	高邮镇
高邮	运东船闸	航道处	里运河	里下河	6.00	-2.00	高邮镇
江都	邵伯一线船闸	苏北航务处	里运河	邵伯湖	9.00/6.00	8.76/3.50	邵伯镇
江都	邵伯复线船闸	苏北航务处	里运河	邵伯湖	8.50/6.00	8.10/3.50	邵伯镇
江都	盐邵船闸	扬州航道处	里运河	盐邵河	8.21/3.47	3.54/0.68	邵伯镇
江都	江都船闸	扬州航道处	高水河	老通运河	8.00/5.50	3.50/2.50	江都镇
江都	芒稻船闸	扬州航道处	高水河	芒稻河	8.50/5.50	6.40/0.00	江都镇
宝应	南运西船闸	苏北总渠处	里运河	宝应湖	8.00	5.50	氾水
宝应	中港船闸	扬州航道处	里运河	宝应湖	7.20	6.00	安宜
宝应	宝应船闸	扬州航道处	里运河	宝射湖	7.00	1.70	安宜
洪泽	砚台船闸	洪泽县水利局	洪泽湖	苏北灌溉总渠	12.00/8.50	11.00/8.50	高良涧镇
淮安	二堡船闸	二堡船闸管理处	里运河	头溪河	8.50	1.00	上河
宿豫	皂河船闸	省苏北航务管理处	中运河	中运河	24.50-20.50	20.50-18.50	皂河镇
宿豫	皂河复线船闸	省苏北航务管理处	中运河	中运河	26.00-20.50	24.00-18.50	皂河镇
宿豫	宿迁船闸	省苏北航务管理处	中运河	中运河	25.10-18.00	18.50-18.00	井头镇
宿豫	宿迁复线船闸	省苏北航务管理处	中运河	中运河	24.00-18.50	20.00-18.00	井头镇
宿豫	刘老涧船闸	省苏北航务管理处	中运河	中运河	20.00-17.00	18.50-14.50	仰化镇
宿豫	刘老涧复线船闸	省苏北航务管理处	中运河	中运河	19.60-18.00	18.65-16.00	仰化镇
泗阳	泗阳船闸	省苏北航务管理处	中运河	中运河	19.00-17.00	16.50-10.50	众兴镇
泗阳	泗阳复线船闸	省苏北航务管理处	中运河	中运河	18.00-16.00	16.50-10.50	众兴镇
沭阳	沭河船闸	县水利局	淮沭河	环城河	9.50	6.00	沭城镇
睢宁	徐沙河沭河船闸	县水利局	徐洪河	徐沙河	21.50	19.00	沙集镇
邳州	民便河船闸	县水利局	运河	民便河	23.50	19.50	邳州宿豫界

表7-3　江苏省江水北调工程现有输水河道情况表

区段	河道名称	起讫地点	河道长度(km)	现状输水能力 水位(m)	现状输水能力 流量(m³/s)
长江—洪泽湖	夹江、芒稻河	三江营—江都站西闸上	22.40	2.19~2.02	950
	新通扬运河	江都站西闸下—东闸上	1.460	1.97~1.94	950~550
		江都东闸下—宜陵	11.30	1.91~1.84	550
	高水河	江都迎江桥—邵伯轮船码头	15.20	8.50~7.60	400
		邵伯轮船码头—南运西闸	59.80	8.50~7.60	400
	里运河	南运西闸—北运西闸	33.15	7.60~6.43	300
		北运西闸—淮安闸	18.70	6.43~6.00	250
	苏北灌溉总渠	淮安闸—淮阴一站	28.47	9.10~9.00	220
	京杭运河淮安段	淮安闸—淮阴二站	26.94	9.10~9.00	80
	金宝航道	南运西闸—金湖站	30.75	6.50~5.70	35
	入江水道	金湖站—洪泽站	39.96	7.80~7.50	250
洪泽湖—骆马湖	二河	二河闸—淮阴闸	30.00	11.80~11.50	500
		淮阴闸—泗阳站	32.80	11.50~10.50	230
	骆马湖以南中运河	泗阳站—刘老涧站	32.40	16.50~16.00	230
		刘老涧站—皂河站	48.40	19.50~18.50	230~175
骆马湖—南四湖	骆马湖以北中运河	皂河站—大王庙	46.20	22.10~21.41	250
		大王庙—刘山站	5.30	21.41~21.27	125
	不牢河	刘山站—解台站	39.90	27.00~26.00	125
		解台站—蔺家坝船闸	26.02	31.84~31.50	125
	顺堤河	蔺家坝船闸—沿湖站	8.50	31.50~31.20	125~76

第2节　江水北调工程运行调度和水文特点

江水北调工程在论证、设计过程中进行了全面规划，综合利用，经济合理。工程利用京杭大运河苏北段作为输水干河，多级提水北上，串联洪泽湖、骆马湖等湖库，实现江、淮、沂、泗水系跨流域互调互济。

1　江水北调工程特点

1.1　蓄、引、抽、调并举

江、淮、沂、泗和地面、地下水并用，根植长江。长江水源丰富水位低，抽江补给保证率高，淮水可用但保证率低，地下水能用但量不多。各种水源各有利弊，必须相辅相成，互补不足。为了既解决水源，又尽量减少装机，降低抽水费用，实现江、淮、沂、泗诸水并用，抽引江水只作为补给水源，采取的具体规划措施如下：①合理划分抽引、自引灌区范围，尽量缩小抽江面积和抽江级数。里下河圩区一般地面低于长江潮水位，划为自流引江灌区，开河建闸，面向长江，自流引江。北调灌区大部分地势高，必须抽引江水，但抽江面积仅占苏北耕地面积1/3左右，

第7章 江水北调工程对钉螺分布的影响

为此在淮安开辟引河,沟通总渠和运河,把江都站抽上来的水送至200~300 km远的阜宁、滨海等县。②充分利用自流灌区回归水。自流灌区回归水一般为灌溉引水量20%~30%以上,除里下河地区可利用沿海挡潮闸适当调蓄利用外,在淮北增建盐河控制线,把沂河以南的回归水设法利用起来。③充分利用洪泽湖、骆马湖调节水源。这两大湖泊既用于调蓄淮河和沂、泗余水,又作为抽引江水反调节水库,削减抽江峰量,减少装机。④南北错峰调水、补水。冬春不用水时抽江补足水库,保证来年大栽插时用水需要。灌溉大用水时,库水江水并用,边用边补。⑤井渠结合。小秧用水、三麦冬春浇灌力争用井水和沟塘蓄水,不用或少用库水、江水。

1.2 充分利用现有水利设施

尽量结合区排灌规划工程,少做土方,少投资,对现河道已建成的梯级、建筑物,凡能利用的尽量加以利用。按照改变流向,适当调整水面比,增建涵闸,控制水位、流量等手段,挖掘工程潜力,适应调水要求。做到一河多用,一闸多用。

苏北段京杭运河长达400多km,在江水北调工程以前就已形成,是全线经过梯级开发、渠化、扩浚、整治,建有若干水闸、船闸的新型渠道。全线可通行2 000 t的驳船队,分段调水能力可达200~500 m³/s不等。利用其现成河道和现有梯级,增建一些抽水站,部分河段加以改造,就可以很快起到调水作用,为江水北调少做工程、早见效打下基础。

1.3 一站多用,提高工程利用率

要求每一泵站能发挥更多的作用,尤其尽量结合洼地抽排涝水。在北调线上计划兴建的18个抽水站有16个站做到了能灌能排。江都水利枢纽具有抽引江水北调、抽排里下河地区涝水入江、并自流引江水至里下河腹部的三大作用,江都第三抽水站还可逆机组结合利用淮河余水发电。

1.4 不断采用新技术,改进泵站设计

在各有关部门大力协作配合下,对泵站的设计、制造、安装、管理技术坚持科学实验,不断改进。水泵机组从小到大,配套逐步完整,自动化程度不断提高。

1.5 干线调水和防洪排涝关系的处理

京杭运河苏北段之所以被用作江水北调干线之一,主要因为它具备三个有利条件:①河线纵贯南北,所经之处多为高地,历史上就是一条水位高于两岸地面的高水河,主要作用是灌溉、航运、基本上不承担流域性排洪和大面积地区排水任务。②全线已分段渠化,河道比较平坦,水位相差不大,调水水位一般可控制在防洪排涝允许范围之内。③平交、立交均建有涵闸控制,水位流量已可做到按人们意愿启闭调度,不受自然力支配,且均为电动启闭闸门,开启速度很快,控制自如。

以淮安枢纽为例,淮安枢纽是京杭运河、苏北灌溉总渠的交会点,兼有排洪、排涝、灌溉、航运、发电五项任务,表现为10种不同水位要求。其在2.5 km²范围内布设了20座大小建筑物,构成了能南、能北、能东、能西、能引江、能引淮、能排洪、能灌溉、能排水、能发电和水陆交通四通八达的中心枢纽,有效地处理了各方面的关系,经多年运行,情况良好。

1.6 干线调水和面上治渍、治碱的处理

江水北调和治淮工程紧密结合,按照

洪、涝、旱、碱、渍兼治,大、中、小型工程结合的原则,经过多年治理,目前江水北调灌区已初步形成了能挡、能排、能降、能蓄、能灌、能控制调度的水系:①排洪水系。已有五条入江、入海主要出路,排洪能力达到2.4万m^3/s。洪涝基本分开。②分片排水水系。全区分成100多片,各自独立排水,圩区"四分开两控制"(内外分开、高低分开、灌排分开、水旱分开;控制地面、地下水位)。里下河外河网上抽、中滞、下排,四港排涝,控制两级水位,骨干河网五纵六横,以自流引水、自流排水为主。③自流灌区水系。已建成了灌排分开两套系统,有的自灌提水,井渠结合,两手打算。④高低分开水系。平原区高低地分开,山丘区山丘分开,山坪分开,岗垮冲分开,改造梯田,绿化管理。⑤沿江、沿海控制线,挡洪挡潮,御卤排水。⑥田间水系。结合农田基本建设,田间一套沟,部分地区已开始向排涝、降渍,控制土壤适宜含水分的目标努力。

2 江水北调工程运行调度特点

2.1 长江水源(江都站)

江都站抽水主要供沿里运河和沿苏北灌溉总渠自流灌区用水,部分水源北送补充二河及中运河系统用水之不足。

江都站抽足情况下(400 m^3/s),除保证淮安站抽水150~180 m^3/s,经斜河大引江闸向灌溉总渠(运东闸下)送水50~70 m^3/s。如因潮位低或其他原因抽水不足时,沿运、沿总渠用水量要相应减少。

如遇特大干旱,需采取西线向洪泽湖补水时,沿运、沿总渠用水要相应减少。

为保证江水北送,沿运、沿总渠已建的自流灌区尾部提水站,在灌溉水源不足时,需开机抽取里下河水源灌溉。

当兴化水位大于1.3 m时,江都站改抽里下河地区涝水北送。

2.2 江、淮、沂水源联合调度

洪泽湖水位≥13.0 m时,江都站不抽江,系统用水由淮水解决。同时,视洪泽湖上游来水情况,利用淮河余水进行小水电发电。

洪泽湖水位<12.5m时,江都站除抽江水供里运河、总渠系统用水外,还北送供淮沂水系统。

3 江水北调工程输水河道水文特点

3.1 分析江水北调工程8个代表站不同水文年水位情况,资料表明长江至洪泽湖水位逐级增高,大运河高邮段水位通常高于高邮湖,大运河邵伯段水位均高于邵伯湖,湖水不进入输水河道(表7-4,图7-2~图7-7)。

3.2 与长江(三江营)相比,里运河水位差较小,并有愈近长江,水位差愈大的趋势(表7-5)。

3.3 里运河现状航道达二级,是京杭运河上等级最高的航道,也是京杭运河上运输最繁忙的河段,常年可行驶2 000 t级的船舶,年货运量可达3亿多吨,因此,河道船行波十分频繁。

3.4 抽水北调时里运河水流向北,而不抽水时运河水流向南。调查2005年里运河高邮段水流表明,全年水流向北72 d,水流向南237 d,方向不定(流速为0)55 d(表7-6)。因此里运河水流方向随调水而变化,输水河道内水流方向呈互为上下游状态,即调水时呈"南水北上",反之则为"顺流南下"(表7-7)。

3.5 由于采用逐级提水方式,加之航运水流控制,北调水流缓慢。高水河设计流速为0.3~0.8 m/s,愈向北则流速愈慢。

第7章 江水北调工程对钉螺分布的影响

表7-4 江水北调工程输水河道及相关水系现状水位

河段	代表站	典型年	保证率	1月	2月	3月	4月	5月	6月	7月	8月	9月	10月	11月	12月
洪泽湖	蒋坝	1996	25%	12.93	12.77	12.66	12.83	12.78	12.43	13.04	13.19	13.20	13.51	13.62	13.52
		1981	50%	12.56	12.62	12.93	12.89	12.37	11.54	11.94	11.63	11.89	12.75	13.04	12.94
		1999	75%	12.47	12.43	12.34	12.41	12.34	11.63	11.83	11.00	11.07	11.72	12.46	12.27
白马湖	阮桥闸（闸上游）	1996	25%	6.22	6.09	6.01	6.18	6.19	6.30	6.98	6.98	6.99	6.62	6.87	6.38
		1981	50%	5.80	5.71	5.67	5.71	5.93	6.30	6.35	6.39	6.18	6.36	6.07	5.75
		1999	75%	6.13	5.87	6.04	6.02	6.16	6.37	6.66	6.83	6.92	6.90	6.64	6.45
高邮湖	高邮（高邮湖）	1996	25%	5.65	5.67	5.65	5.71	5.60	5.43	7.74	6.54	5.78	5.87	6.74	5.95
		1981	50%	5.60	5.62	5.55	5.56	5.39	5.10	5.52	5.43	5.40	5.60	5.65	5.56
		1999	75%	5.86	5.80	5.72	5.69	5.62	5.47	5.60	5.57	5.82	5.95	5.90	5.84
邵伯湖	六闸(三)	1996	25%	4.22	4.18	4.29	4.64	4.50	4.41	5.84	5.77	4.98	4.85	4.97	4.69
		1981	50%	4.33	4.46	4.59	4.42	4.33	4.07	4.65	4.47	4.61	4.64	4.46	4.37
		1999	75%	4.52	4.45	4.58	4.54	4.58	4.59	4.82	5.11	4.99	4.79	4.65	4.68
大运河	宝应	1996	25%	6.20	5.98	6.25	6.38	6.10	6.10	6.53	6.53	6.41	6.37	6.48	6.07
		1981	50%	6.18	6.37	6.58	6.53	6.52	6.54	6.79	6.88	6.69	7.01	7.01	6.58
		1999	75%	5.94	5.86	6.19	6.12	6.27	6.21	6.18	6.32	6.66	6.50	5.82	6.03
大运河	高邮（大运河）	1996	25%	6.41	6.05	6.64	6.76	6.79	6.71	6.32	6.23	6.27	6.11	6.26	5.95
		1981	50%	5.96	6.37	6.51	6.42	7.05	7.41	6.24	6.59	7.22	6.71	6.59	6.44
		1999	75%	6.00	5.98	6.44	6.40	6.95	7.07	6.35	7.13	7.33	6.68	5.73	5.99
大运河	邵伯闸（闸上游）	1996	25%	6.49	6.07	6.76	6.88	7.05	7.06	6.12	6.17	6.27	6.00	5.91	5.73
		1981	50%	5.96	6.37	6.49	6.40	7.25	7.71	6.26	6.68	7.43	6.73	6.61	6.48
		1999	75%	5.99	6.02	6.51	6.49	7.22	7.47	6.48	7.41	7.56	6.71	5.70	5.95
长江	三江营	1996	25%	1.05	0.96	1.02	2.07	2.14	2.95	4.49	4.28	3.32	2.60	2.32	1.39
		1981	50%	0.94	1.11	1.42	2.57	2.24	2.52	3.22	3.05	3.07	2.64	2.19	1.36
		1999	75%	0.95	0.94	1.18	1.73	2.53	3.20	4.57	4.12	4.05	3.08	2.32	1.50

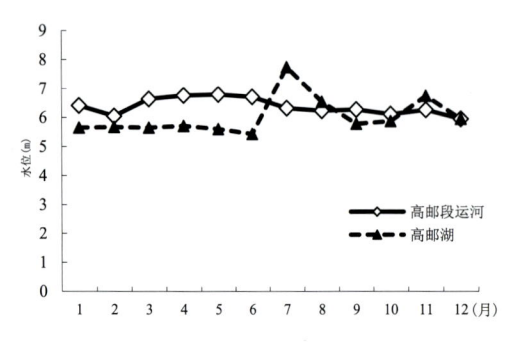

图7-2　高邮湖和大运河高邮段月平均水位
（25%保证率）

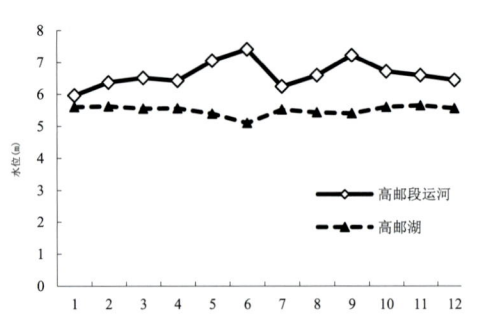

图7-3　高邮湖和大运河高邮段月平均水位
（50%保证率）

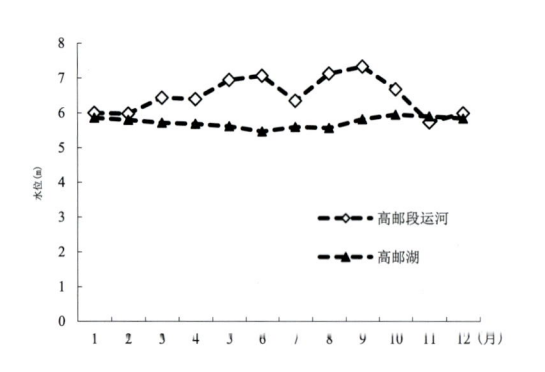

图7-4　高邮湖和大运河高邮段月平均水位
（75%保证率）

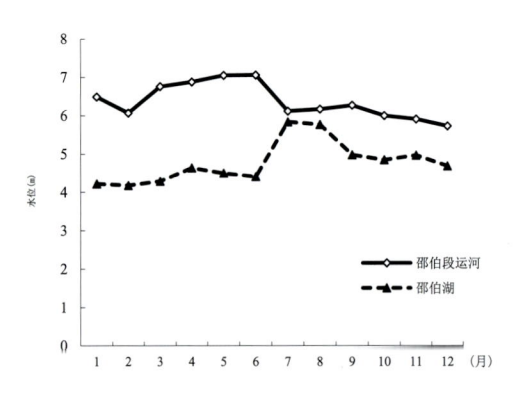

图7-5　邵伯湖和大运河邵伯段月平均水位
（25%保证率）

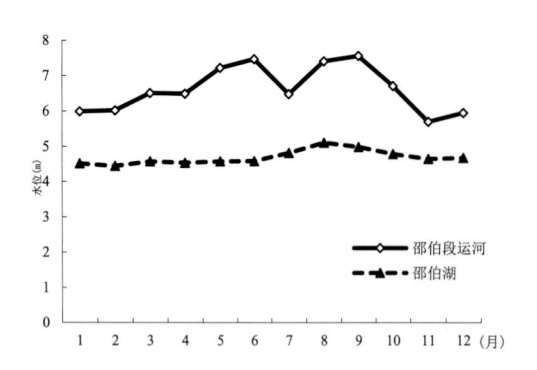

图7-6　邵伯湖和大运河邵伯段月平均水位
（50%保证率）

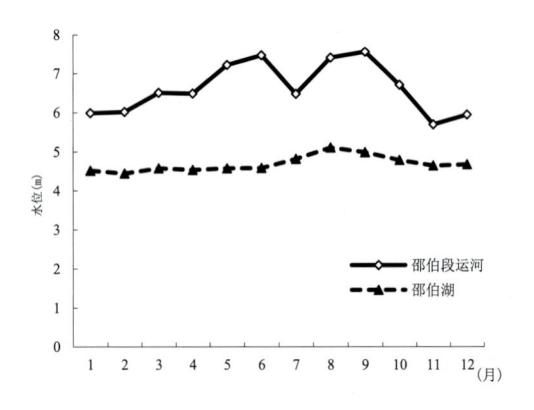

图7-7　邵伯湖和大运河邵伯段月平均水位
（75%保证率）

第7章 江水北调工程对钉螺分布的影响

表7-5 江水北调里运河和长江(三江营)现状水位差比较

河 段	代表站	典型年(年)	保证率(%)	最高水位(m)	最低水位(m)	水位差(m)
里运河	宝应（大运河）	1996	25	6.53	5.98	0.55
		1981	50	6.88	6.18	0.70
		1999	75	6.66	5.82	0.84
里运河	高邮（大运河）	1996	25	6.79	5.95	0.84
		1981	50	7.41	5.96	1.45
		1999	75	7.33	5.73	1.60
里运河	邵伯闸（闸上游）	1996	25	7.06	5.73	1.33
		1981	50	7.71	5.96	1.75
		1999	75	7.56	5.70	1.86
长江	三江营	1996	25	4.49	0.96	3.53
		1981	50	3.22	0.94	2.28
		1999	75	4.57	0.94	3.63

表7-6 2005年里运河高邮段水流方向统计

月份	向北(d)	向南(d)	不定[1](d)
1	0	28	3
2	0	22	6
3	0	4	27
4	9	3	18
5	31	0	0
6	19	10	1
7	11	20	0
8	2	28	0
9	0	30	0
10	0	31	0
11	0	30	0
12	0	31	0
合计	72	237	55

(1)水流为"0"。

表 7-7 江水北调调水水流方向时间分配

输水河段	资料来源（年）	水流方向时间分配（旬） 北向	水流方向时间分配（旬） 南向
江都站-南运西闸	12(1986~1997)	219	213
南运西闸-淮安闸	12(1986~1997)	298	134
淮安闸-洪泽湖	8(1990~1997)	77	211
淮阴站-泗阳站	8(1990~1997)	125	163
泗阳站-骆马湖	8(1990~1997)	79	209
皂河站-大王庙	8(1990~1997)	191	97
大王庙-解台站	8(1990~1997)	191	97
解台站-下级湖	8(1990~1997)	184	104

第3节　江水北调工程对钉螺分布影响

江水北调工程水源区一直有钉螺分布，系钉螺扩散风险来源。1980年以来江水北调水源区钉螺面积呈上升趋势，2005年实施预防控制血吸虫病中长期规划项目后钉螺面积的增长被遏制，2006年出现较大幅度回落。受水区钉螺面积则在低水平上徘徊起伏。分别将1980—2006年受水区钉螺面积与水源区钉螺面积作相关分析，结果受水区与水源区钉螺面积变化无明显相关关系（$r=0.103$，$P>0.05$）（图7-8，表7-8）。

1965年以来，江都水利枢纽共抽水北送近1 000亿 m^3，其中1978—2003年，年平均抽江水33亿 m^3，最多年份抽江水70亿 m^3（图7-9）。将1980—2003年受水区钉螺面积和调水量作相关分析，结果受水区钉螺面积变化与调水量无明显相关关系（$r_{汛期}=-0.073$，$r_{枯水期}=-0.266$，$r_{年调水}=-0.174$，$P>0.05$）（表7-9）。

为了解调水对钉螺北移扩散的作用，选择里运河1980—2006年宝应、高邮段钉螺年分布资料，纵向观察、分析钉螺分布和迁移情况。资料显示该河段在江水北调前即有钉螺存在（1955年首次调查发现），1978—1980年对大运河苏北段钉螺分布北界进行了专题调查。调查表明有钉螺分布范围：北起宝应县地龙（北纬33°03′），南至邗江县六圩入长江，全长129 km，钉螺呈断续分布，有螺面积达39.26万 m^2，其中与高邮湖、邵伯湖一堤之隔的运河西岸占78%以上。宝应县地龙以北沿河乡运河段在1979年查获10只变色死螺，淮安段连续3年查螺163 560框，打捞漂浮物690 kg，均未发现钉螺。

1977—1982年对大运河石驳岸有螺环境采用水泥勾缝进行灭螺，1983—1992年未查获钉螺，随着水泥勾缝破损增加，自1993年起在原有螺地段陆续发现"残存"钉螺。但有螺面积不大，密度较低，分布高程在5.5~8.0 m；宝应段于1984年以后即未发现钉螺（表7-10）。

GPS定位调查发现钉螺仅局限于高邮

第7章 江水北调工程对钉螺分布的影响

段,西岸钉螺分布北端位于北纬32°54.076′,东岸钉螺分布北端位于北纬32°53.293′。钉螺分布范围相对稳定,无北移扩散倾向,迄今为止亦未有北纬33°15′以北地区自然界发现钉螺的报告。

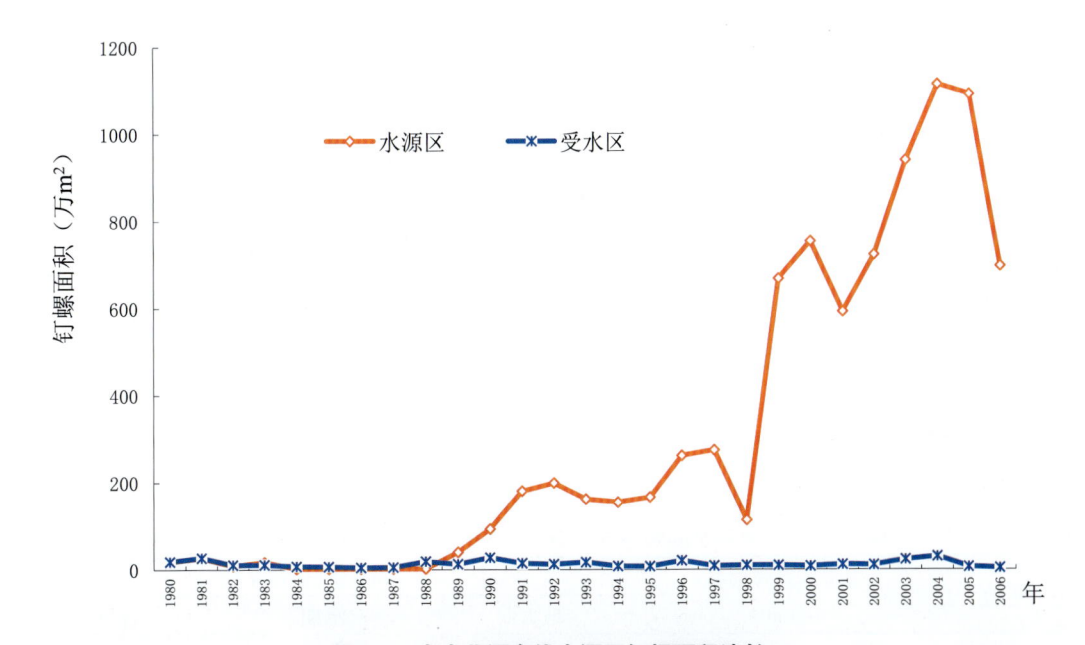

图7-8 南水北调东线水源区钉螺面积消长

表7-8 江苏省江水北调工程受水区和水源区钉螺面积消长关系

年份	钉螺面积(万 m²) 水源区	钉螺面积(万 m²) 受水区	年份	钉螺面积(万 m²) 水源区	钉螺面积(万 m²) 受水区
1980	16.41	17.07	1994	152.74	6.13
1981	24.73	25.57	1995	164.26	5.78
1982	6.87	9.29	1996	259.78	18.90
1983	14.96	9.65	1997	272.59	6.90
1984	0.00	5.74	1998	111.46	8.26
1985	0.00	5.12	1999	665.89	7.97
1986	0.00	3.01	2000	751.37	6.31
1987	0.00	3.71	2001	590.81	10.16
1988	0.00	17.13	2002	720.85	9.05
1989	37.82	10.95	2003	945.74	21.71
1990	91.18	25.95	2004	1112.42	28.49
1991	178.35	13.11	2005	1089.86	4.58
1992	197.03	10.57	2006	695.02	2.09
1993	159.75	15.26			

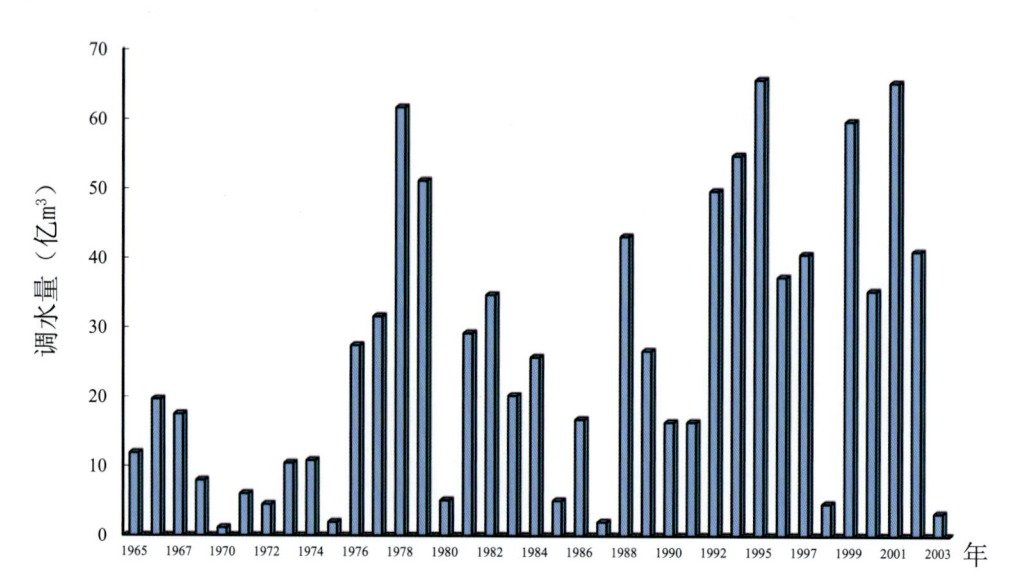

图7-9　1965—2003年江水北调工程调水量

表7-9　江苏省江水北调工程受水区钉螺面积消长和调水量关系分析

年份	受水区钉螺面积（万 m²）	调水量（亿 m³）枯水期	汛期	合计
1980	17.07	0.96	4.17	5.13
1981	25.57	2.72	26.47	29.19
1982	9.29	9.07	25.61	34.68
1983	9.65	0.97	19.21	20.18
1984	5.74	9.44	16.32	25.76
1985	5.12	0.00	5.09	5.09
1986	3.01	0.00	16.77	16.77
1987	3.71	0.46	1.59	2.04
1988	17.13	6.29	36.85	43.14
1989	10.95	16.45	10.21	26.67
1990	25.95	0.00	16.37	16.37
1991	13.11	7.42	8.97	16.39
1992	10.57	8.71	40.98	49.69
1993[1]	15.26			
1994	6.13	7.95	46.84	54.79
1995	5.78	32.30	33.43	65.73
1996	18.90	16.61	20.65	37.26
1997	6.90	14.64	25.92	40.56
1998	8.26	3.60	1.08	4.68
1999	7.97	15.85	43.83	59.68
2000	6.31	15.15	20.14	35.28
2001	10.16	17.13	48.16	65.29
2002	9.05	28.87	12.13	41.00
2003	21.71	0.00	3.31	3.32

(1)1993年调水数据缺失。

第7章　江水北调工程对钉螺分布的影响

表7-10　里运河宝应、高邮段钉螺面积消长情况纵向观察

年份	有螺面积(万 m²) 宝应段	有螺面积(万 m²) 高邮段	年份	有螺面积(万 m²) 宝应段	有螺面积(万 m²) 高邮段
1955	0.000 0	1.400 0	1988	0.000 0	0.000 0
1965	0.000 0	6.600 0	1989	0.000 0	0.000 0
1971	0.000 0	8.379 5	1990	0.000 0	0.000 0
1972	0.000 0	0.150 0	1991	0.000 0	0.000 0
1973	0.000 0	0.000 0	1992	0.000 0	0.000 0
1974	0.000 0	1.250 0	1993	0.000 0	0.125 0
1975	0.000 0	3.649 0	1994	0.000 0	0.010 0
1976	0.000 0	5.480 0	1995	0.000 0	0.000 0
1977	0.015 0	2.729 0	1996	0.000 0	0.000 0
1978	0.000 0	3.200 0	1997	0.000 0	0.000 0
1979	0.000 0	2.711 5	1998	0.000 0	1.777 5
1980	0.000 0	0.300 0	1999	0.000 0	1.457 5
1981	0.000 0	0.000 0	2000	0.000 0	1.487 5
1982	0.000 0	2.351 2	2001	0.000 0	1.487 5
1983	0.000 0	0.000 0	2002	0.000 0	1.487 5
1984	0.493 5	0.000 0	2003	0.000 0	1.892 5
1985	0.000 0	0.000 0	2004	0.000 0	1.892 5
1986	0.000 0	0.000 0	2005	0.000 0	1.942 5
1987	0.000 0	0.000 0	2006	0.000 0	1.942 5

第4节　江水北调工程未发生钉螺北移扩散原因

钉螺是一种水陆两栖淡水螺,既不完全喜欢水,亦不喜干旱的陆地,幼螺喜水中生活,成螺则怕淹,常离水登陆在近水处生活,如长期淹水则钉螺难以生存。钉螺的生态特点及分布迁移方式均有别于普通水生螺蛳,其活动范围较水生螺蛳局限。同时,江水北调工程是人工控制的跨流域调水系统,输水河道和调蓄水库的水文条件也有别于长江水系。

江水北调工程建设和运行以来,未发现钉螺北移扩散,分析原因如下:

(1)江水北调工程输水河道水位高于周边湖泊,因此高邮湖和邵伯湖区的钉螺难以通过水流进入输水河道而随水流北移扩散。里运河高邮段西岸累计钉螺面积远高于东岸,鉴于西岸与高邮湖仅一堤之隔,因此,石驳岸钉螺可能与来自高邮湖有螺环境的水产品、渔具、湖草等携带扩散有关。

(2)长江至骆马湖水位逐级增高,输水河道的水位北高南低。高水河至中运河段23个船闸现状调查表明,船闸上游水位均高于下游。因此,钉螺通过吸附载体漂浮经

船闸向上游扩散的可能极小。

(3)江水北调输水河道水流方向受抽江北送影响,呈互为上下游状态,里运河船行波的频繁冲刷不利于钉螺吸附于载体,也不利于其在河岸孳生繁殖,而且北调水流缓慢(里运河高邮段实测边流<0.1 m/s),可促使钉螺沉降,钉螺缺乏随水流向北漂流扩散的条件。

(4)江水北调工程输水河道内水工建筑较多,水泵的作用可使钉螺与载体分离;清污机和拦污栅可截留漂浮物;涵闸、泵站前"胸墙"结构对水面漂浮物具有阻挡作用。因此,钉螺随调水北移扩散障碍重重。

(5)现状输水河道内钉螺分布较少,钉螺主动爬行迁移的距离极为有限,钉螺分布范围相对稳定,无明显北移扩散倾向,故迄今为止亦未有北纬33°15′以北地区自然界发现钉螺的报告。

(6)江水北调工程运行后调水量与受水区钉螺面积变化无相关性,水源区钉螺面积变化与受水区钉螺面积变化也无相关性,因此,从统计学角度可以认为江水北调对受水区钉螺面积变化未产生明显影响。

(7)江水北调工程徐州以南输水沿线有涵闸(洞)200多个,其中里运河宝应以南血吸虫病流行区沿输水线有34个涵闸(洞)。如果输水河道有钉螺存在,则自流灌溉时存在着钉螺从输水河道向灌区扩散的可能;其中有5个为排灌型,如果相应灌区有钉螺孳生,则也存在排涝时钉螺由灌区向输水河道扩散的可能。但江水北调工程运行以来未发生涵闸扩散钉螺现象。

(8)引江工程与北调工程共用部分输水河道,如新通扬运河、三阳河。自流引江输水有可能使钉螺随漂浮物进入上述河道及里下河地区内部河网,造成钉螺在原血吸虫病流行区的扩散。

综上所述,在江水北调现状条件下,钉螺扩散能力受到诸多因素制约,钉螺缺乏随调水大规模北移扩散的条件。迄今为止,里运河钉螺分布始终未越过33°15′,亦未有北纬33°15′以北地区自然界发现钉螺的报告。然而引江自流对里下河地区原血吸虫病流行区钉螺扩散风险较大,长江水系钉螺有可能借助漂浮物随自引江水扩散进入里下河内部河网。

第 8 章

东线工程对钉螺北移影响

南水北调东线工程涉及长江、淮河、黄河和海河四大流域和山东半岛,位于北纬32°~40°,东经115°~122°。而我国钉螺分布最北界则位于北纬33°15′,这个地理标志也是东线工程是否会导致钉螺北移的标志。鉴于东线工程输水干线长、水工建筑多、影响因素复杂,因此东线工程钉螺北移的问题需要根据工程布置、运行特点和生态条件进行具体分析。南水北调东线一期工程于2002年12月开工建设,2013年12月正式通水运行。在此期间著者等随工程建设的推进同步开展了东线工程对钉螺北移影响因素研究。

第1节 东线一期工程特点对钉螺影响

按照2001年修订的南水北调东线工程规划,南水北调东线工程的基本任务是为黄淮平原东部、山东半岛和华北地区补充水源。供水范围位于黄淮海平原东部、山东半岛及淮河以南的里运河东西两侧地区。主要供水目标是沿线城市及工业用水,兼顾一部分农业和生态环境用水。根据北方各省市对水量、水质的要求和东线治污进展情况,东线工程拟在2030年以前分三期实施。

南水北调东线第一期工程利用江苏省江水北调工程,扩大规模,向北延伸至山东省德州市。供水范围涉及苏、鲁、皖3省21个市、89个县(市、区),是我国人口集中、经济较发达的地区之一。东线一期工程规划规模为抽江500 m³/s,入东平湖100 m³/s,过黄河50 m³/s,送山东半岛50 m³/s。按预测当地来水、需水和工程规模计算,工程建成后多年平均抽江水量87.68亿m³(比现状增抽江水38.03亿m³),最大的一年已达157.48亿m³;入南四湖下级湖水量为21.82亿~37.88亿m³,多年平均29.73亿m³,入南四湖上级湖水量为14.48亿~21.39亿m³,多年平均17.56亿m³;调过黄河的水量为4.42亿m³;到山东半岛水量为8.83亿m³。

根据"规划"预测2010年(实际至2013年底才通水)南水北调东线一期工程需向供水区干渠分水口补充的水量为41.41亿m³,其中生活、工业及城市环境用水22.34亿m³,占53.9%;航运用水1.02亿m³,占2.5%;农业灌溉用水18.05亿m³,占43.6%。

1 工程布局

调水线路干支线总长1 466.24 km,其中长江至东平湖1 045.23 km,黄河以北173.49 km,胶东输水干线239.65 km,穿黄河段7.87 km。调水线路连通洪泽湖、骆马湖、南四湖、东平湖等湖泊输水和调蓄。为进一步加大调蓄能力,拟抬高洪泽湖、南四湖下级湖非汛期蓄水位,利用东平湖蓄水,并在黄河以北建大屯水库,在胶东输水干线建东湖、双王城等平原水库。大屯水库、东湖水库、双王城水库作为东线第一期工程的调蓄水库。死库容为15.12亿m³,汛期调蓄库容为25.11亿m³,非汛期调蓄库容为48.18亿m³;非汛期蓄水位及库容均≥汛期(表8-1)。

第8章 东线工程对钉螺北移影响

表8-1 南水北调东线一期工程规划调蓄水库蓄水位及库容

调蓄水库	死水位[1] (m)	蓄水位(m) 汛期	蓄水位(m) 非汛期	死库容[2] (亿m³)	调蓄库容(亿m³) 汛期	调蓄库容(亿m³) 非汛期
洪泽湖	11.30[3]	12.50[3]	13.50[3]	7.00	15.30	31.35
骆马湖	21.00[3]	22.50[3]	23.00[3]	3.20	4.30	5.90
下级湖	31.30[4]	32.30[4]	32.80[4]	3.45	4.94	8.00
东平湖	38.80[4]	39.30[4]	39.30[4]	1.20	0.57	0.57
大屯水库	21.00[4]	—	27.46[4]	0.06	—	0.64
东湖水库	18.70[4]	—	26.60[4]	0.11	—	0.94
双王城水库	4.50[4]	—	11.00[4]	0.10	—	0.78
合 计				15.12	25.11	48.18

(1)死水位指允许消落到的最低水位,又称设计低水位。
(2)死库容指死水位以下的库容,也叫垫底库容。
(3)为废黄河高程。
(4)为1985国家高程基准。

东线工程供水区以黄河为脊背,分别向南北两侧倾斜。东平湖是东线工程最高点,与长江引水口水位差约40 m(图8-1)。一期工程从长江至东平湖设13个调水梯级,22处泵站枢纽(一条河上的每一梯级泵站,不论其座数多少均作为一处),34座泵站,其中利用江苏省江水北调工程现有6处13

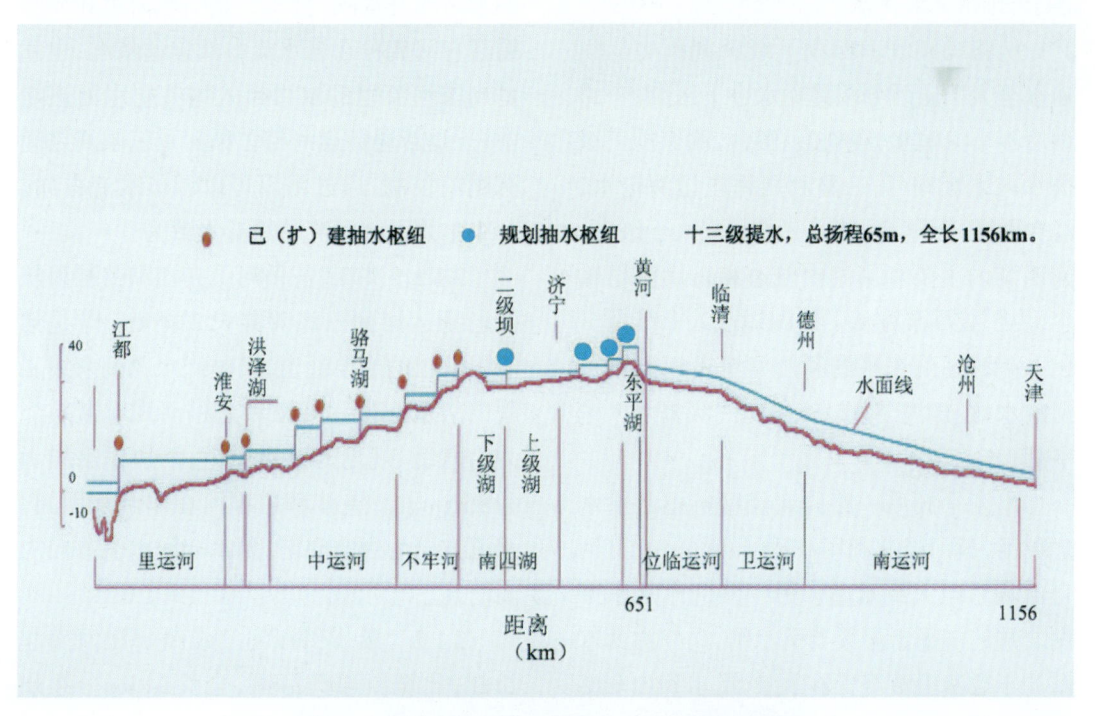

图8-1 南水北调东线工程输水干线纵断面示意图

座泵站,新建21座泵站。

南水北调东线一期工程主要由输水河道、泵站、蓄水水库、穿黄工程等组成。工程规划从江苏省扬州附近的长江干流引水,有三江营和高港2个引水口门:三江营引水经夹江、芒稻河至江都站站下,是东线工程主要引水口门;高港是泰州引江河入口,在冬春季节长江低潮位时,承担经三阳河向宝应站加力补水的任务。

从长江至洪泽湖,利用里运河及三阳河、潼河两路输水,到宝应站后,一路继续沿里运河北行,至淮安枢纽入苏北灌溉总渠,经淮安、淮阴2级提水入洪泽湖;另一路向西经金宝航道、三河输水,经金湖、洪泽两级提水入洪泽湖。

出洪泽湖后分两路输水进骆马湖,一路利用中运河输水,经泗阳、刘老涧、皂河三级提水入骆马湖,另一路利用徐洪河经泗洪、睢宁、邳州三级提水。

从骆马湖到南四湖下级湖利用中运河输水至大王庙后分两路输水进下级湖,一路利用不牢河输水,经刘山、解台、蔺家坝三级提水入下级湖,另一路利用韩庄运河输水,经台儿庄、万年闸、韩庄三级提水入下级湖。南四湖内主要利用湖内航道和行洪深槽输水,由二级坝泵站从下级湖提水入上级湖。

南四湖到东平湖利用梁济运河和柳长河输水,经长沟、邓楼、八里湾三级提水入东平湖。

出东平湖后一路向北经穿黄枢纽输水过黄河,黄河以北利用小运河、七一、六五河自流输水至大屯水库。另一路向东从东平湖北端的济平干渠渠首引水闸,向东由西水东调干渠接引黄济青输水渠,送水到山东半岛的主要城市。

2 主要输水干线与周围湖泊水系的关系

鉴于南水北调东线工程沿线历史上血吸虫病疫区主要分布在北纬33°15'以南地区,因此主要介绍江苏境内长江~洪泽湖段主要输水干线与周围湖泊水系的关系。

2.1 长江至江都和宝应抽水站前河道情况

江都抽水站和宝应抽水站是南水北调东线一期工程的第一级抽水站。从长江引水到里运河有两条输水线路,一条是从三江营引水,经过夹江、芒稻河至江都抽水站进水闸门口,是东线工程主要引水口门;另一条是从高港引水,通过泰州引江河、新通扬运河,再经过三阳河和潼河到宝应抽水站的进水闸门口。这一段河道的主要特点为,一是河道水位较低,在非汛期时一般只有2~3 m,可以从长江自流到江都抽水站和宝应抽水站的进水闸门口;二是引水河道和周围的其它河流存在着水流自然连通情况,也就是周围河流里的水可流入这些引水河道之中;三是新通扬运河与芒稻河及三阳河之间有闸门控制,通过闸门可以调节水流方向。其中主要引水河流的情况大致为:

2.1.1 夹江、芒稻河 夹江和芒稻河从新通扬运河到三江营共长22.4 km,既是淮河入长江的主要通道,又是南水北调东线工程的引水河道。夹江和芒稻河现有通航能力为六级,规划为五级航道,河道输水能力为950 m^3/s。夹江和芒稻河在非调水期间,水流方向为由北向南,调水期间水流方向由南向北。

2.1.2 泰州引江河 泰州引江河南起长江,北至新通扬运河,全长24 km。泰州引江河一期工程设计流量为300 m^3/s。向里下河地区输送灌溉用水并为宝应抽水站提供南水北调的水源。高港枢纽是实现泰州引江河工程目标的控制建筑物。高港枢纽泵站安装9台立式开敞式轴流泵,在长江低潮时,通过泵站抽引江水300 m³/s。泰州引江河常年流向为由南向北,洪水季节则向长江排涝。

2.1.3 新通扬运河 新通扬运河于1969年由江苏水利厅主持开挖而成,西连江都芒稻河,东接海安串场河,全长89.8 km,在泰州市区境内11 km,河道顺直,河面宽40~85 m。该河为双向流向,平时自西向东,7、8月江都水利枢纽将里下河洪水排向长江时,流向自东向西。

2.1.4 三阳河、潼河 三阳河、潼河是连接新通扬运河到宝应抽水站的输水河道,并且是江苏省里下河地区输水、排涝的主干河道。三阳河、潼河输水河道总长82 km,其中三阳河三垛镇以南长36.55 km(三垛以北至杜巷29.95 km为三阳河新开挖河道);潼河段全长15.5 km,其中14.3 km为新开挖河道。设计河底高程采用−3.5 m,底宽为30 m。设计河坡以1∶3为主,深淤段采用1∶6,河道输水能力为100 m³/s。三阳河、潼河工程于2002年12月27日开工建设,2005年6月30日完成全部建设任务。三阳河排涝时水流自北向南,输水时水流从南向北,三阳河水位低于里运河水位,同里下河水位基本持平。

2.2 江都到洪泽湖之间抽水站及河道情况

南水北调东线一期工程通过江都抽水站将长江水抬高近6 m后,通过高水河进入里运河向北调水,江都抽水站的设计抽水规模为400 m³/s。到宝应站后,加入由宝应抽水站抽上来的100 m³/s水量,分两路向北输送。其中一路沿里运河继续向北,经淮安和淮阴二级抽水站再次提水后进入洪泽湖;另一路经金宝航道,并经金湖抽水站再次提水入新三河继续向西输水,再经洪泽抽水站提水入洪泽湖。在这一段的输水过程中,主要特点为:一是南水北调东线一期工程要向北调水,必须经过抽水泵站才能向北输送;二是主要输水河道如里运河、金宝航道等与周围河流与湖泊以河堤或闸门隔离,形成相对封闭的输水通道;三是向北调水时,输水河道的水位明显高于周围河流与湖泊的水位;四是南水北调东线一期工程调水时,输水河道的水流方向由南向北,但在防洪和排涝过程中输水河道的水流方向则由北向南。其中主要抽水站与输水河流的情况为:

江都抽水站 江都抽水站位于扬州市城东14 km,江都仙女镇西南,芒稻河和新通扬运河的会合处,由4座大型电力排灌泵站、12座节制闸、5座船闸、2条输水干渠和1座变电站组成。4座大型泵站共装有叶轮直径1.6 m的轴流泵33台,动力设备总容量53 000 kW,总抽水能力达508 m³/s,净扬程6~7 m。该工程1961年开工,1977年全部建成。江都抽水站是南水北调东线一期工程的第一级提水泵站,在南水北调向北调水时,它从芒稻河和新通扬运河抽水经高水河入里运河。

宝应抽水站 宝应抽水站工程作为南水北调东线一期新增的水源工程,工程由抽水泵站、进水口拦污栅与清污机桥、灌溉涵洞等组成,泵站共装机四台(套)立轴导叶式混流泵,设计总扬程7.89 m,单机设计流量33.4 m³/s。宝应站工程建成后抽水能力为100 m³/s,将水位提高7.4 m后进入里运河,与江都站（抽水能力400 m³/s）共同实现一期工程抽江500 m³/s规模的输水目标，同时也可改善里下河地区的排涝条件和水环境，并为发展沿线航运提供条件。

高水河　高水河连接江都站与里运河，自江都迎江桥至邵伯轮船码头，全长15.2 km。高水河是江都站向北送水的起始河段。同时，也是沟通里运河与芒稻河的通航河道。高水河于1963年开工，1965年7月竣工。高水河河底宽50 m，河底高程-1.0 m，设计输水流量为400 m³/s，设计水位为8.5 m，高水河两岸堤顶宽度为6~8 m，堤顶高程一般为10.5 m。高水河与西边邵伯湖之间有河堤相隔，该段河堤的堤顶高程为11.5 m。现状高水河水位高于周边水域。

里运河　江都邵伯至淮阴船闸段京杭运河称里运河。里运河全长138.7 km，两岸分别有大堤与周围河道与湖泊隔开。其中东堤长100.22 km，现有堤顶宽8~16 m，顶高程10.34~12.01 m；西堤长96.85 km，堤顶宽5~8 m，顶高程11~11.65 m。

里运河东边为里下河地区，里下河地区面积约为1.2万km²，里下河地区地势为四周高、中间低的碟形洼地。周边地面高程3~8 m，中部2.5 m以下土地5 997 km²。遇暴雨，洼地迅速涨水，排水困难，极易成涝。里运河西边为邵伯湖、高邮湖、宝应湖和白马湖，这些湖泊的正常高水位一般均在5~6 m，低于里运河西堤的堤顶高程，同时也低于里运河的正常水位，在南水北调东线向北调水期间，里运河的水位更是明显高于周围湖泊的水位（图8-2）。

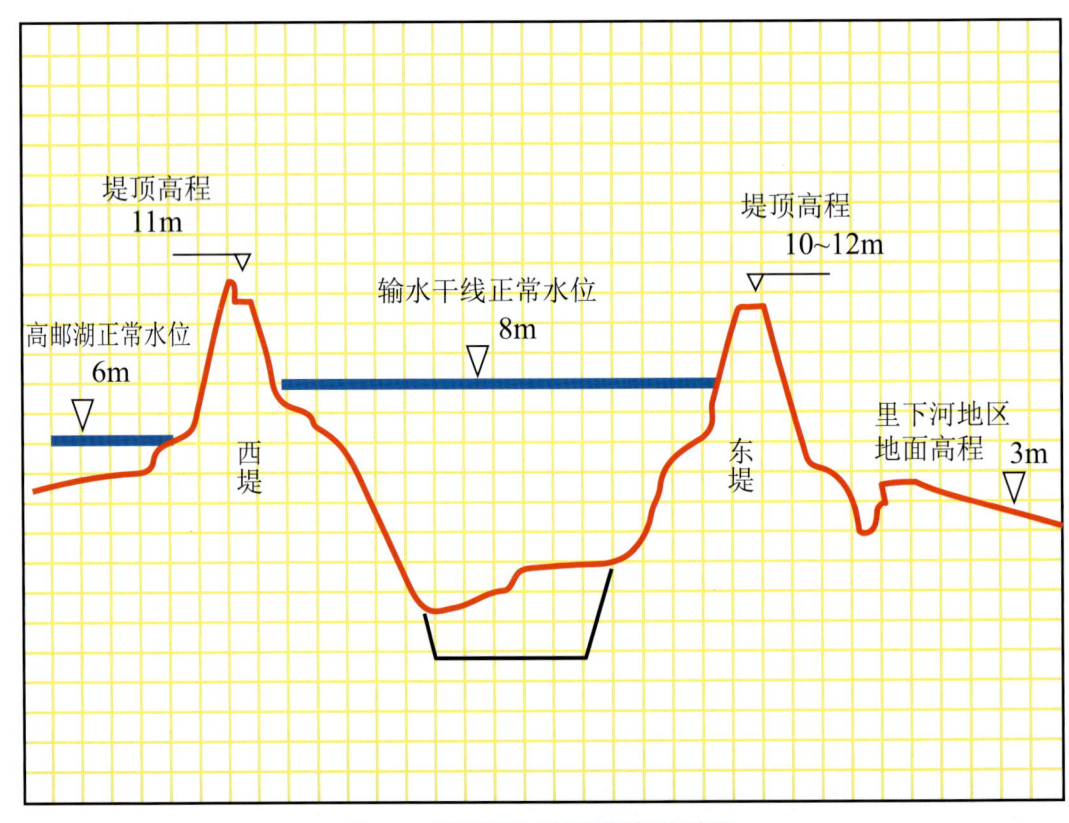

图8-2　里运河输水河道横剖面示意图

历史上里运河曾一度作为行洪河道，承泄淮河洪水入江归海。随着治淮防洪工程陆续兴建，里运河早已不再行洪，成为灌溉、排水、通航河道。在里运河西堤建有南运西闸和北运西闸，在东线一期工程不向北调水期间，且需要里运河承担排涝任务时，通过降低里运河的水位，可将白马湖、宝应湖地区的一部分涝水排入里运河，向南输送入长江。但多数情况下，白马湖的涝水需要淮安泵站抽取，才能进入里运河。宝应湖的涝水则通过大汕子退水闸，进高邮湖入邵伯湖向南流入长江。

金宝航道和新三河　金宝航道和新三河是从大汕子至洪泽站下引河口的输水河道，全长66.88 km（裁弯后64.4 km），以淮河入江水道三河拦河坝为界分为金宝航道段（长30.88 km，裁弯后28.4 km）和三河段（长36 km）两部分。目前新三河现状输水能力150 m³/s，河道不需疏浚。金宝航道段输水能力不能满足设计要求，需要进行扩挖河道，设计河底高程0~2.0 m，设计底宽45~75 m，输水水位7.5~7.6 m，设计河坡为1:3。金宝航道和新三河两岸均有堤防，堤顶高度一般均超过洪水位2.5~3 m。现状新三河左岸局部堤防在设计最低、最高输水水位之间无防护工程，需新建块石护坡5 000 m。金宝航道新修河坡及堤坡护砌长64.91 km（其中血防措施需护砌49 km）；新建150 m³/s流量的金湖抽水站一座。

3　东线一期工程洪泽湖以南河道调水期间的水流方向

东线一期工程从长江有三江营和高港2个引水口门。正常情况下由三江营引水，经夹江、芒稻河至江都西闸，河道输水能力950 m³/s，经江都西闸进入新通扬运河，其中江都站抽水400 m³/s入里运河北送，另经江都东闸送水550 m³/s到宜陵。自宜陵向北由三阳河、潼河向宝应泵站送水100 m³/s。在长江低潮位时，从三江营引水口门的引水量不能满足调水要求时，则利用高港引水口引水，经泰州引江河入新通扬运河，为江都抽水站和三阳河加力补水。

江都抽水站通过泵站将长江水提高后，送400 m³/s经高水河入里运河向北输水到南运西闸，在大汕子与宝应站提水后送入里运河100 m³/s的水量汇合后，由于里运河各段的输水能力不同，故只能分成二路向洪泽湖送水。一路继续由里运河输送300 m³/s到北运西闸后，再次分成二路输水，其中一路仍由里运河输送200 m³/s到淮安站下，另一路通过北运西闸经新河输送100 m³/s到淮安站下，通过淮安站抽水300 m³/s入苏北灌溉总渠，然后经淮阴站抽水300 m³/s进洪泽湖；另一路向西经金宝航道输水150 m³/s，通过金湖站抽水后进入江水道的新三河继续向西输水，再由洪泽站抽水150 m³/s进洪泽湖（图8-3）。

4　东线一期工程洪泽湖以南河道排涝期间的水流方向

东线一期工程洪泽湖以南输水河道沿线设有一定数量的闸门，与河道两岸河流及湖泊进行必要的水力联系。通常情况下，这些闸门总是处于关闭状态，保证南水北调输水河道的相对封闭。仅在调水期间需要向河道两岸灌区输水，或在排涝期间需要利用这些河道进行排涝时，这些闸门才会开启。

东线工程输水河道沿线的闸门主要分为两种类型，一类是向沿岸两侧灌区供水的输水闸门，其特点是在闸门开启，水流方向只能从输水河道向外流动，河道外的水不可能通过这些闸门流到输水河道之中(表8-2)。

另一类是在排涝期间,南水北调东线输水河道中的里运河主要承担里下河地区、白马湖地区及宝应湖地区的排涝任务。当里运河的水位低于白马湖的涝水位时,可以通过北运西闸向里运河排入一部分白马湖地区的涝水,否则只能通过淮安抽水站将白马湖地区的涝水抽排进入里运河。同样,仅当里运河的水位低于宝应湖的涝水位时,也可以通过南运西闸向里运河排入一部分涝水,其他情况下,宝应湖的涝水需要通过大汕子退水闸,进高邮湖入邵伯湖向南流入长江,或通过石港站抽排到入江水道后排入长江。当里运河承担排涝任务时,整个里运河的水流方向为由北向南(表8-3)。

另外,高水河至中运河段23个船闸现状调查表明,船闸上游水位均高于下游(表8-4)。

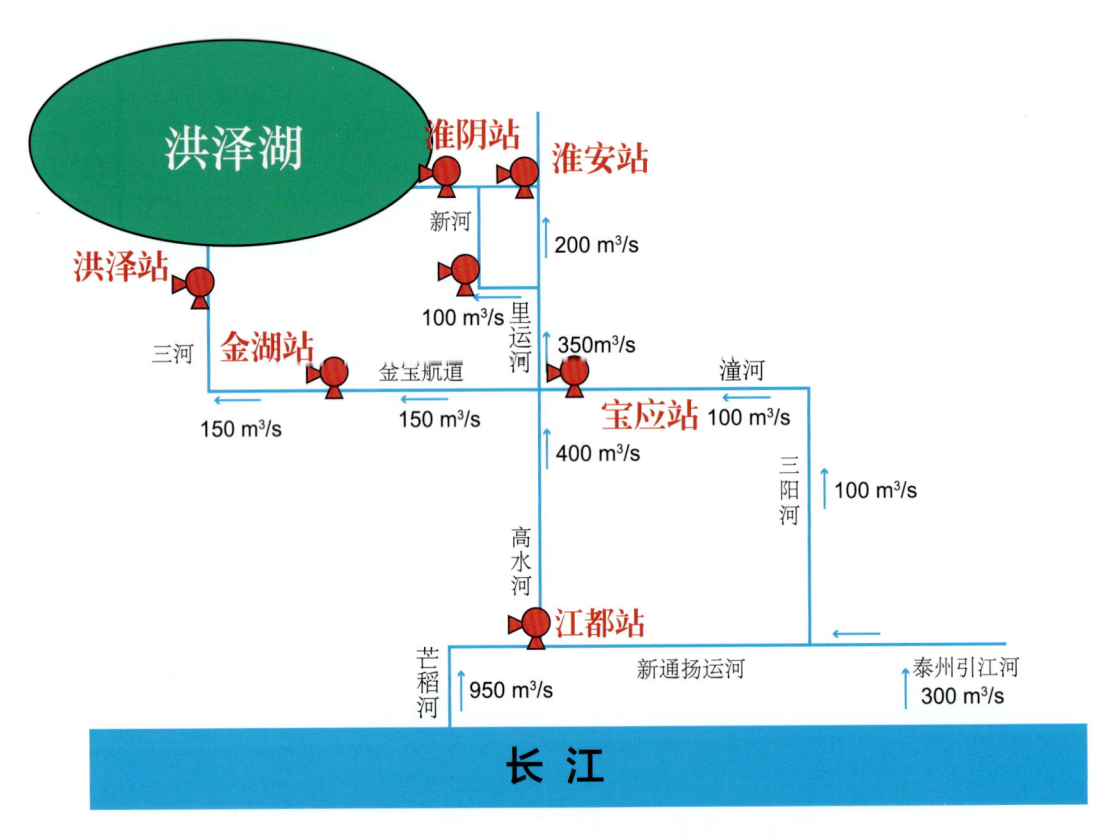

图8-3 南水北调东线一期工程输水示意图(洪泽湖以南)

第8章　东线工程对钉螺北移影响

表8-2　宝应以南主要河道沿线的输水闸门与下游灌区情况表

所在河道名称	渠首工程名称	所在地点	灌区名称	设计灌溉面积（km²）	渠首工程设计流量（m³/s）	引水方式
里运河	邵关闸	江都	邵关灌区	14 106.74	34.50	自流
里运河	子婴闸	高邮	周山灌区	13 446.73	20.00	自流
	界首闸				11.10	
	周山洞				18.80	
里运河	车逻闸	高邮	车逻灌区	9 640.05	22.60	自流
	车逻洞				15.60	
里运河	头闸	高邮	头闸灌区	8 780.04	51.00	自流
里运河	琵琶洞	高邮	南关灌区	9 173.38	1.22	自流
	南关洞				1.43	
	八里松洞				1.76	
里运河	泾河洞	宝应	泾河灌区	8 940.04	18.00	自流
	小涵洞				2.00	
里运河	新民洞	宝应	庆丰灌区	13 340.67	6.00	自流
	朱马洞				15.00	
	朗儿洞				15.00	
里运河	大兴洞	宝应	临城灌区	7 413.37	6.00	自流
	八浅洞				15.60	
里运河	胡成洞	宝应	永丰灌区	13 280.07	9.30	自流
	永安洞				15.00	
	丰收洞				15.70	
里运河	乌沙洞	淮安	渠北灌区	27 333.47	30.00	自流
	板闸洞				38.70	

表8-3 东线一期长江至洪泽湖段输水河道防洪、除涝与输水情况表

河道名称	起迄地点	河道长度 (km)	设计防洪 水位 (m)	设计防洪 流量 (m³/s)	设计除涝 水位 (m)	设计除涝 流量 (m³/s)	一期工程设计输水 水位 (m)	一期工程设计输水 流量 (m³/s)	防洪除涝流向与输水方向关系	河道现状任务
三阳河	宜陵—三垛—杜巷	66.50			2.27~2.52~2.49	290~43~137	1.84~1.38~0.79	100	相反	输水、排涝
潼河	杜巷—宝应站	15.50					0.79~0.17	100		
里运河	江都站—南运西闸	75.00			6.00~7.74	750~450	8.50~7.60	500~400	相反	输水、航运、排涝
	南运西闸—北运西闸	33.15			7.74~8.18	250	7.60~6.43	350	相反	
	北运西闸—淮安闸	18.70			3.18~8.36	250	6.43~6.00	250	相反	
淮安四站输水河道	运西河	7.47					6.43~6.15	100		排涝
苏北灌溉总渠	淮安闸—淮阴一站	28.47	10.80~11.46	800			9.13~9.00	220	相反	输水、航运、行洪
里运河	淮安闸—淮阴二站	26.94					9.13~9.00	80		航运、输水
金宝航道	南运西闸上下—金湖站	30.75	宝应湖设计防洪水位7.50 m		宝应湖设计除涝水位7.00 m		7.60/6.40~5.70	150	相反	输水、排涝、航运
入江水道	金湖站—洪泽站	39.96	12.00~14.21	12 000			7.80~7.50	150	相反	行洪、航运、输水

106

第8章 东线工程对钉螺北移影响

表8-4 南水北调东线高水河至中运河段船闸情况调查

县、市	船闸名称	现状主管单位	所属河道 上游	所属河道 下游	设计水位(m) 上游	设计水位(m) 下游	船闸所在地(乡、镇)
高邮	高邮船闸	航道处	里运河	里运河	6.00	5.00	高邮镇
高邮	运东船闸	航道处	里运河	里下河	6.00	−2.00	高邮镇
江都	邵伯一线船闸	苏北航务处	里运河	邵伯湖	9.00/6.00	8.76/3.50	邵伯镇
江都	邵伯复线船闸	苏北航务处	里运河	邵伯湖	8.50/6.00	8.10/3.50	邵伯镇
江都	盐邵船闸	扬州航道处	里运河	盐邵河	8.21/3.47	3.54/0.68	邵伯镇
江都	江都船闸	扬州航道处	高水河	老通运河	8.00/5.50	3.50/2.50	江都镇
江都	芒稻船闸	扬州航道处	高水河	芒稻河	8.50/5.50	6.40/0.00	江都镇
宝应	南运西船闸	苏北总渠处	里运河	宝应湖	8.00	5.50	氾水
宝应	中港船闸	扬州航道处	里运河	宝应湖	7.20	6.00	安宜
宝应	宝应船闸	扬州航道处	里运河	宝射湖	7.00	1.70	安宜
洪泽	砚台船闸	洪泽县水利局	洪泽湖	苏北灌溉总渠	12.00/8.50	11.00/8.50	高良涧镇
淮安	二堡船闸	二堡船闸管理处	里运河	头溪河	8.50	1.00	上河
宿豫	皂河船闸	省苏北航务管理处	中运河	中运河	24.50~20.50	20.50~18.50	皂河镇
宿豫	皂河复线船闸	省苏北航务管理处	中运河	中运河	26.00~20.50	24.00~18.50	皂河镇
宿豫	宿迁船闸	省苏北航务管理处	中运河	中运河	25.10~18.00	18.50~18.00	井头镇
宿豫	宿迁复线船闸	省苏北航务管理处	中运河	中运河	24.00~18.50	20.00~18.00	井头镇
宿豫	刘老涧船闸	省苏北航务管理处	中运河	中运河	20.00~17.00	18.50~14.50	仰化镇
宿豫	刘老涧复线船闸	省苏北航务管理处	中运河	中运河	19.60~18.00	18.65~16.00	仰化镇
泗阳	泗阳船闸	省苏北航务管理处	中运河	中运河	19.00~17.00	16.50~10.50	众兴镇
泗阳	泗阳复线船闸	省苏北航务管理处	中运河	中运河	18.00~16.00	16.05~10.50	众兴镇
沭阳	沭河船闸	县水利局	淮沭河	环城河	9.50	6.00	沭城镇
睢宁	徐沙河沭河船闸	县水利局	徐洪河	徐沙河	21.50	19.00	沙集镇
邳州	民便河船闸	县水利局	运河	民便河	23.50	19.50	邳州宿豫界

5 东线一期输水干线主要特点

(1)工程充分利用现有河道,基本上沿京杭大运河布置输水河道;

(2)在调水期间水流方向由南向北,与周围河流的流向不同,所以输水河道与周围河道需要用大堤和闸门隔开,调水期间输水河道周边的水不能进入输水河道;

(3)黄河以南地势相差40 m,需要逐级建泵站抽水;

(4)沿线有湖泊进行蓄水调节,可以分段抽水;使东线水源组成多元化;

(5)非调水期间,干线具有防洪与排涝功能,水流方向从北向南;

(6)调水干线与沿线湖泊、水系大多为平交河道,支流口门需要利用水利工程加以控制。

6 东线一期工程运行调度原则

南水北调一期工程水系及水源主要由长江、淮河、山东半岛、海河组成(表8-5)。长江水量丰沛,径流稳定,年际变化较小;淮河水系径流的年际变化较大,主要集中在汛期(占全年的70%),非汛期径流因上中游拦蓄,蚌埠闸以下河道有时无流量;沂沭泗水系径流的年际变化很大,年径流在汛期集中程度高达83%,冬春季仅占10%;山东半岛各河年径流变差系数差别较大;海河流域徒骇河、马颊河水系径流的年际变化很大。

表8-5 东线一期工程水源情况

水系	多年平均天然径流 ($10^8 m^3$)	最大年径流量 ($10^8 m^3$)	最小年径流量 ($10^8 m^3$)
长江	9 050	13 600	6 750
淮河	451	942	119
沂沭泗	145	308	17
山东半岛	103	326	41
海河(徒骇河、马颊河)	15	65	1

水源调度:

(1)江水、淮水并用,淮水在优先满足当地发展用水的条件下,余水可用于北调。在淮河枯水年多抽江水,淮河丰水年多用淮水。

(2)按照水资源优化配置的要求,在充分利用当地水资源,供水仍不足时,逐级从上一级湖泊调水补充;当地径流不能满足整个系统供水时,调江水补充。

(3)黄河以南各调蓄湖泊,为了保证各区现有的用水利益不受破坏,参照现有江水北调工程的调度运用原则,经过调算拟定了各调蓄湖泊北调控制水位,一般情况下,低于此水位时,停止从湖泊向北调水(表8-6)。

(4)为保证城市用水,在湖泊停止向北供水时,新增装机抽江水量优先北调出省向城市供水,然后再向农业供水。

(5)根据黄河以北和山东半岛输水河道的防洪除涝要求,一期工程向胶东和鲁北的输水时间为10月至翌年5月,即枯水期调水。

(6)东平湖抽江水补充湖泊蓄水,蓄水位上线按39.3 m控制。湖水位低于39.3 m时抽江水补湖,湖水位高于39.3 m时根据穿黄和到山东半岛水量确定抽水入湖流量。

表8-6 东线一期工程湖泊控制水位(m)

湖 泊[1]	7月上旬—8月底	9月上旬—11月上旬	11月中旬—3月底	4月上旬—6月底
洪泽湖	12.00	12.00~11.90	12.00~12.50	12.50~12.00
骆马湖	22.20~22.10	22.10~22.20	22.10~23.00	23.00~22.50
下级湖	31.80	31.50~31.90	31.90~32.80	32.30~31.80
东平湖	39.30	39.30	39.30	39.30

(1)下级湖、东平湖为1985国家高程基准;洪泽湖、骆马湖为废黄河高程。

7 东线工况和调水特点对钉螺影响

东线一期工程和调水特点表明:①东线工程输水河道与周围水系是用大堤和闸门隔开的,且输水河道水位高于周边水域,因此周边水域(如高邮湖和邵伯湖)钉螺不会循水流进入输水河道。②东线工程在黄河以南是北高南低，非调水期间，输水干线具有防洪与排涝功能，水流方向从北向南，不利于钉螺漂流北移。③东线工程黄河以南需依托泵站逐级抽水，而非"自流"输水，不利钉螺漂流。④输水沿线有许多湖泊作为调蓄水库，可发挥"沉螺池"的作用；且调水运行后水位波动小，缺乏适宜钉螺生长的"冬陆夏水"生态条件。⑤东线调水按"江水、淮水并用"原则，而淮水上游非血吸虫病疫区，淮水无钉螺扩散风险。

第2节　调水规模和水流水势对钉螺影响

南水北调东线工程是在江苏省江水北调基础上扩大规模，向北延伸，其调水量及调水时空等与江水北调工程有所不同，这些变化对钉螺孳生和分布的影响也需要具体分析。

1　调水量变化

根据当地来水、需水和工程规模预测计算，东线一期工程多年平均抽江水量为87.68亿 m³，比江水北调现状增加抽江水量38.03亿 m³（增加43.37%）。一期工程建成前后比较，各段输水河道调水量年均增加为：长江至洪泽湖段增加16.58亿~40.05亿 m³；洪泽湖至骆马湖增加16.8亿~33.25亿 m³；骆马湖至下级湖增加13.7亿~35.3亿 m³；其中江都~南运西闸增加55.28%，南运西闸~淮安增加63.61%，金宝航道增加100%（表8-7）。

以上调水量变化可见东线一期工程运行后增调水量是显著的，特别是金宝航道原本在江水北调工程时未曾运行调水，一期工程实施后金宝航道输水量全部是新增的。江都至南运西闸段历史上有钉螺分布，其中高邮有螺段紧邻南运西闸，而宝应站出水口也正对南运西闸。因此，南运西闸所处河段需要重点关注。

2　调水量时空分配

按照工程运行及水量调度，增加的调水量主要在枯水期。江都站至下级湖6个河段江水北调与东线一期调水量时空变化的对比分析表明：东线一期工程增调水量主要在10月至翌年5月，枯水增调水量占78.51%~92.36%，其中江都站~南运西闸增调水量占92.36%（表8-8）。

同时，东线一期新增输水河道调水量的时空分配表明各河段枯水期占70.86%~86.49%，汛期占13.51%~29.14%（表8-9）。

按不同典型年预测东线一期实施后调水量：丰水年不抽江水，平水年则相当于江水北调抽江水量，枯水年则抽江水量较大（表8-10）。

表8-7 南水北调东线一期工程建成前后调水量变化表

区段	河道名称	起讫地点	调水量(亿m³) 现状	调水量(亿m³) 建成后	增加调水量 亿m³	增加调水量 %
长江-洪泽湖	里运河	江都-南运西闸	32.40	72.45	40.05	55.28
	三阳河、潼河	宜陵-宝应站	-	18.12	18.12	100.00
	里运河	南运西闸-淮安	14.28	39.24	24.96	63.61
	苏北灌溉总渠	淮安闸-洪泽湖	6.58	34.32	27.74	80.83
	京杭运河	淮安闸-淮阴二站	-	16.58	16.58	100.00
	金宝航道	南运西闸-淮安	-	25.58	25.58	100.00
	入江水道	金湖站-洪泽站	-	24.6	24.60	100.00
洪泽湖-骆马湖	中运河	淮阴闸-泗阳站	7.54	40.79	33.25	81.52
	中运河	泗阳站-骆马湖	4.62	32.03	27.41	85.58
	徐洪河	顾勒河口-泗洪站	-	21.28	21.28	100.00
	徐洪河	睢宁-邳州	-	16.80	16.80	100.00
骆马湖-下级湖	中运河	皂河-大王庙	4.56	39.86	35.30	88.56
	不牢河	大王庙-解台	4.56	20.81	16.25	78.09
	不牢河	解台-下级湖	3.34	17.04	13.70	80.40
	韩庄运河	大王庙-万年闸	-	19.05	19.05	100.00
	韩庄运河	万年庙-下级湖	-	18.28	18.28	100.00

表8-8 江水北调和南水北调东线一期调水量时空变化比较

河段	时段	多年平均 年抽水量	多年平均 10月—5月(枯水期)	多年平均 4月—9月(汛期)
江都站-南运西闸	江水北调水量(亿m³)	32.40	14.38	18.02
	东线一期调水量(亿m³)	72.45	51.37	21.08
	一期增量(亿m³)	40.05	36.99	3.06
	枯汛分配(%)	100.00	92.36	7.64
南运西闸-淮安闸	江水北调水量(亿m³)	14.28	6.10	8.18
	东线一期调水量(亿m³)	39.24	28.59	10.65
	一期增量(亿m³)	24.96	22.49	2.47
	增量时段分配(%)	100.00	90.10	9.90
淮安闸-洪泽湖	江水北调水量(亿m³)	6.58	4.06	2.52
	东线一期调水量(亿m³)	34.32	25.84	8.48
	一期增量(亿m³)	27.74	21.78	5.96
	增量时段分配(%)	100.00	78.51	21.49
皂河站-大王庙	江水北调水量(亿m³)	4.56	2.74	1.82
	东线一期调水量(亿m³)	39.86	32.03	7.83
	一期增量(亿m³)	35.30	29.29	6.01
	增量时段分配(%)	100.00	82.97	17.03
大王庙-解台站	江水北调水量(亿m³)	4.56	2.74	1.82
	东线一期调水量(亿m³)	20.81	16.02	4.79
	一期增量(亿m³)	16.25	13.28	2.97
	增量时段分配(%)	100.00	81.72	18.28
解台站-下级湖	江水北调水量(亿m³)	3.34	2.22	1.12
	东线一期调水量(亿m³)	17.04	14.23	2.81
	一期增量(亿m³)	13.70	12.01	1.69
	增量时段分配(%)	100.00	87.66	12.34

第8章 东线工程对钉螺北移影响

表8-9 南水北调东线一期新增输水河段调水量时空分配

河 段	时段	多年平均 年抽水量	10月—5月	4月—9月
宜陵-宝应站	一期调水量(亿m³)	18.12	12.84	5.28
	时段分配(%)	100.00	70.86	29.14
淮安闸-淮阴二站	一期调水量(亿m³)	16.58	12.66	3.92
	时段分配(%)	100.00	76.36	23.64
宝应站-金湖站	一期调水量(亿m³)	25.58	19.07	6.51
	时段分配(%)	100.00	74.55	25.45
金湖站-洪泽湖	一期调水量(亿m³)	24.60	18.49	6.11
	时段分配(%)	100.00	75.16	24.84
淮阴站-泗阳站	一期调水量(亿m³)	40.97	31.84	9.13
	时段分配(%)	100.00	77.72	22.28
泗阳站-骆马湖	一期调水量(亿m³)	32.03	26.22	5.81
	时段分配(%)	100.00	81.86	18.14
顾勒河口-睢宁站	一期调水量(亿m³)	21.28	16.61	4.67
	时段分配(%)	100.00	78.05	21.95
睢宁站邳州站	一期调水量(亿m³)	16.80	14.53	2.27
	时段分配(%)	100.00	86.49	13.51
大王庙-万年闸	一期调水量(亿m³)	19.05	16.02	3.03
	时段分配(%)	100.00	84.09	15.91
万年闸-下级湖	一期调水量(亿m³)	18.28	15.48	2.80
	时段分配(%)	100.00	84.68	15.32

表8-10 南水北调东线一期工程实施后抽江调水量预测[1]

典型年份	枯水期调水量(亿m³) 1月	2月	3月	4月	汛期调水量(亿m³) 5月	6月	7月	8月	9月	枯水期调水量(亿m³) 10月	11月	12月	合计(亿m³) 枯水期	汛期	全年
丰 (1963~1964)	1.23	1.34	0.38	0	0	0	0	0	0	0	0	0	2.95	0	2.95
枯 (1966~1967)	13.06	13.09	13.05	13.14	13.14	13.14	13.14	13.14	13.14	13.13	13.14	13.08	91.69	65.7	157.39
平 (1969~1970)	8.85	9.46	1.31	8.85	13.01	8.76	4.38	0	0	0	1.42	9.09	38.98	26.15	65.13

(1)表中为抽江水量

3 水流水势变化

南水北调东线一期工程建成前后,各段输水河道年均调水时间增加较多,其中:长江至洪泽湖段增加3~29个旬;洪泽湖至骆马湖增加17~30个旬;骆马湖至下级湖增加11~35个旬(表8-11)。调水流向向北流,非调水流向向南流。

表8-11 东线一期工程建成前后输水河道年均调水时间变化

区段	河道名称	起讫地点	江水北调 调水(旬)	江水北调 非调水(旬)	东线一期 调水(旬)	东线一期 非调水(旬)	年增调水时间(旬)
长江-洪泽湖	里运河	江都-南运西闸	18	18	29	7	11
	三阳河、潼河	宜陵-宝应站	-	-	29	7	29
	里运河	南运西闸-淮安	25	11	28	8	3
	苏北灌溉总渠	淮安闸-洪泽湖	10	26	25	11	15
	京杭运河	淮安闸-淮阴二站	-	-	25	11	25
	金宝航道	南运西闸-淮安	-	-	28	8	28
	入江水道	金湖站-洪泽站	-	-	28	8	28
洪泽湖-骆马湖	中运河	淮阴闸-泗阳站	16	20	33	3	17
	中运河	泗阳站-骆马湖	10	26	32	4	22
	徐洪河	顾勒河口-泗洪站	-	-	33	3	33
	徐洪河	睢宁-邳州	-	-	30	6	30
骆马湖-下级湖	中运河	皂河-大王庙	24	12	35	1	11
	不牢河	大王庙-解台	24	12	35	1	11
	不牢河	解台-下级湖	23	13	34	2	11
	韩庄运河	大王庙-万年闸	-	-	35	1	35
	韩庄运河	万年庙-下级湖	-	-	35	1	35

4 输水水位变化

比较南水北调东线一期工程规划和江水北调工程,可见一期工程输水规模扩大,但输水河道输水水位基本不变(表8-12)。东线一期工程增加了三江营-江都西闸段低潮位(0.7~0.88 m)的抽引,其他河段输水水位较江水北调现状均无变化。据一期工程调水量时空分配情况分析,冬春季输水水位将较一期工程前有所提高,水位保持时间也将延长。

表8-12 长江—骆马湖江水北调输水河道现状和东线一期工程江苏段输水河道规模和水位比较表

区段	河道名称	起讫地点	河道长度(km)	输水水位(m) 江水北调	输水水位(m) 东线一期	输水规模(m³/s) 江水北调	输水规模(m³/s) 东线一期
长江—洪泽湖	夹江、芒稻河	三江营—江都西闸上	22.40	—	0.88~0.70	950(自流)	400(抽引) 950(自流)
	新通扬运河	江都站西闸下—东闸上 江都东闸下—宜陵	1.46 11.30	2.19~2.02	2.19~2.02	—	950~550 550
	三阳河	宜陵—杜巷	66.50	1.97~1.94	1.97~1.94	950~550	950~550
				1.91~1.84	1.91~1.84	550	
	潼河	杜巷—宝应站	15.50	—	1.84~0.79	—	300~100
				—	0.79~0.17	—	100
	里运河	江都站—南运西闸	75.00	8.50~7.60	8.50~7.60	400	400
		南运西闸—北运西闸	33.15	7.60~6.43	7.60~6.43	300	350
		北运西闸—淮安闸	18.70	6.43~6.00	6.43~6.00	250	250
	淮安四站输水河道(新河)	运西河	7.47	—	6.43~6.15	—	100
		白马湖穿湖段	2.30	—	6.15~6.11	—	100
		新河段	20.03	—	6.11~6.08/5.55~5.10	—	100
	苏北灌溉总渠	淮安闸—淮阴一站	28.47	9.10~9.00	9.13~9.00	220	220
	京杭运河	淮安闸—淮阴二站	26.94	9.10~9.00	9.13~9.00	80	80
	金宝航道	南运西闸—金湖站	30.88	6.50~5.70	7.60/6.50~5.70	35	150
	入江水道	金湖站—洪泽站	39.96	7.80~7.50	7.62~7.50	250	150
洪泽湖—骆马湖	二河	二河闸—淮阴站	30.00	11.80~11.50	11.80~11.50	500	230
	骆马湖以南中运河	淮阴闸—泗阳站	32.80	11.50~10.50	11.50~10.50	230	230
		泗阳闸—刘老涧站	32.40	16.50~16.00	16.50~16.00	230	230
		刘老涧站—皂河站	48.40	19.28~18.50	19.28~18.50	230~175	230~175

5　对钉螺的影响

南水北调东线工程是在江苏省江水北调工程基础上扩大规模和向北延伸，运行方式没有改变，东线一期工程对环境的影响主要体现为量的扩增和时空变化。工程实施后调水量及水文水流特点及对钉螺扩散的影响如下：

（1）枯水期调水量大幅增加。一期工程实施后调水总量大幅增加，但调水量的时段分配以枯水期为多，原江水北调输水干线枯水期增调水量78.51%~92.36%，新增输水河道调水也以枯水期为主，占70.86%~86.49%。因此，根据钉螺在汛期漂流扩散的特点分析，东线一期工程枯水期调水没有钉螺漂流扩散的风险。

（2）水流"互为上下游"，北向水流增加。东线一期工程实施后，调水流向向北，非调水流向向南，与"江水北调"一样仍保持了"互为上下游"特点，但北向水流明显增加，输水时间延长。

（3）输水水位稳定。东线一期工程规划输水水位与江水北调相同，因此，与上下游及周边湖河的水文、水流关系没有明显变化，输水干线输水水位高于周边湖河水位，钉螺不能通过调水从低水位向高水位扩散。同时由于增加了枯水期调水，输水时间延长，输水干线缺乏江湖滩地区"冬陆夏水"、或内陆水网地区（灌区）"干湿交替"的生态条件，且水体较大，不利于钉螺生长繁殖，特别是冬春季长时间维持高水位可抑制钉螺的繁殖。

此外，由于航运条件改善，水上交通更为频繁，船行波的作用也不利于钉螺漂流北移。

综上所述，南水北调东线一期工程实施后，与上下游及周边湖河的水文、水流关系没有明显变化，输水干线输水水位高于周边湖河水位，船闸上游（输水河道）水位高于下游水位，钉螺不能通过调水从低水位向高水位扩散，加之船行波的影响，输水河道水流水势亦不利于钉螺漂流北移。新增调水量的时段分配以枯水期为主，避让了钉螺漂流北移的风险。同时由于输水干线水体扩大，输水水位稳定，特别是冬春输水增加，输水干线环境不利于钉螺生长繁殖。

第3节　水泵和水工建筑对钉螺影响

南水北调东线一期工程黄河以南段北高南低，建有13个梯级泵站、22处枢纽，总扬程65 m，总装机台数160台，以及大量水闸、水坝、输水河道、调蓄水库等建筑物。其中河道硬化可消除钉螺孳生地；输水河道及调蓄水库等大型水体可沉降钉螺；而各级泵站拥有的拦污栅、清污机、水泵、出水池等水工建筑均具有一定的防螺作用，这些作用综合起来则使得每一级泵站对钉螺来说都是难以逾越的障碍。

1　河岸硬化防螺效果　江都泵站前引水河自江都西闸至东闸长约1.50 km，2005年底至2007年实施了引河疏浚、河岸硬化护砌工程。工程前有螺面积为7 120 m²，活螺密度1~2只/0.1 m²。硬化护坡后彻底消除了钉螺孳生。里运河高邮段1998—2009

年石驳岸破损处残存钉螺徘徊在1.46万~1.94万 m², 2010—2013年仍残留0.20万~0.71万 m²。2013—2014年对该处石驳岸进行了混凝土灌缝勾缝、混凝土预制块护坡综合整治,消除了钉螺孳生环境。

2 "胸墙"阻螺效果 "胸墙"通常是泵站或节制闸、涵洞(闸)进水口的一种工程结构,由钢筋、混凝土构造,具有挡水、削涡、调节过流、稳定水闸、防止漂浮物等作用。2006年黄铁昕等选择江都西闸和里运河子婴闸现场试验观察"胸墙"防(阻)螺效果。

江都西闸共有9孔,单孔净宽均为10 m,节制孔设钢筋砼胸墙。现场试验时在江都西闸节制孔口门分别投入5、10、20 cm标记芦苇各200根,以及20 cm×20 cm×2 cm、30 cm×30 cm×2 cm泡沫塑料各10块,30 min后观察通过闸门胸墙数量,计算通过率;同时测定水面流速、调查过闸流量。结果江都西闸试验时水面流速为0.71 m/s、流量为187 m³/s,胸墙前旋涡较多,5、10、20 cm标记芦苇通过率分别为99.0%、97.5%和81.5%,而两种规格泡沫塑料通过率均为0(表8-13)。

子婴闸系单孔涵闸,有胸墙,闸孔净宽3.4 m,设计流量为20 m³/s。现场试验时控制不同流量、不同流速,分别投入长度为5、10、20、30 cm的标记芦苇秆,30 min后观察标记芦苇秆通过情况。结果子樱闸在平均流速为0.5 m/s、平均流量为7.84 m³/s时,涵闸胸墙前有旋涡,标记芦苇秆100.0%通过涵闸胸墙;在平均流速为0.32 m/s、平均流量为5.23 m³/s时,涵闸胸墙前仍有旋涡,5 cm标记芦苇秆通过率为80.0%,10 cm标记芦苇秆通过率为56.0%,20 cm标记芦苇秆通过率为16.0%,30 cm标记芦苇秆通过率为0;在平均流速为0.20 m/s、平均流量为3.49 m³/s时,涵闸胸墙无明显旋涡,各种规格标记芦苇秆通过率均为0(表8-14)。

表8-13 江都西闸胸墙拦阻漂浮物作用模拟现场试验

标记漂浮物		投放数(根、块)	通过闸门数(支)	通过率(%)
芦苇	5 cm	200	198	99.00
	10 cm	200	195	97.50
	20 cm	200	163	81.50
泡沫塑料	20 cm×20 m×2 cm	10	0	0.00
	30 cm×30 m×2 cm	10	0	0.00

第9章

气候变化对东线钉螺/血吸虫病传播的影响

在南水北调工程启动前后，国内有一些学者认为在全球气候变暖条件下，南水北调工程在调水中钉螺随水流向北迁移扩散的可能性是客观存在的，并且随着气候变暖，在今后50年内钉螺的潜在分布范围可北移至山东、河北、山西等境内，并且在十届全国政协二次会议上有代表指出：如果对南水北调工程引起钉螺区域扩散和钉螺向北推移的可能性放松警惕，也许会造成严重的社会和经济后果，指出既往南水北调工程论证中血吸虫病的研究成果已不足以支撑在气候变暖条件下的工程规划，从而引发了舆情热点和国家有关部门的高度关注。因此，在南水北调工程血吸虫病问题的研究中，有关气候变暖的影响也是需要回应的问题。

第1节 东线工程相关区域气候特点

南水北调东线工程是一项跨流域的大型调水工程，根据南水北调东线输水线路布置情况，选择南水北调东线高邮、盱眙、淮安、徐州、蚌埠、兖州、泰安、济南、德州、石家庄、沧州、天津等气象台站，在国家气象信息中心气象资料室提供的《中国地面气候标准值年值数据集（1971—2000年）》《中国地面气候资料年值数据集》《中国地面气候资料月值数据集》中采集年平均气温、年平均最高气温、年平均最低气温、年极端最高气温、年极端最低气温、1月平均气温、年降雨量、年日照时数等资料，建立数据库。对不同纬度气温、降水、日照特征和气温、降水量变化趋势进行分析，了解东线工程相关区域气候特点，从而科学评估东线气候变化对血吸虫病流行的影响。

1 不同纬度和地面气候标准年值关系

根据《中国地面气候标准值年值数据集（1971—2000年）》，选择南水北调东线有关气象台站累年平均气温、累年平均最高气温、累年平均最低气温、累年极端最低气温、累年平均相对湿度、累年降水量、累年日照时数等气候要素与不同纬度进行相关性分析。采用逐步引入-剔除法多元回归分析不同纬度年平均气温(x_1)、年平均最高气温(x_2)、年平均最低气温(x_3)、年极端最低气温(x_4)、年平均相对湿度(x_5)和年日照时数(x_6)对年降水量(y)的影响。结果显示：不同纬度的高邮、蚌埠、盱眙、淮安、徐州、兖州、泰安、济南、德州、石家庄、沧州、天津累年平均气温(1)、累年平均最高气温(2)、累年平均最低气温(3)、累年极端最低气温(4)、累年平均相对湿度(5)、累年降水量(6)与纬度呈显著负相关，均随着纬度的升高而呈下降趋势($r_1 = -0.849, P = 0.000$；$r_2 = -0.776, P = 0.003$；$r_3 = -0.806, P = 0.002$；$r_4 = -0.798, P = 0.002$；$r_5 = -0.883, P = 0.000$；$r_6 = -0.961, P = 0.000$)，而累年日照时数随纬度升高而呈增加趋势($r = 0.902, P = 0.000$)。多元回归分析表明，不同纬度累年日照时数与累年降水量间存在显著的线性关系，回归方程为：$y = 2\,417.768 - 0.711x_6 (t = -6.611, P = 0.000)$。相关分析表明不同纬度累年日照时数与累年降水量间呈显著负相关($r = -0.902, P = 0.000$)(表9-1)。

分析结果说明东线工程沿线地区温度随纬度升高而呈下降趋势，日照则随纬度升高而呈增加趋势，降水量则随纬度升高而呈减少趋势，其中徐州以北年降水量均<750 mm，低于钉螺孳生地区降水量要求。

2 东线1月份地面气温变化趋势

由于1月平均气温是划分钉螺分布区域的1个重要指标，而气候变暖也以冬季为明显。因此根据《中国地面气候资料月值数据集(1951—2008)》，选择东线代表台站气象资料，分析东线1月份平均气温变化趋势。以东线淮安、济南代表站时间序列(年份)为自变量，1月份平均气温为因变量，回归方程为：

$y_{淮安} = -82.372 + 0.04193x$ ($t = 4.343$, $P = 0.000$)，$y_{济南} = -78.337 + 0.03912x$ ($t = 3.772$, $P = 0.000$)

分析结果表明，淮安、济南1月份气温变化曲线呈逐年线性上升趋势(图9-1、图9-2)，由此可见气候变暖的趋势客观存在。

3 东线年降水量变化趋势

根据《中国地面气候资料年值数据集》，以东线高邮、淮安、徐州、济南、天津代表站时间序列(年份)为自变量、年降水量为因变量作回归分析，结果年降水量和时间(年份)不存在线性趋势($F_{高邮} = 0.306$, $F_{淮安} = 1.227$, $F_{徐州} = 1.385$, $F_{济南} = 2.152$, $F_{天津} = 2.168$, P均 >0.05)。

选择高邮、盱眙、淮安(原淮阴)、徐州、兖州、济南、天津为代表站，观察1970—2007年降雨量变化。结果表明，1970年以来南水北调东线工程区域未见降雨量增加，愈向北方降雨量越少(图9-3)。

4 东线气象要素对年降雨量影响

根据《中国地面气候资料年值数据集(1951—2007)》，选择东线有关气象台站资料，分析东线有关气象要素对年降雨量的影响。

表9-1 南水北调东线不同纬度气象台站地面气候标准年值分析(1970—2000年)

气象台站	台站纬度	累年平均气温(°C)	累年平均最高气温(°C)	累年平均最低气温(°C)	累年极端最低气温(°C)	累年平均相对湿度(%)	累年降水量(mm)	累年日照时数(h)
高邮	32.48°	14.8	19.5	11.1	−11.5	78	1 018.1	2 086.8
蚌埠	32.55°	15.4	20.3	11.4	−13.0	72	919.7	2 036.1
盱眙	32.59°	14.7	19.5	10.8	−13.5	76	1 015.7	2 062.2
淮安	33.38°	14.4	19.2	10.8	−14.2	75	912.9	2 097.2
徐州	34.17°	14.5	19.7	10.0	−15.8	69	831.7	2 220.9
兖州	35.34°	13.6	19.5	8.4	−19.3	69	660.1	2 460.9
泰安	36.10°	12.8	18.7	7.5	−20.7	66	681.3	2 558.7
济南	36.36°	14.7	19.5	10.6	−14.9	57	672.7	2 546.8
德州	37.26°	13.2	18.8	8.6	−20.1	63	565.5	2 561.8
石家庄	38.02°	13.4	19.2	8.5	−19.3	62	517.0	2 426.9
沧州	38.20°	12.9	18.6	8.2	−19.5	61	604.9	2 662.9
天津	39.05°	12.7	18.1	8.3	−17.8	62	544.3	2 521.9

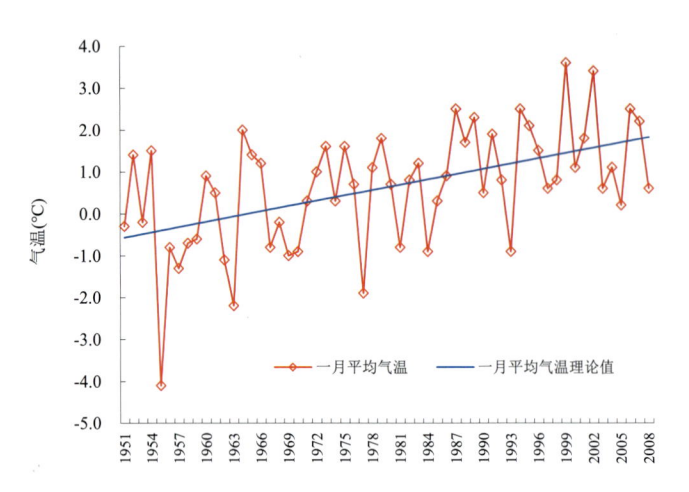

图 9-1　1951—2008年淮安1月平均气温变化趋势

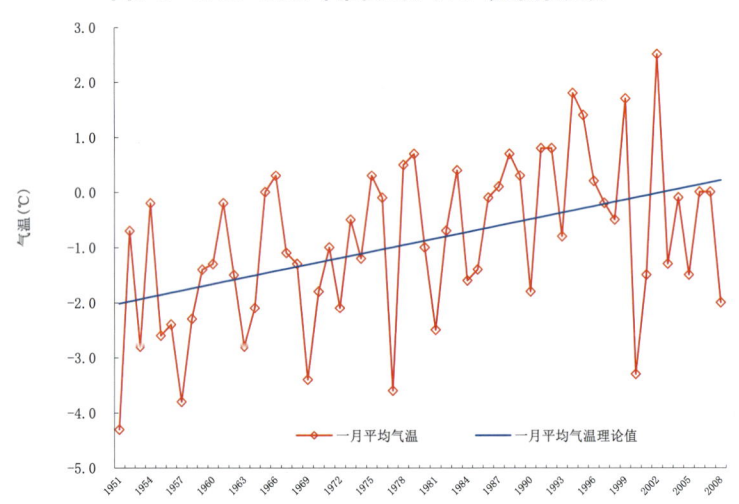

图 9-2　1951—2008年济南1月平均气温变化趋势

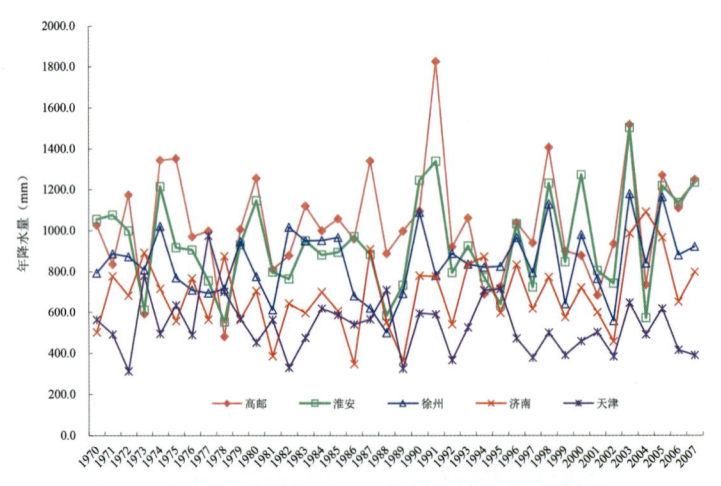

图 9-3　南水北调东线1970—2007年代表站降雨量变化

高邮气象站 1955—2007 年降水量(y)与年平均气温(x_1)、年平均最高气温(x_2)间有线性关系,回归方程为:$y = 45\ 102.7 + 241.702x_1 - 361.666x_2$ ($t_1 = 2.145, P = 0.037$; $t_2 = -2.996, P = 0.004$)。

淮安气象站 1951—2007 年降水量(y)与年平均最高气温(x_2)之间有线性关系,回归方程为:$y = 28\ 330.54 - 97.429x_2$ ($t_2 = -2.185, P = 0.033$)。

济南气象站 1951—2007 年降水量(y)与年平均最高气温(x_2)和年日照时数(x_7)之间有线性关系,回归方程为:$y = 32\ 858.61 - 98.386x_2 - 0.263x_7$ ($t_2 = -2.538, P = 0.014$; $t_7 = -2.855, P = 0.006$)。

分析表明,高邮、蚌埠、盱眙、淮安、徐州、兖州、泰安、济南、德州、石家庄、沧州、天津气象台站年平均最高气温与年降水量间均呈显著负相关(表9-2)。即东线工程相关区域呈现年降雨量随着气温升高而下降,呈现暖-干型的特征。

表9-2　南水北调东线年降水量和年最高平均气温相关关系

气象台站	资料年份(年)	r	P值
高邮	1955—2007	−0.324	0.019
蚌埠	1952—2007	−0.388	0.003
盱眙	1957—2007	−0.308	0.028
淮安	1951—2007	−0.283	0.033
徐州	1960—2007	−0.337	0.019
兖州	1951—2007	−0.331	0.012
泰安	1951—2007	−0.335	0.030
济南	1951—2007	−0.274	0.039
德州	1951—1994	−0.435	0.003
石家庄	1955—2007	−0.366	0.007
沧州	1954—1995	−0.445	0.003
天津	1954—2007	−0.401	0.003

张素琴等(1994)计算了 1951—1991 年我国 160 个气象站年降雨量与全球气温的交叉谱,获得 10~30 年周期上我国降水量与全球温度变化的正、负相关区可分为界线分明的几个区,其中最明显的分界线位于我国半干旱区的中轴线(长春-呼和浩特-兰州-昌都)附近,在此线以北和以西的西北、内蒙古至东北北部地区降水的长趋势变化与全球温度变化为同位相正相关,正相关系数最大区在大兴安岭和乌鲁木齐附近,该区域在全球增暖时降水增多,全球变冷时降水减少,即为暖-湿型、冷-干型;而在此线以南和以东地区,以山东为中心的华北中、南部,东北南部(简称华北区)和以贵州为中心的长江以南大部地区(简称南方区)其降水量与全球温度变化趋势相反(除长江中下游干流区、四川部分地区和东南沿海小范围地区),即当全球变暖时降水量减少,全球变冷

时降水量增多,为暖-干型、冷-湿型。周晓农等(2004)在"气候变暖对中国血吸虫病传播影响的预测"中也认为华北和东北南部等一些地区将出现继续变干的趋势,西北干旱地区降水增加。因此,在南水北调东线以山东为中心的华北受水区降水量将随气温变暖而呈减少趋势,而降水量减少也将影响(不利于)钉螺孳生。

第2节 东线工程相关区域积温

积温是研究温度与生物有机体发育速度之间关系的一种指标,从强度和作用时间两个方面表示温度对生物有机体生长发育的影响。自1735年法国学者R. A. Reaumur提出了积温学说以来,积温在作物栽培、病虫害测报及农业气象工作中应用广泛。但由于生物发育速度除与温度有关外,还受其他环境条件的制约,温度本身也有不规则变化,从而致使积温数值不稳定。如受到温度变化的干扰、光照特性的干扰、水分供应的干扰、农业技术的干扰等,致使积温数值不稳定,从而降低了积温预测的准确性。

在2000年后,国内有学者将积温理论用于研究自然环境中钉螺完成世代发育的有效积温,以及日本血吸虫在钉螺内发育成熟的积温,分别建立了钉螺和日本血吸虫有效积温模型,并以此为基础提出了血吸虫病-气候传播模型。该项模型以钉螺生存繁殖的平均有效积温(SDTs)3 846.28±32.59日度和钉螺发育起点温度5.87℃作为钉螺生存环境的理论参考值,以日本血吸虫在钉螺体内完成发育阶段的有效积温(SDTp)(842.95±70.71)日度和日本血吸虫在钉螺体内发育起点温度15.17℃作为日本血吸虫发育环境的理论参考值。模型构建步骤为:根据各个站点的日均温度,去除日均温度<5.87℃的天数,获各站点日均温度差值大于0的累积天数(D)和钉螺的年有效积温(ETs)。同样,根据日本血吸虫在钉螺体内发育起点温度15.17℃,获各站点日均温度差值大于0的累积天数(D)和日本血吸虫的年有效积温(ETp)。假设在某一地区,当钉螺的ETs/SDTs比值>1,表示钉螺适宜在此地区生存繁殖;当日本血吸虫的ETp/SDTp比值>1,表示日本血吸虫适宜在此地区完成在钉螺体内发育阶段。只有当钉螺和日本血吸虫的ET/SDT比值同时>1时,该地区的血吸虫病才有可能完成传播环节。同时,分别以2030及2050年全国平均气候上升1.7℃和2.2℃为依据,在已建立的血吸虫病气候-传播模型所产生1996—2000年血吸虫病空间分布图的基础上,分别制作2030年及2050年全国血吸虫病传播空间分布预测图,并在ArcGIS软件的支持下,预测未来全国血吸虫病流行区的发展趋势和高危地区。因此,依据温度变化的模型预测表明:1951—2000年每5年钉螺和日本血吸虫的ET/SDT比值空间分布图显示适宜钉螺孳生地区(ETs/SDTs比值>1)主要分布于中国长江沿线及以南的华南地区,而适宜日本血吸虫在螺体内发育地区(ETp/SDTp比值>1)分布范围明显大于钉螺分布范围,包括山东及河北省的大部分地区均适合日本血吸虫发育。比较不同时段的ET/SDT比值空间分

第9章 气候变化对东线钉螺/血吸虫病传播的影响

布,可见1951—2000年同时适宜钉螺和日本血吸虫分布或发育的区域有向四周扩大的趋势,但仍在目前血吸虫病流行区的分布范围内。2030年和2050年血吸虫病潜在传播地区（$ETs/SDTs$和$ETp/SDTp$比值均>1）的分布预测图分别显示了相应年份血吸虫病潜在传播地区,其中2030年血吸虫病潜在分布地区出现了北移,主要北移至江苏北部、安徽北部、山东西南部、河北南部等部分地区,而2050年将进一步北移,涉及山东省及河北省。预测分布图还显示中国西北部的新疆局部地区也为适合血吸虫病潜在传播区域。显然,仅以据温度变化的预测结果（血吸虫病潜在传播地区）存在明显不足。赵安等提出用极端气温对以往"改良Malone血吸虫传播指数"模型进行改进,构建了"再改良Malone血吸虫传播指数"模型,新模型将旧模型的河南省南部、安徽省北部、江苏省北部由原来的传播等级"中"转变成了"低"与"很低",发现中国东部血吸虫病流行与非流行区间的界线与中国东部1月份－2℃等温线吻合很好,研究结果与周晓农等预测血吸虫病潜在流行区北移扩散范围差异较大。王岩等采用"再改良Malone血吸虫传播指数模型"计算山东省不同区域血吸虫传播指数,发现山东中部南水北调东线所涉济宁、泰安等地传播强度为低或很低,认为气温影响钉螺越冬存活率以及血吸虫在钉螺体内生长发育,降雨量及蒸发量影响血吸虫传播扩散。缪峰等采用钉螺和血吸虫有效积温模型理论连续观察26个月,认为山东微山湖区环境温度适宜钉螺生存繁殖。

为进一步了解气候变化对南水北调东线工程区域钉螺生长和血吸虫病传播的影响,黄轶昕等对东线工程相关区域钉螺和日本血吸虫生长积温进行了研究。根据南水北调东线输水线路布置情况,从北至南选择南水北调东线天津、德州、济南、兖州、徐州、淮安、盱眙气象台站为代表站（纬度分别为北纬39.05°、北纬37.26°、北纬36.36°、北纬35.34°、北纬34.17°、北纬33.38°、北纬32.59°）,在国家气象信息中心提供的《中国地面气候资料日值数据集》中采集1960—2011年日平均气温值建立数据库。按照血吸虫病气候—传播模型分别计算1960—2011年各年度钉螺的有效积温（ETs）和日本血吸虫有效积温（ETp）。计算公式：

$$ETs = \sum_{i}^{n}(Ti-C) \quad (1)$$

$$ETp = \sum_{i}^{n}(Ti-C) \quad (2)$$

式(1)中ETs为钉螺有效积温,Ti为日均温度,C为钉螺发育起点温度(5.87℃);式(2)中ETp为日本血吸虫有效积温,Ti为日均温度,C为日本血吸虫发育起点温度(15.17℃)。然后以钉螺平均有效积温($SDTs$=3 846.28日度)计算$ETs/SDTs$比值,以$ETs/SDTs$>1为钉螺适宜生存繁殖区;以日本血吸虫平均有效积温($SDTp$=842.95日度)计算$ETp/SDTp$比值,以$ETp/SDTp$>1为日本血吸虫适宜生长发育区;以钉螺和日本血吸虫ET/SDT比值均>1作为血吸虫病可能传播的判断依据。结果：

钉螺平均有效积温：1960—2011年天津、德州、济南、兖州、徐州、淮安、盱眙钉螺平均有效积温（日度）分别为(4 740.40±165.55)、(4 850.54±141.15)、(5 307.50±169.46)、(4 963.36±143.96)、(5 227.08±203.55)、(5 169.00±215.92)和(5 311.45±197.97)（图9-4）；$ETs/SDTs$比值均>1（表

127

9-3)。

日本血吸虫平均有效积温：1960—2011年天津、德州、济南、兖州、徐州、淮安、盱眙日本血吸虫平均有效积温（日度）分别为（4 003.15±163.91）、（4 064.10±156.67）、（4 505.76±179.28）、（4 133.01±143.13）、（4 362.04±196.60）、（4 353.87±215.56）和（4 388.38±209.01）（图9-5）；ET_p/SDT_p 比值均>1（表9-4）。

表9-3　南水北调东线气象代表站1960—2011年钉螺 ET_s/SDT_s 比值

年	天津	德州	济南	兖州	徐州	淮阴	盱眙
1960	1.21	1.24	1.38	1.33	1.35	1.33	1.38
1961	1.29	1.31	1.42	1.36	1.40	1.38	1.44
1962	1.20	1.22	1.31	1.26	1.33	1.31	1.37
1963	1.24	1.23	1.33	1.26	1.29	1.28	1.34
1964	1.18	1.20	1.29	1.28	1.32	1.33	1.41
1965	1.23	1.26	1.39	1.30	1.33	1.31	1.36
1966	1.19	1.25	1.41	1.32	1.38	1.35	1.39
1967	1.23	1.27	1.39	1.32	1.34	1.34	1.38
1968	1.24	1.31	1.43	1.34	1.37	1.34	1.40
1969	1.15	1.20	1.31	1.24	1.28	1.24	1.34
1970	1.17	1.20	1.30	1.25	1.29	1.26	1.32
1971	1.23	1.25	1.36	1.28	1.32	1.31	1.36
1972	1.22	1.25	1.35	1.26	1.29	1.26	1.31
1973	1.19	1.24	1.36	1.27	1.31	1.30	1.35
1974	1.17	1.22	1.33	1.27	1.32	1.30	1.34
1975	1.27	1.30	1.39	1.32	1.34	1.33	1.37
1976	1.12	1.17	1.29	1.22	1.27	1.25	1.30
1977	1.25	1.29	1.43	1.34	1.39	1.36	1.39
1978	1.22	1.28	1.42	1.31	1.41	1.38	1.43
1979	1.17	1.23	1.37	1.27	1.34	1.32	1.37
1980	1.20	1.24	1.35	1.24	1.30	1.26	1.30
1981	1.23	1.26	1.40	1.28	1.34	1.31	1.33
1982	1.27	1.30	1.41	1.29	1.34	1.31	1.36
1983	1.29	1.32	1.42	1.30	1.37	1.32	1.36
1984	1.22	1.25	1.33	1.23	1.31	1.30	1.33
1985	1.19	1.23	1.32	1.25	1.29	1.29	1.31
1986	1.22	1.27	1.38	1.25	1.32	1.29	1.32
1987	1.23	1.29	1.40	1.30	1.36	1.32	1.35
1988	1.25	1.29	1.38	1.27	1.33	1.31	1.33
1989	1.28	1.31	1.41	1.28	1.33	1.32	1.34
1990	1.27	1.31	1.41	1.30	1.39	1.40	1.41
1991	1.23	1.25	1.36	1.23	1.29	1.30	1.32
1992	1.18	1.27	1.36	1.24	1.32	1.32	1.34
1993	1.20	1.29	1.36	1.26	1.32	1.32	1.32
1994	1.26	1.33	1.44	1.32	1.42	1.43	1.45
1995	1.20	1.21	1.41	1.27	1.36	1.36	1.37
1996	1.18	1.20	1.36	1.25	1.33	1.34	1.35
1997	1.27	1.27	1.44	1.32	1.40	1.42	1.42
1998	1.30	1.31	1.49	1.35	1.42	1.45	1.47
1999	1.24	1.27	1.41	1.31	1.40	1.41	1.41
2000	1.28	1.28	1.39	1.32	1.41	1.43	1.42
2001	1.31	1.29	1.40	1.31	1.41	1.36	1.43
2002	1.24	1.27	1.42	1.34	1.47	1.39	1.46
2003	1.22	1.22	1.30	1.24	1.34	1.30	1.36
2004	1.26	1.25	1.40	1.34	1.48	1.45	1.49
2005	1.28	1.26	1.39	1.30	1.41	1.40	1.42
2006	1.29	1.28	1.44	1.37	1.46	1.43	1.47
2007	1.28	1.28	1.39	1.32	1.44	1.45	1.48
2008	1.30	1.31	1.40	1.30	1.41	1.42	1.45
2009	1.26	1.27	1.39	1.32	1.41	1.39	1.43
2010	1.21	1.25	1.37	1.31	1.42	1.40	1.44
2011	1.27	1.26	1.34	1.29	1.39	1.38	1.42

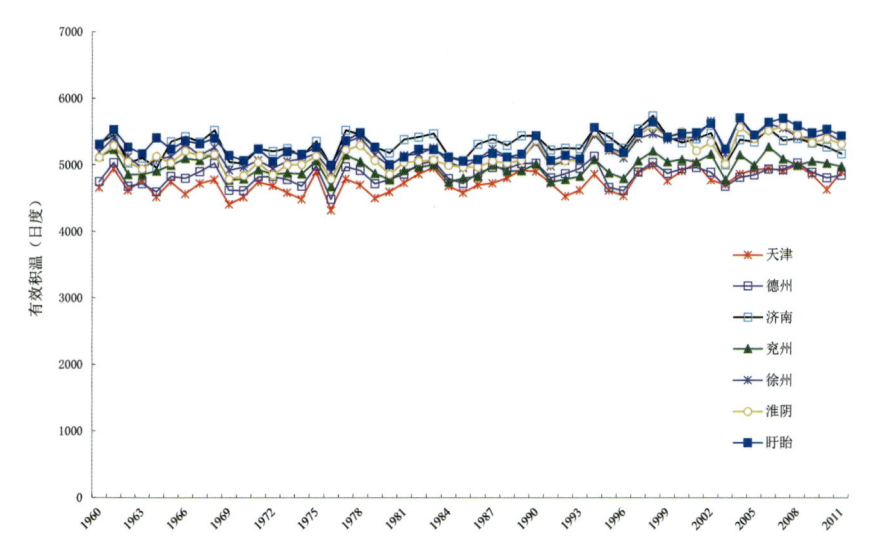

第9章 气候变化对东线钉螺/血吸虫病传播的影响

图9-4 南水北调东线气象代表站1960—2011年钉螺有效积温变化

表9-4 南水北调东线气象代表站1960—2011年日本血吸虫生长 $ETp/SDTp$ 比值

年	天津	德州	济南	兖州	徐州	淮阴	盱眙
1960	4.61	4.60	5.26	5.02	4.98	4.89	5.07
1961	4.82	4.92	5.38	5.19	5.36	5.27	5.52
1962	4.65	4.65	5.02	4.76	4.93	4.79	5.02
1963	4.69	4.52	5.05	4.79	4.79	4.62	4.91
1964	4.50	4.59	4.94	4.93	5.08	5.06	5.40
1965	4.73	4.85	5.34	4.95	5.01	4.87	5.04
1966	4.51	4.69	5.44	5.00	5.14	5.05	5.21
1967	4.75	4.88	5.52	4.97	5.14	5.04	5.32
1968	4.65	4.81	5.43	4.81	4.80	4.65	4.91
1969	4.45	4.66	5.19	4.90	5.06	4.86	5.32
1970	4.66	4.73	5.27	5.01	5.11	4.89	5.12
1971	4.64	4.69	5.28	4.91	5.11	4.95	5.14
1972	4.71	4.86	5.33	4.79	4.87	4.70	4.95
1973	4.45	4.65	5.03	4.79	4.87	4.90	5.12
1974	4.55	4.70	5.23	4.85	5.18	4.99	5.26
1975	4.91	4.98	5.33	4.97	5.05	4.94	5.03
1976	4.43	4.52	4.86	4.67	4.91	4.83	5.00
1977	4.79	4.90	5.51	5.07	5.16	4.92	5.11
1978	4.71	4.94	5.49	5.06	5.47	5.40	5.51
1979	4.46	4.73	5.37	4.86	5.24	4.98	5.26
1980	4.47	4.70	5.12	4.64	4.81	4.63	4.80
1981	4.76	4.85	5.49	4.80	5.01	4.79	4.86
1982	5.00	5.12	5.52	4.90	5.18	5.00	5.19
1983	4.98	5.04	5.56	4.96	5.10	4.95	5.07
1984	4.79	4.81	5.30	4.50	4.94	4.93	5.06
1985	4.60	4.77	5.11	4.82	4.99	4.94	5.10
1986	4.70	4.85	5.25	4.67	4.88	4.64	4.76
1987	4.76	4.96	5.32	4.97	5.18	4.94	4.99

续表

年	天津	德州	济南	兖州	徐州	淮阴	盱眙
1988	4.91	5.06	5.37	4.93	5.17	4.98	5.09
1989	4.92	5.15	5.60	4.94	5.19	4.90	4.99
1990	4.86	5.03	5.50	4.75	5.19	5.22	5.16
1991	4.80	4.92	5.34	4.68	4.93	4.86	4.91
1992	4.49	4.83	5.24	4.55	4.92	4.80	4.92
1993	4.55	4.87	5.31	4.68	5.07	5.10	5.03
1994	5.08	5.37	5.77	5.12	5.39	5.39	5.43
1995	4.44	4.44	5.40	4.81	5.14	5.16	5.16
1996	4.56	4.60	5.24	4.77	5.11	5.14	5.11
1997	4.87	4.77	5.65	4.96	5.36	5.36	5.37
1998	5.05	5.09	5.91	5.21	5.53	5.56	5.60
1999	4.77	4.87	5.36	5.06	5.25	5.22	5.13
2000	4.92	4.87	5.37	5.02	5.44	5.40	5.36
2001	5.11	4.95	5.56	5.07	5.42	5.12	5.42
2002	4.81	4.90	5.39	5.07	5.34	4.91	5.28
2003	4.77	4.67	5.02	4.76	5.24	4.85	5.22
2004	4.83	4.71	5.33	4.91	5.66	5.33	5.55
2005	5.02	4.90	5.57	5.05	5.54	5.50	5.64
2006	4.94	4.91	5.68	5.20	5.72	5.59	5.76
2007	4.84	4.61	5.21	5.05	5.41	5.34	5.57
2008	4.92	4.83	5.27	4.81	5.32	5.31	5.49
2009	5.18	5.15	5.65	5.32	5.68	5.58	5.84
2010	4.61	4.68	5.08	4.86	5.30	5.07	5.17
2011	4.95	4.61	5.16	4.81	5.40	5.29	5.47

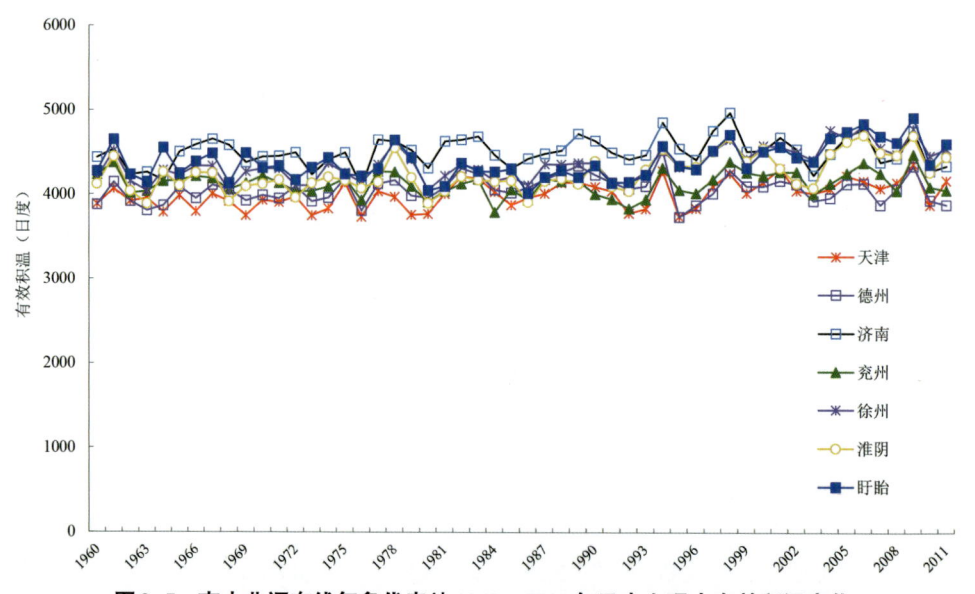

图9-5　南水北调东线气象代表站1960—2011年日本血吸虫有效积温变化

以上结果显示,1960年以来天津、德州、济南、兖州、徐州、淮安、盱眙气象台站(其中除盱眙外均位于我国血吸虫病流行区北界—北纬33°15′以北)历年钉螺平均有效积温已超过3 846.28日度,历年日本血吸虫生长平均有效积温超过842.95日度(图9-5);钉螺 $ETs/SDTs$ 比值和日本血吸虫 $ETp/SDTp$ 比值均>1,说明日本血吸虫在此积温条件下能够完成生活史,表明南水北调东线包括天津在内的相关区域早在1960年甚至更早即已具备钉螺和日本血吸虫生长繁殖的温度(积温)条件。然而50多年以来东线工程北纬33°15′以北地区自然界从未有钉螺孳生的报告,原流行区血吸虫病的传播也已逐步得到了有效控制,未发现钉螺北移迹象。因此,以温度为单一因素进行积温分析,难以准确推测钉螺生长和分布范围的变化,也难以预测血吸虫病传播地区的变化。事实上影响钉螺孳生繁殖的因素除温度外,还有水分、土壤、植被、光照以及微环境条件等。鉴于全球气候变化及对人类健康的影响具有诸多不确定性,以及日本血吸虫病生态学的复杂性,目前尚无足够证据表明南水北调东线工程相关区域未来气候变化将导致钉螺及血吸虫病随调水而北移。

第3节 东线气象要素和钉螺、血吸虫病关系

为实际了解东线工程气象要素对钉螺和血吸虫病的影响,特以东线工程沿线的高邮市为例,调查收集该市钉螺面积和居民血吸虫感染资料,并选择高邮站气象资料,分析气候变化对钉螺消长和血吸虫病流行的影响。结果显示东线高邮市1980—2007年钉螺面积消长和高邮站最高平均气温、1月平均气温、年降水量、年日照时数之间无相关关系($r_{最高平均气温}=-0.124, P=0.529$; $r_{1月平均气温}=-0.258, P=0.186; r_{年降水量}=-0.027, P=0.891; r_{日照时数}=0.044, P=0.823$)(表9-5)。

表9-5 南水北调东线高邮市钉螺面积消长和气候变化关系

年份	钉螺面积 (万m²)	平均最高气温 (℃)	1月平均气温 (℃)	降水量 (mm)	日照时数 (h)
1980	17.07	18.50	1.6	1 255.30	2 013.00
1981	25.57	19.00	0	810.10	2 202.50
1982	9.29	19.30	1.6	877.90	2 000.20
1983	9.65	19.40	1.8	1 119.70	2 178.30
1984	5.74	18.50	−0.4	999.70	2 013.20
1985	5.12	18.70	1.1	1 057.40	1 905.10
1986	3.01	19.20	1.3	959.80	2 097.20
1987	3.71	19.60	3.2	1 340.50	2 030.80
1988	17.13	19.30	2.5	888.00	2 181.30
1989	10.95	18.90	3.1	997.20	1 818.70
1990	25.95	19.90	1.4	1 094.20	1 946.30

续表

年份	钉螺面积 （万 m²）	平均最高气温 （℃）	1月平均气温 （℃）	降水量 （mm）	日照时数 （h）
1991	13.11	18.80	2.3	1 823.90	1 895.80
1992	10.57	19.50	1.6	920.50	2 133.70
1993	15.26	19.30	0.7	1 061.60	1 822.30
1994	6.13	20.70	2.9	690.40	2 096.70
1995	5.78	20.10	2.8	727.20	2 204.70
1996	18.9	19.30	2.0	1 037.20	1 896.40
1997	6.9	20.30	1.2	940.20	2 165.70
1998	8.26	20.70	1.8	1 406.40	1 931.10
1999	7.97	19.90	3.7	899.10	2 027.10
2000	6.31	20.00	1.8	877.90	2 168.70
2001	10.16	20.30	3.0	684.10	2 167.70
2002	9.05	20.70	4.6	934.50	2 166.40
2003	21.71	19.60	1.4	1 517.00	2 011.20
2004	28.49	21.10	2.4	735.30	2 399.70
2005	4.58	20.00	1.1	1 269.40	2 231.50
2006	2.09	20.50	3.3	1 108.90	2 117.50
2007	1.94	20.90	3.3	1 248.60	2 062.40

1955—1982年高邮居民血吸虫病粪检阳性率与高邮站年平均气温、年平均最高气温、年平均最低气温、年极端最高气温、年极端最低气温、1月平均气温、年降水量、年日照时数之间亦无相关关系（$r_{平均气温}=0.062$，$P=0.757$；$r_{平均最高气温}=0.240$，$P=0.227$；$r_{平均最低气温}=-0.112$，$P=0.579$；$r_{极端最高气温}=0.057$，$P=0.777$；$r_{极端最低气温}=-0.319$，$P=0.105$；$r_{1月平均气温}=-0.186$，$P=0.352$；$r_{年降水量}=0.140$，$P=0.487$；$r_{日照时数}=0.380$，$P=0.500$）（表9-6）。

表9-6　南水北调东线高邮市血吸虫病和气候变化关系

年份	居民粪检阳性率（%）	平均气温（℃）	平均最高气温（℃）	平均最低气温（℃）	极端最高气温（℃）	极端最低气温（℃）	1月平均气温（℃）	降水量（mm）	日照时数（h）
1955	16.80	14.5	20.1	9.9	37.1	−18.5	−2.7	688.0	2 393.5
1956	9.12	13.9	18.7	10.2	36.1	−9.1	0.8	1 377.2	2 436.8
1957	11.03	13.9	18.6	10.4	35.4	−11.0	1.3	1 085.1	1 951.1
1958	10.50	14.5	19.3	10.8	35.6	−10.4	0.2	929.0	2 247.8
1959	1.83	15.1	19.7	11.5	38.5	−11.0	0.1	965.3	2 242.9
1960	4.50	15.0	19.7	11.3	35.9	−8.4	2.0	1044	2 106.3
1961	8.40	15.7	20.3	11.8	36.8	−6.8	1.3	860.3	2 310.8
1962	12.30	14.9	19.8	10.6	36.3	−9.4	0.3	1 442.3	2 367.1
1963	6.50	14.5	19.5	10.5	35.3	−11.0	−0.5	1 015.0	2 300.5
1964	19.80	15.1	19.7	11.5	37.1	−8.6	3.0	1 130.4	2 334.7
1965	11.20	14.7	19.7	10.4	34.4	−10.3	2.5	1 280.5	2 402.2
1966	5.70	15.0	20.1	11.0	38.2	−10.7	2.1	742.6	2 553.4

第9章 气候变化对东线钉螺/血吸虫病传播的影响

续表

年份	居民粪检阳性率（%）	平均气温（°C）	平均最高气温（°C）	平均最低气温（°C）	极端最高气温（°C）	极端最低气温（°C）	1月平均气温（°C）	降水量（mm）	日照时数（h）
1967[1]	—	—	—	—	—	—	—	—	—
1968	4.90	14.0	19.0	10.1	36.6	−18.1	0.4	1 221.7	2 195.8
1969	2.70	14.3	19.1	10.7	36.0	−11.2	−0.1	1 026.9	1 998.0
1970	3.91	14.6	19.7	10.8	37.5	−8.5	0.9	836.0	2 334.5
1971	2.21	14.1	18.7	10.6	35.5	−8.9	1.9	1 174.6	2 029.7
1972	1.78	14.8	19.4	11.1	36.1	−10.0	2.6	591.8	2 203.1
1973	1.58	14.5	19.0	10.6	35.8	−6.6	1.3	1 344.6	2 135.9
1974	1.54	14.9	19.3	11.3	34.7	−6.3	2.4	1 353.1	2 074.4
1975	0.88	14.2	19.0	10.4	35.5	−8.4	1.6	970.9	2 278.8
1976	0.80	14.7	19.3	11.0	36.5	−10.3	−1.0	998.6	1 972.7
1977	0.67	15.3	20.3	11.2	38.2	−7.3	2.0	482.1	2 495.5
1978	0.56	14.9	20.0	10.7	36.0	−8.7	2.8	1 006.2	2 350.2
1979	0.57	13.9	18.5	10.1	35.7	−11.5	1.6	1 255.3	2 013.0
1980	0.54	14.3	19.0	10.5	35.7	−8.9	0.0	810.1	2 202.5
1981	0.25	14.7	19.3	11.0	35.5	−9.3	1.6	877.9	2 000.2
1982	0.11	14.8	19.4	11.0	36.4	−8.9	1.8	1 119.7	2 178.3

(1)该年资料缺失。

以上结果表明，东线工程沿线的高邮市钉螺和居民血吸虫感染率变化与当地气象要素间没有明显相关关系。事实上目前尚无气温升高导致血吸虫病流行加重的充分证据。

第10章

东线工程血吸虫病监测

南水北调工程与血吸虫病——科学认知和应对

南水北调东线是一项跨流域的大型调水工程，工程建设和运行将会对输水沿线生态环境产生重大影响，也将会对东线血吸虫病传播产生影响。前期研究已经表明，南水北调东线工程调水致钉螺向北扩散的可能性很小，实施东线工程不增加血吸虫病北移的风险。然而南水北调东线工程北纬33°15′以南周边水系复杂，水源区（夹江、芒稻河）钉螺分布面广量大，且在相当长时期内难以消除，存在着钉螺在北纬33°15′以南原血吸虫病流行区传播扩散的可能，因此建立南水北调东线血吸虫病监测系统并实施长期有效的监测非常必要。

第1节　东线工程钉螺扩散潜在途径和风险点

南水北调东线一期工程输水线路多，输水时间长，调水过程中在一定程度上存在钉螺在一定范围内扩散的风险。特别是引江工程与南水北调东线工程共用部分输水河道，其自流引江输水有可能使钉螺随漂浮物进入上述河道及里下河地区内部河网，造成钉螺在原血吸虫病流行区的扩散。调水中长江水系钉螺有可能随水自流至宝应站下，并经宝应站进入里运河，继而北上扩散，或经南运西闸进入金宝航道向洪泽湖方向扩散。

根据东线工程输水线路和控制工程布置，一些输水节点具有潜在钉螺扩散风险：

江都西闸：为长江引水口门，闸外芒稻河两岸均有钉螺分布，汛期打捞漂浮物可检出钉螺，因此钉螺可能通过此闸进入江都泵站引水河。

江都东闸：新通扬运河时有钉螺复现，可在排涝时随漂浮物通过此闸进入江都站引河。

江都抽水站引河：西闸至东闸引河长1.5 km，原河岸未硬化护砌，有钉螺分布，因此由西闸或东闸漂流进入引河的钉螺有可能在引河河岸形成孳生地。2006年实施了引河疏浚、硬化护坡，基本消除了钉螺在引河岸壁形成孳生地的条件，但随水流由芒稻河进入的钉螺可短期存在，尚需加强监测和管理（及时清除漂浮物）。

新通扬运河（江都至九里沟段）：为引江工程和东线一期工程共用输水河道，连接江都东闸至泰州引江河口，两岸均未硬化护砌，现状时有钉螺复现，特别是自流引水时可造成钉螺向里下河河网扩散。

三阳河、潼河：系东线一期工程新增输水河道，其中三阳河也是向里下河内部河网自流引江的通道，河道穿越历史流行区，其沿线盐邵河等支流时有钉螺复现，如有钉螺则可能扩散到达宝应站下及里下河内部河网。

高水河：连接江都抽水站出水池，系一期工程渠首河道，现状河道为块石护砌，破损较多，如有钉螺扩散则可在破损处形成孳生地。2010—2012年进行了河岸浆砌石硬化整治工程。

里运河高邮段：高邮马棚段石驳岸原有钉螺分布，经药物反复灭螺处理，钉螺密度已经很低，但难以肃清。2012—2013年对里运河高邮段石驳岸进行了混凝土预制块护坡、块石护坡塌陷段整修、混凝土灌缝勾缝等综合整治，消除了钉螺和钉螺孳生环境。未来如再出现破损则仍存在隐患。

金宝航道：金宝航道穿越历史流行区，1978年后基本不用。现为一期工程新增输水河道，由南运西闸至金湖站，向洪泽湖方向输水，周边水系河湖相交、环境复杂。里运河高邮历史有螺段距南运西闸（进入金宝航道的门户）较近，宝应站抽水入里运河的出水口也距南运西闸不远，故金宝航道也有一定风险。2010—2013年实施了金宝航道整治工程，新修河坡及堤坡护砌长64.91 km。

宝应站前引河：宝应站担负从潼河向里运河抽水任务，长江水经新通扬运河、三阳河、潼河自流至站下，同时受三阳河沿线支流螺情影响，新开挖河道两岸大多未硬化，未来具有一定的风险。

金湖站：该站为东线一期工程第二级泵站，站下（金宝航道）为历史有螺区，站上为三河（淮河入江水道），如钉螺通过金湖站则可能向历史无螺的三河、洪泽湖方向扩散。

洪泽站：该站为东线一期工程第三级泵站，如有钉螺通过洪泽站则可进入历史无钉螺的洪泽湖区。

沿运涵闸：里运河宝应以南有34个涵闸（洞），其主要功能为灌溉（引水灌溉里下河地区），部分具有机电排涝（里下河地区涝水排入运河）作用。南水北调工程运行后排涝任务均由江都站和宝应站负责，沿运涵闸不再承担排涝任务。

江都水利枢纽出水池：2006年秋季江都水利枢纽出水池滩发现来自引河扩散钉螺（通过携带的方式），因此该处钉螺能否随水流沿输水河道进一步扩散值得关注。

第2节 东线工程钉螺监测布局

根据东线一期工程输水线路与钉螺扩散潜在途径和风险点初步确定东线工程钉螺监测范围：北端起自我国钉螺分布北界（北纬33°15′）以北8 800 m的里运河黄浦渡口；向南分别经里运河及三阳河至长江三江营、高港取水口；西起自洪泽湖三河闸附近，向东至南运西闸入里运河。包括水源河道6个河段、输水河道4个河段及16个监测点，监测面积约641.26万 m²（表10-1）。

在此基础上，采用专家会议形式讨论敏感性评价指标，并确定各评价指标权重系数。评价指标为：现有钉螺面积、现有钉螺密度、钉螺孳生地至第一级泵站距离；权重系数分别为1.0、2.0、4.0。通过秩和比综合评估法提出了水源河段、输水河段和各监测点风险评估量化表（表10-2、表10-3、表10-4）进行量化分析。

表10-1　南水北调东线一期工程钉螺监测河道和监测点(段)

类　别	监测点(段)名称	监测长度(m)	监测面积(hm²)	北纬	东经
水源河道（段）	夹江	11 460	195.03	—	—
	芒稻河	11 000	156.48	—	—
	新通扬运河	63 800	32.58	—	—
	三阳河	64 700	64.70	—	—
	潼河	19 000	19.00	—	—
	泰州引江河	6 800	4.08	—	—
输水河道（段）	高水河	15 260	15.26	—	—
	里运河	87 000	87.00	—	—
	金宝航道	31 480	31.03	—	—
	新三河	1 000	0.60	—	—
监测点（段）	江都西闸	—	4.00	32°24′40.86″	119°33′13.54″
	江都泵站出水池滩	—	1.38	32°25′13.06″	119°33′42.02″
	泰州引江河口	—	3.60	32°18′3.35″	119°50′29.69″
	三阳河口	—	2.50	32°29′9.85″	119°39′42.25″
	三阳河京汉村段	—	3.00	32°42′59.12″	119°39′57.92″
	宝应站前	—	0.25	33°3′10.33″	119°24′37.57″
	高邮界首渡口	—	1.00	33°0′25.37″	119°24′37.34″
	里运河新民村段	—	3.00	33°3′25.34″	119°24′9.02″
	里运河中港河口	—	0.60	33°13′33.00″	119°17′50.66″
	里运河黄浦渡口	—	4.50	33°18′41.13″	119°15′15.25″
	宝应湖退水闸段	—	3.00	33°3′20.52″	119°19′59.04″
	金湖站前	—	1.00	33°2′41.87″	119°5′18.43″
	洪泽站前	—	1.00	33°5′58.96″	118°47′10.41″
	洪泽湖维桥河口	—	0.50	33°3′47.94″	118°40′45.72″
	洪泽湖马庄引水渠	—	5.50	33°3′49.45″	118°43′7.56″
	洪泽蒋坝西河底滩	—	0.67	33°5′36.60″	118°43′40.80″

表10-2　南水北调东线一期工程水源河段风险评估量化表

河段	现有钉螺面积（hm²）	秩号(1)（R1）	现有钉螺密度（只/0.1m²）	秩号(2)（R2）	钉螺孳生地至一级泵站距离（km）	秩号(3)（R3）	秩和（ΣR）	秩和比（RSR）
夹江	62.7100	6	0.3227	12	11.00	20	38	2.11
芒稻河	54.8700	5	0.1128	10	0.00	24	39	2.17
新通扬运河	1.2500	4	0.0005	6	11.00	16	26	1.44
三阳河	0.2800	3	0.0009	8	60.00	12	23	1.28
潼河	0.0000	1.5	0.0000	3	—	6	10.50	0.58
泰州引江河	0.0000	1.5	0.0000	3	—	6	10.50	0.58

(1)权重系数为1.0；(2)权重系数为2.0；(3)权重系数为4.0。

表10-3　南水北调东线一期工程输水河段钉螺扩散风险评估量化表

河段	现有钉螺面积（hm²）	秩号(1)（R1）	现有钉螺密度（只/0.1 m²）	秩号(2)（R2）	钉螺孳生地至一级泵站距离（km）	秩号(3)（R3）	秩和（ΣR）	秩和比（RSR）
高水河	0.25	3	0.0581	8	96.00	12	23	1.92
里运河	1.60	4	0.0041	6	41.34	16	26	2.17
金宝航道	0.00	1.5	0.00	3	—	6	10.50	0.88
新三河	0.00	1.5	0.00	3	—	6	10.50	0.88

(1)权重系数为1.0；(2)权重系数为2.0；(3)权重系数为4.0。

表10-4　南水北调东线一期工程水源河道监测点钉螺扩散风险评估量化表

监测点	现有钉螺面积（hm²）	秩号(1)（R1）	现有钉螺密度（只/0.1 m²）	秩号(2)（R2）	钉螺孳生地至一级泵站距离（km）	秩号(3)（R3）	秩和（ΣR）	秩和比（RSR）
江都西闸	8.02	5	0.0426	10	0.00	16.00	31.00	2.07
泰州引江河口	1.80	4	0.0001	6	0.00	16.00	26.00	1.73
三阳河口	1.25	3	0.0202	8	0.00	16.00	27.00	1.80
三阳河京汉村段	0.00	1.5	0.00	3	5.10	8.00	12.50	0.83
宝应站前	0.00	1.5	0.00	3	69.20	4.00	8.500	0.57

(1)权重系数为1.0；(2)权重系数为2.0；(3)权重系数为4.0。

量化表分析表明,在宝应以南的一些河道或点(段)存在或面临钉螺孳生或扩散的风险;秩和比综合评估分析表明,水源河道以芒稻河、夹江的风险最大,新通扬运河和三阳河次之;输水河道则以里运河(高邮段)风险相对较高,高水河次之;水源河道监测点风险以江都西闸外最高,其次为泰州引江河口、三阳河口等监测点;输水河道监测点风险则以江都水利枢纽出水池滩地为最高。通过风险评估初步确定了南水北调东线工程钉螺监测布局,GPS定位和Google地图显示南水北调东线钉螺监测呈"点—线"结合的布局(图10-1)。东线工程基于钉螺扩散和"北移"为主的监测布局为建立东线工程血吸虫病监测体系奠定了基础。

图10-1 南水北调东线工程血吸虫(钉螺)监测范围及布局

第3节 东线工程血吸虫病监测预警指标体系

疾病监测和预警可以及早发现和控制疾病发生和发展,有效控制和消除疾病对健康和经济社会的危害。其中监测是预警的基础,通过长期监测,连续收集有关疾病信

第10章 东线工程血吸虫病监测

息,分析疾病发生、发展特点和规律,掌握其发展趋势,并通过建立相关预测模型分析、评估疾病发展趋势与危害程度,尽可能提前发现疾病传播风险,及时发布预警信息,提前或及时采取控制措施,最大限度降低或消除疾病发生所带来的危害和社会影响。由于疾病发生和传播受到许多因素的影响,甚至还有一些未知因素的影响,故实施敏感而有效的监测通常需要收集大量的信息数据进行筛选分析,因此建立敏感、高效、可操作的监测预警指标体系非常必要。同时,由于不同疾病具有不同的流行特点和专业性,因此需要有针对性地开展监测,并建立专业的监测预警指标体系。

血吸虫病是一种危害严重的寄生虫病,其传播涉及传染源、中间宿主、易感环境等流行环节,并受到自然和社会多种因素的影响。其中人和哺乳动物可互相提供传染源;钉螺是日本血吸虫唯一的中间宿主,但其孳生环境复杂;易感环境则由生物、自然和社会等多种因素构成。而南水北调东线工程血吸虫病潜在风险还受到工程输水及沿线自然和社会生态等因素的影响。为了更好开展东线工程血吸虫病及钉螺扩散风险监测,黄轶昕等(2011)采用专家会议及秩和比综合评价方法,开展了东线工程血吸虫病传播风险监测预警指标体系的研究。

根据多维综合评价法原理和南水北调东线血吸虫病监测研究成果,确定一级指标3个,二级指标10个,三级指标40个。然后采用专家咨询法确定指标权重:①设计专家咨询表,分级列出评价指标。②选择专家:了解南水北调东线工程和血吸虫病流行病学;有10年以上专业工作经验;具有中级以上职称。共选专家17名,其中高级职称7名,中级职称10名;平均参加专业工作年限为22.4年。③召开专家会议,在介绍项目背景后由专家按指标的重要性对每一级指标按0~1.0独立确定权重,每个指标均取专家评估平均值。指标值的综合评估采用同向连乘求取各指标的综合评估值,称综合指数。然后根据综合指数进行排序,列出最重要的指标。指标综合指数计算公式如下:

$$Z = \prod_{i=1}^{n} Y_i (Y_i > 0) \qquad (式10-1)$$

Z 为指标综合指数,n 为指标数,Y_i 为指标权重。

以钉螺北移扩散为主要指标,建立东线工程血吸虫病监测预警指标体系和风险评估方法,风险系数计算公式为:

$$R = A_k \sum_{i=1}^{n} Z_i \qquad (式10-2)$$

R 为风险指数,A 为钉螺位置综合指数,k 为 $A11 \sim A14$ 指标权重,Z_i 为其他指标综合指数。

结果:(1)分级指标。一级指标分别为钉螺、人畜感染、影响因素;二级指标则分别对应一级指标分为钉螺孳生位置、钉螺面积、钉螺密度、钉螺感染率;居民感染率、急性血吸虫病例数、14岁以下儿童感染率、散养家畜感染率;社会因素和环境因素;三级指标则在相应的二级指标下进一步分解为40个指标(表10-5)。

(2)指标权重及综合指数。鉴于南水北调东线工程调水中血吸虫病流行区是否会向北扩展,其关键是钉螺能否随水流向北方扩散,因此一级指标权重以钉螺最高,为0.98;其次为人畜感染和影响因素,分别为

0.75和0.55。二级指标中以钉螺孳生位置（确定钉螺北移的依据）的权重最大，其次为急性血吸虫感染。按照式(10-1)确定三级指标综合指数以$A14$（钉螺过N33°15′或洪泽泵站）最高为0.78；其次为$A34$（钉螺密度）和$A13$（钉螺过北纬33°02′或金湖泵站）（表10-6）。其中北纬33°15′是我国钉螺分布最北界，北纬33°02′是里运河历史钉螺分布的最北端；如钉螺越过金湖泵站则过了历史流行区，而越过洪泽泵站则已进入洪泽湖非流行区，敏感性极高。

(3)预警等级。在风险分析基础上，进一步以钉螺北移扩散孳生位置为标志，将东线工程钉螺扩散分为四个预警等级(表10-7)。

以上结果表明：①钉螺是一级指标中最主要的指标，而此指标下的二级指标又以钉螺孳生位置为最重要。这个结果符合血吸虫病流行病学规律，也符合南水北调东线工程防止血吸虫病北移扩散的防控要求。因为钉螺是血吸虫病传播的必需条件，如果没有钉螺则不可能发生血吸虫病传播和血吸虫病流行区的北移扩展。②人畜感染指标权重居一级指标的第二位，而二级指标中散养家畜感染、14岁以下儿童感染、急性感染和居民感染指标在南水北调东线工程血吸虫病监测中也是重要的指示指标。因为在血吸虫病疫情监测中首先发现感染病例，然后再查出感染性钉螺的情况也不乏报道。因此，人畜感染情况的监测将有助于东线工程血吸虫病疫情分析和判定。③环境因素和社会因素在血吸虫病传播中具有重要作用，因此在南水北调东线工程和血吸虫病传播研究中受到了高度关注。然而，由于环境因素和社会因素的影响机制十分复杂，其影响过程通常也是长期的，短期内难以评估其作用，因此在一级指标中权重仅为0.55，同时其三级指标的量化还需进一步研究。

根据上述研究，初步确定了钉螺为主、人畜感染为辅的监测预警指标体系，并根据钉螺孳生位置确定了4个监测预警等级；同时根据各项指标间关系，确定了东线工程血吸虫病传播风险评估方法，为制订南水北调东线工程血吸虫病风险评估和应急预案提供了依据。

表10-5　南水北调东线血吸虫病监测预警指标体系

一级指标	二级指标	三级指标
A:钉螺	A1:钉螺孳生地位置	A11:一级泵站上 A12:>北纬32°54′ A13:>北纬33°02′或金湖泵站 A14:>北纬33°15′或洪泽泵站
	A2:钉螺面积（m²）	A21:<50 A22:50~1000 A23:1 000~10 000 A24:>10 000
	A3:钉螺密度（只/0.1 m²）	A31:<0.07 A32:1~10 A33:10~20 A34:>20
	A4:钉螺感染率	A41:<1.0% A42:1%~5% A43:5%~10% A44:>10%
B:人畜感染	B1:居民感染率	B11:>0%、<1.0% B12:1%~2% B13:2%~5% B14:>5%
	B2:急性血吸虫病	B21:1 B22:2~3 B23:4~5 B24:>5
	B3:儿童感染率	B31:>0%~1% B32:1%~2% B33:2%~5% B34:>5%
	B4:散养家畜感染率	B41:>0%、<1.0% B42:1%~2% B43:2%~5% B44:>5%
C:影响因素	C1:社会因素	C11:人口流动 C12:文化程度 C13:经济收入 C14:政府态度
	C2:环境因素	C21:温度 C22:降雨 C23:水位 C24:流量

表10-6 南水北调东线血吸虫病监测预警指标权重和综合指数

一级指标	权重	二级指标	权重	三级指标	权重	综合指数
A	0.98	A1	0.88	A11	0.63	0.54
				A12	0.64	0.55
				A13	0.82	0.71
				A14	0.91	0.78
		A2	0.74	A21	0.33	0.24
				A22	0.51	0.37
				A23	0.75	0.54
				A24	0.94	0.68
		A3	0.74	A31	0.31	0.22
				A32	0.52	0.38
				A33	0.74	0.54
				A34	0.97	0.70
		A4	0.75	A41	0.39	0.29
				A42	0.63	0.46
				A43	0.82	0.60
				A44	0.99	0.73
B	0.75	B1	0.74	B11	0.31	0.17
				B12	0.48	0.27
				B13	0.70	0.39
				B14	0.89	0.49
		B2	0.81	B21	0.38	0.23
				B22	0.58	0.35
				B23	0.74	0.45
				B24	0.93	0.56
		B3	0.78	B31	0.38	0.22
				B32	0.59	0.35
				B33	0.77	0.45
				B34	0.93	0.54
		B4	0.69	B41	0.34	0.18
				B42	0.59	0.31
				B43	0.78	0.40
				B44	0.95	0.49
C	0.55	C1	0.68	C11	0.67	0.25
				C12	0.56	0.21
				C13	0.61	0.23
				C14	0.78	0.29
		C2	0.78	C21	0.88	0.38
				C22	0.69	0.30
				C23	0.68	0.29
				C24	0.46	0.20

第10章 东线工程血吸虫病监测

表10-7 南水北调东线一期工程血吸虫病/钉螺扩散风险预警等级

预警等级	内容说明
Ⅰ	钉螺扩散进入输水河道渠首（一级泵站上）
Ⅱ	里运河钉螺扩散越过北纬32°54′（里运河高邮历史有螺段）
Ⅲ	里运河钉螺扩散越过北纬33°02′（里运河钉螺历史分布北端）或金湖站
Ⅳ	钉螺扩散越过北纬33°15′或洪泽站

第4节 东线工程钉螺和血吸虫病监测

为了掌握南水北调东线钉螺分布和血吸虫病流行动态，2006—2020年按照东线工程血吸虫病监测体系要求开展了钉螺和血吸虫病的监测。

1 河道及毗邻湖区钉螺监测

采用机械抽样结合环境抽样设框法进行水源河道、输水河道及毗邻湖区钉螺调查，框距为5~10 m。查出有钉螺分布环境即用GPS在钉螺密集处定位，计算有螺面积、活螺密度，并进行钉螺解剖观察，确定钉螺感染血吸虫情况。结果：2006—2020年水源河道调查面积9 184.50万 m²，抽样设框调查3 046 752框（0.1 m²），2006—2013年钉螺密度和有螺面积均呈下降趋势，2016年开始大幅上升（2014、2015年扬州地区未报告有螺资料），2020年再度大幅下降。2006—2008年均查获感染性钉螺，2009年后则再未查获感染性钉螺（图10-2）。输水河道

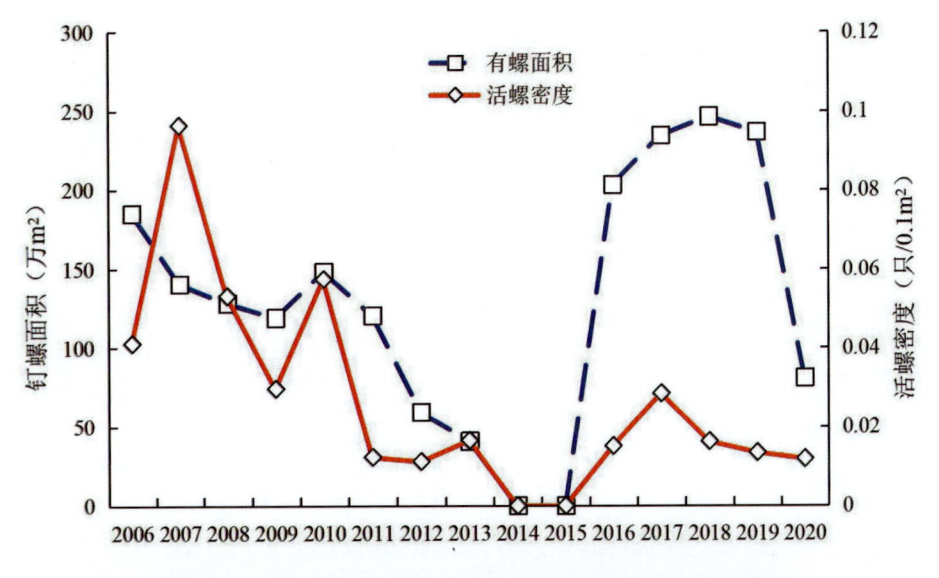

图10-2 2006~2020年东线工程水源河道钉螺面积和密度变化

共调查面积 4 470.81 万 m², 抽样设框调查 1 150 015 框(0.1m²), 钉螺面积和活螺密度也呈徘徊下降趋势, 2014 年开始里运河高邮段两岸坡面血防整治工程实施后原有钉螺即已消除, 钉螺面积和钉螺密度降至零(图 10-3)。里运河高邮段原钉螺孳生地理位置在北纬 32°54'5.49"~北纬 32°49'1.45", 未出现北移扩散。2006—2020 年东线工程毗邻输水河道的高宝邵湖区调查面积 64 489.76 万 m², 抽样设框调查 1 718 966 框(0.1m²), 钉螺面积和活螺密度亦呈下降态势(图 10-4)。特别是 2013 年以来因实施淮河入江水道切滩整治工程, 使毗邻湖区减少历史有螺面积 517.45 万 m², 实际钉螺面积较 2013 年减少 36.45 万 m²。2014、2015 年扬州地区未报告有螺资料。2016、2017 年湖区钉螺面积再度上扬, 2018 年开始逐年下降(图 10-4)。

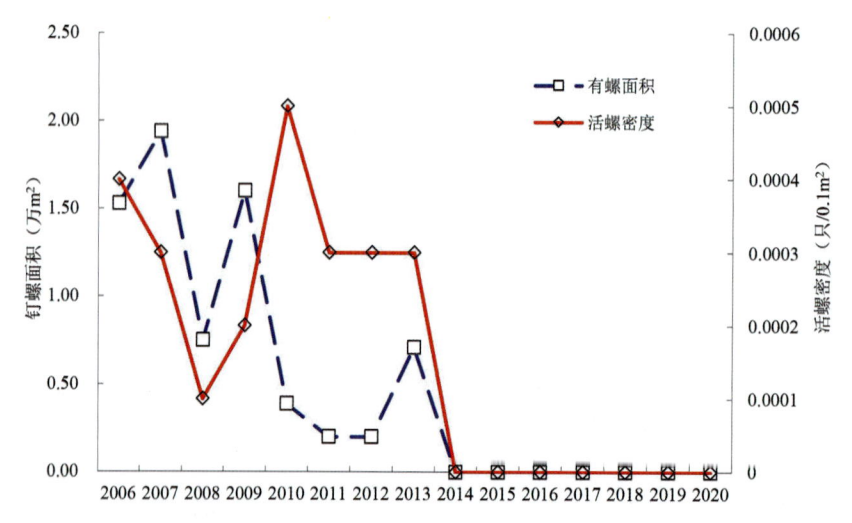

图 10-3 2006—2020 年东线工程输水河道钉螺面积和密度变化

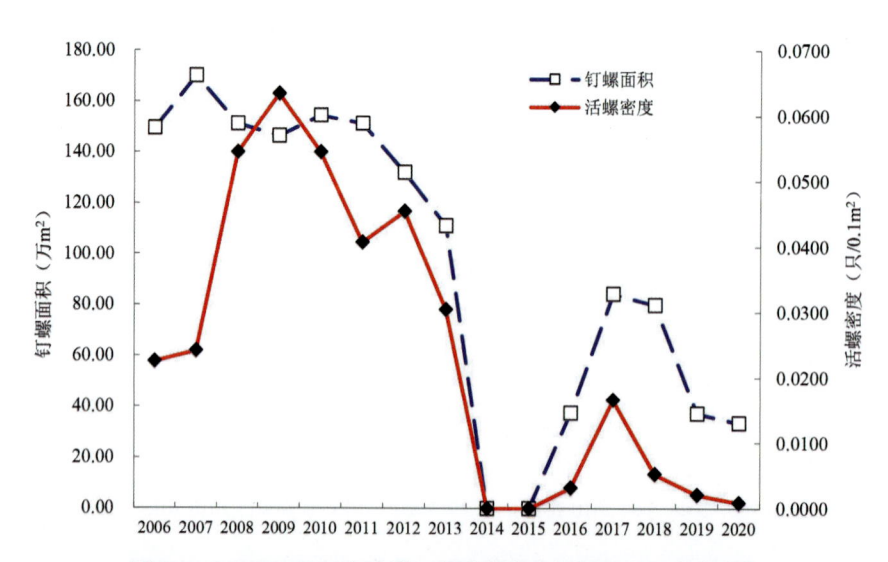

图 10-4 2006—2020 年东线工程毗邻湖区钉螺面积和密度变化

2 东线工程监测点钉螺监测

2010—2020年根据东线工程钉螺扩散风险监测布局,选择金宝航道、里运河、三阳河、新通扬运河、芒稻河相关环境设立河岸钉螺监测点和水体钉螺监测点,分别采用常规设框调查法、打捞法和稻草帘诱螺法进行钉螺监测调查。常规设框调查法于每年春季进行,打捞法和诱螺法于每年汛期(6—9月)每月1次进行漂浮物和水体钉螺情况监测。稻草帘(大小为0.1 m²)每次放置水体诱螺7 d再取出,用30孔/25.4mm铜丝筛淘洗观察。结果里运河黄浦渡口和界首渡口、三阳河京汉村、泰州引江河口,以及洪泽湖蒋坝西河底滩、维桥河口、马庄引水渠7个河岸钉螺监测点2010—2020年开展监测查螺191.16万 m²,调查88 446框,分别于2011年和2013年在泰州引江河口长江滩发现钉螺面积3.60万 m²和1.80万 m²,活螺密度分别为0.013 2只/0.1 m²和0.001 8只/0.1 m²。

2010—2020年在芒稻河江都西闸外、三阳河口(宜陵北闸下)、三阳河京汉村段、里运河界首渡口、里运河新民村段、里运河中港船闸口、潼河宝应站下、金宝航道南运西闸口内(闸上)、金宝航道宝应湖退水闸段、金湖站下、洪泽站引水河口、洪泽湖马庄引水河12个水体钉螺打捞监测点共计打捞漂浮物26 924 kg,捕获其他螺51 839只,未发现钉螺。同时在芒稻河江都西闸外、三阳河口(宜陵北闸下)、三阳河京汉村段、里运河新民村段、里运河中港船闸口、潼河宝应站下、金宝航道南运西闸口内(闸上)、金宝航道宝应湖退水闸段8个水体诱螺监测点共投放稻草帘6 826块,诱获钉螺283只,其他螺108 999只。诱获钉螺系2010—2013年在江都区三阳河口(宜陵北闸新通扬运河水域:北纬32°28′58.04″,东经119°39′39.38″)分别诱获钉螺111、31、78、15只;以及2017年、2020年在江都西闸外芒稻河水域(北纬32°24′44″,东经119°33′18″)分别诱获钉螺16、32只。监测表明东线工程水源区江都西闸外芒稻河、三阳河口(宜陵北闸下)及泰州引江河口长江滩等处存在钉螺扩散来源的风险,同时也表明东线一期工程钉螺监测"点—线"结合的布局科学有效。

3 江都泵站出水池滩地扩散钉螺动态监测

因江都泵站引河疏浚及河岸硬化工程导致施工材料携带钉螺扩散进入该站出水池3号滩(3号泵站和4号泵站之间,滩地高程为7.0 m),故以此处钉螺孳生点作为监测点,每年采用常规机械设框(0.1 m²)法定期监测出水池滩地钉螺自然生长繁殖和扩散情况。结果扩散钉螺在江都水利枢纽出水池3号滩自然生长中密度逐步升高,至2010年春季调查发现钉螺密度达0.8 560只/0.1 m²。受2010年11月19日至2011年7月31日抗旱运行影响,2011年秋季出水池水位下降后调查仅发现活钉螺4只,均为上年老螺(钉螺壳顶已磨损或钙化发白),活螺密度较2010年春季下降98.21%(图10-5)。钉螺分布面积未扩大,出水池其他滩地进行钉螺调查,均未发现钉螺。结果表明江都水利枢纽出水池持续高水位抗旱运行覆盖了钉螺繁殖的主要阶段,特别是冬春季为钉螺繁殖前期和繁殖期,长时间的水淹影响了钉螺交配、产卵和生存,因此经长时间水淹后出水池滩地活螺密度显著下降,同时所捕获钉螺均为上年老螺,意味着滩地淹水后钉螺未能繁殖子代新螺。由于江都泵站出水池滩地高低不平,长有树林、芦苇和杂草等植物,少数钉螺可以上爬离水,因此本次调查尚有极少残存老螺。2012年春季至2013年春季虽然查出低密度钉螺,但2013年秋季至2017年春季5次调查滩地均未查获钉螺,可以预见南水北调东线工程正式运行后,输水河道枯水期(冬春季)保持长时间高水位运行状态时,可有效抑制输水河道内钉螺的生长繁殖,防止钉螺北移扩散。

然而2014—2018年江都水利枢纽出水池逐日水位变化表明出水池滩地淹水时间减少,特别是冬春季水位较低(图10-6)。2014年出水池水位≥7.2、≥7.5、≥8.0 m时间分别为136 d、68 d、39 d;2015年分别为89 d、73 d、3 d;2016年分别为79 d、59 d、7 d;2017年分别为64 d、30 d、0 d;2018年分别为61 d、43 d、0 d,均低于2010—2011年抗旱运行水位和淹没滩地时间,未达到水淹抑制钉螺生长的运行水位,因此至2018年春季开始出水池3号滩又出现低密度钉螺(图10-5)。此结果也证明了水淹抑制钉螺

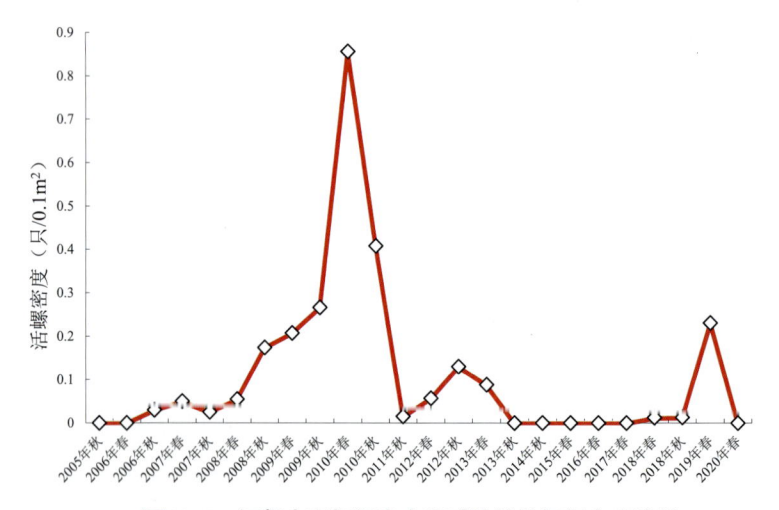

图10-5 江都水利枢纽出水池滩地扩散钉螺密度消长

图10-6 2014—2018年江都水利枢纽出水池逐日水位变化

生长的作用。

4 人畜血吸虫病监测

南水北调东线一期工程江苏段沿线按照血吸虫病监测要求,每年开展人群血吸虫病检查,检查方法采用胶体染料试纸条法(DDIA)进行血清学筛查,阳性者用集卵孵化法或Kato-Katz法进行粪便检查,粪检阳性者为病人,及时予以治疗;同时对放养家畜采用血清学筛查,阳性者采用顶管孵化法进行病原学检查。结果2006—2020年东线水源区查病218 290人次,血清阳性82人,粪便检查均为阴性;家畜调查7 454头,未查出病畜。受水区查病167 031人,血清学阳性19人,粪检均为阴性;受水区检查家畜13 399头,未查出病畜。

5 东线一期工程相关区域血吸虫病防控现状

东线一期工程涉及血吸虫病历史流行区主要有金湖县、宝应县、高邮市、邗江区、广陵区、江都区、海陵区、高港区、泰州医药高新区。其中金湖县、宝应县、高邮市、海陵区、高港区、医药高新区已于2017年达到血吸虫病消除标准;邗江区于2019年达到血吸虫病消除标准;江都区和广陵区已于2014年达到血吸虫病传播阻断标准。系统监测未发现血吸虫病和钉螺北移扩散风险。因此,目前东线一期工程原血吸虫病流行区已经全部消除/阻断了血吸虫病传播风险,保证了东线一期工程的安全运行。但水源区和毗邻湖区仍有钉螺孳生,需长期监测和控制。

第11章

东线血吸虫病预防控制工程

鉴于钉螺是日本血吸虫唯一的中间宿主，因此南水北调东线工程建设和运行会不会导致血吸虫病流行区向北方延伸扩大，关键是钉螺会不会随水流北移扩散。系列研究表明南水北调东线工程不会使钉螺随调水水流北移扩散，即长江水系钉螺不会随水流越过我国血吸虫病流行区北界(北纬33°15′)。然而，风险分析表明南水北调东线工程北纬33°15′以南水系复杂，长江水源区钉螺在相当长时期内难以控制和消除，东线工程调水过程中存在钉螺在原血吸虫病流行区一定范围内扩散的风险，但这类风险可以通过工程和非工程措施加以控制和消除。经过类比研究和现场调研，建议结合东线工程建设实施防螺控制工程，以控制和消除钉螺和血吸虫病扩散的潜在风险，确保东线工程建设和运行安全。研究结论和建议被国内卫生(血防)、水利和环境保护领域专家所认可，也为国家有关部门所采纳。2006年国家环保总局对《南水北调东线第一期工程环境影响报告书》批复意见指出："为防止钉螺扩散导致血吸虫病蔓延，应对可能导致钉螺北移扩散的不利因素进行控制，最大限度降低或避免不利影响。"2007年经国务院批准的《南水北调东线第一期工程可行性研究报告》中确定将高水河河岸整修、金宝航道硬化护砌、金湖泵站引河硬化护砌、洪泽泵站引河硬化护砌、高邮段大运河石驳岸浆砌整修等5项预防钉螺扩散专项措施列入东线主体工程。2011年4月21日，国务院原南水北调工程建设委员会办公室以"国调办投计〔2011〕75号文"对《南水北调东线一期江苏专项工程血吸虫病北移扩散防护工程初步设计报告》(以下简称血防工程)进行了批复。批复重点血防工程项目为高水河整治工程、金宝航道整治工程、高邮段里运河血防工程、金湖泵站和洪泽泵站血防工程。

根据南水北调东线工程特点和钉螺生态控制要求，通过结合工程建设或实施专项治理工程，对钉螺扩散高风险河段的河岸进行硬化处理，在保证堤岸稳定性的同时，消除钉螺孳生所需的泥土、草、湿度等生态条件，从而消除或防止钉螺孳生，有效控制和消除未来潜在钉螺北移扩散风险，为南水北调东线工程控制和消除血吸虫病传播潜在风险提供进一步的保障。

第1节　高水河整治工程

高水河位于扬州市江都区和邗江区境内，河道自江都抽水站至邵伯轮船码头，是南水北调东线工程输水干线的渠首河道，全长15.2 km，是江都站向北送水入里运河的唯一河道，也是沟通里运河与芒稻河的通航河道(图11-1)。该河道与三阳河、潼河一起承担南水北调东线一期工程向北输水500 m³/s的任务，并兼有行洪、排涝及航运功能。高水河于1963年开挖，1965年7月竣工。由于高水河已经过四十多年的运行，沿岸现状存在较多问题，主要有：①过水能力约为350 m³/s，较南水北调确定的设计流量400 m³/s少50 m³/s；②堤防渗流、抗滑不稳定，堤后渗漏窨潮、深塘等都为险工、隐患；堤防断面不足设计标准、堤身狗獾洞、两岸护砌坍塌等，是安全输水障碍；③沿线建筑

第11章　东线血吸虫病预防控制工程

物年久失修,随着工情、水情变化,存在运行隐患;④两岸堤防无道路,不利工程运行、管理。其中原堤岸护砌坍塌处、干砌块石护坡处有可能成为钉螺孳生场所。因此对高水河堤防进行综合整治,并结合实施硬化护坡是必要的。2010—2012年进行了高水河整治工程:河道疏浚3.3 km、堤防加高培厚1.0 km、防渗处理4.0 km、填塘固基1.0 km、护坡整修、新建23.38 km、狗獾洞处理15 km、沿线穿堤建筑物加固11座、西岸水系调整一项、贯通东堤管理道路12 km、管理区域的水土保持、环境保护等。其中对邵伯镇现有干砌块石护坡进行水泥勾缝抹面,抹面厚度为10 cm。东堤处理长度1 293 m,西堤处理长度1 377 m,血防投资概算30.34万元。整治工程完成后由于该河道两侧河岸已为浆砌石硬化,缺乏泥土和草,不可能形成钉螺孳生地;同时,长达15.2 km的宽阔河道则足以沉降可能进入高水河的钉螺,有效控制和消除了东线工程渠首钉螺北移扩散的潜在风险。

图11-1　高水河硬化护坡

第2节　里运河高邮段护坡整治工程

里运河高邮段北连宝应、南接江都,与高邮湖(有螺区)仅一堤之隔(图11-2)。里运河高邮段曾于1955年首次调查发现钉螺,1960年前后两岸均经用干砌石护坡。由于干砌块石与块石之间存在缝隙,这些缝隙很容易成为钉螺的栖身之地。20世纪60年代,在里运河段干砌块石护坡中经常发现钉螺。1977—1982年对有螺石驳岸进行水

图 11-2　里运河高邮段

泥灌浆勾缝处理，消除了块石与块石之间缝隙，使这些护坡形成了一个硬化的整体。因此，采取混凝土灌浆和水泥砂浆勾缝措施后，里运河高邮段有 10 年未发现钉螺。后由于石驳岸长期受水流冲刷，水泥砂浆勾缝地段破损严重，1993 年在石驳岸破损处查到钉螺，1998—2012 年连续查到钉螺。2011 年 10 月至 2012 年 12 月实施了里运河高邮段专项血防工程，工程投资概算 2 331.55 万元。工程主要内容为：①对现状无护砌的东堤子婴闸至界首南段进行硬化处理，硬化处理长度 1.32 km；护砌上限高程确定为 8.5 m，下限高程确定为 6.0 m，护砌方案采用灌砌块石，标准为灌砌块石厚 0.3 m，下设碎石、黄沙垫层各厚 0.1 m。护砌顶部设浆砌块石封顶 0.4 m×0.5 m，中部设浆砌块石腰埂 0.4 m×0.5 m，底部设浆砌块石齿坎 0.5 m×0.6 m，水平方向每隔 30 m 设一浆砌砌块石格埂，尺寸为 0.4 m×0.5 m。②对沿线 6.546 km 范围内护砌塌陷段进行修补，面积 1.63 万 m²；修补标准为灌砌块石 0.3 m，下垫碎石及黄沙垫层各 0.1 m；勾缝剥落段采用水泥灌浆勾缝。③对 63.62 km 范围内护岸勾缝剥落段进行灌浆勾缝，面积 15.60 万 m²。整治工程完成后即未再查获钉螺，此处风险点亦已消除。

第 3 节　金宝航道血防工程

金宝航道是一条集通航、灌溉、排涝为一体的综合性河道，东起里运河西堤，西至金湖站下，全长 28.2 km（图 11-3）。金宝航道工程输水河道是沟通里运河与洪泽湖，串联金湖站和洪泽站，承转江都站、宝应站抽引的江水，是南水北调东线工程运西线输水的起始河段。历史上金宝航道及周边地区是血吸虫病流行区。金宝航道工程主要是通过疏浚金宝航道,扩大河道输水能力至150 m³/s,满足金湖站、洪泽站抽水北调要求,并结合提高宝应湖地区排涝标准和金宝航道通航能力。工程主要建设内容包括疏挖河道,河坡护砌,新建、加固围堤;新建、拆除重建、加固改造沿线节制闸、支流河口闸、穿堤涵闸、排涝泵站;修建公路桥和堤顶管理道路。金宝航道血防工程主要内容为:①涂沟以东段进行左右岸护砌硬化。护砌结构型式根据《南水北调东线第一期工程金宝航道工程初步设计报告》,新建河道护砌段采用砼预制块护坡,弯道段老河槽接高、接低段考虑与现有护坡协调,采用浆砌块石护坡。护砌上限为最高设计输水水位以上0.5 m,下限为最低设计输水水位以下0.5 m。即下限高程为5.2~5.7 m,上限高程为7.2~7.5 m。浆砌块石护砌标准为块石厚0.3 m、碎石厚0.1 m、黄沙厚0.05 m、250 g/m² 土工布;砼预制护砌标准为0.1 m厚砼预制块护坡,下垫0.1 m厚碎石、0.05 m厚黄沙和250 g/m² 土工布。护砌顶部设0.4 m×0.5 m浆砌石盖顶,底设0.5 m×0.6 m浆砌石齿坎,水平方向每隔300 m设一0.4 m×0.5 m浆砌石格埂。护砌硬化长度为47.545 km,其中,左岸24.925 km,右岸22.62 km;②涂沟以西段南侧岸坡护砌硬化,硬化长度为11.425 km;护砌下限高程采用5.0 m,上限高程采用7.2 m。采用砼预制块护砌,标准为0.1 m厚砼预制块护坡,下垫0.07 m厚碎石及0.08 m厚黄沙垫层。护砌顶部设0.4 m×0.5 m浆砌石盖顶,底设0.5 m×0.6 m浆砌石齿坎,水平方向每隔30 m设一0.4 m×0.5 m浆砌石格埂。③涂沟以西段北侧河岸护砌硬化,硬化长度为10.86 km。血防工程总投资概算为6 463.83万元。其中,涂沟以东段两侧和涂沟以西段南侧血防工程已结合金宝航道整治工程一并实施完成,并通过通水验收。涂沟以西段北侧防护工程作为单独批复实施的项目,已

图11-3 金宝航道

于 2013 年 5 月 17 日通过验收。工程完成后可控制和消除钉螺通过金宝航道向洪泽湖方向扩散的潜在风险。

第4节 金湖站血防工程

金湖站是南水北调东线一期工程第二梯级泵站之一（图 11-4），位于江苏省金湖县银集镇境内，三河拦河坝下的金宝航道输水线上，主要功能是向洪泽湖调水 150 m³/s，与里运河的淮安泵站、淮阴泵站共同满足南水北调东线一期工程入洪泽湖流量 450 m³/s 的目标，保证向苏北地区和山东省供水要求，并结合宝应湖地区的排涝。金湖站设计流量 150 m³/s，安装贯流泵机组 5 台（套）（其中备用机组 1 台），单机设计流量 37.5 m³/s，总装机容量 11 000 kW。泵站调水设计扬程 2.45 m，排涝设计扬程 4.70 m。金湖站工程主要建设内容包括新建金湖泵站、上下游引河、站下清污机桥、站上公路桥；结合淮河入江水道整治工程，拆除重建三河东、西偏泓闸和套闸，对三河漫水公路进行维修加固。其中清污机桥位于站下游距泵站 93.3 m 处，计 24 跨，桥长 113 m，安装回转式清污机 10 台（套），皮带输送机 1 道。其中钉螺北移扩散防护工程为金湖泵站引河硬化护砌，结构型式为浆砌块石 30 cm，下垫碎石 10 cm、黄沙 5 cm 及 350 g/m² 土工布。护砌上限高程分别为：站上引河为 9.0 m，站下引河为 6.5 m。护砌长度约 850 m，血防概算投资 92.82 万元。该工程结合南水北调东线一期金湖站设计单元工程一并实施完成，并于 2013 年 4 月 9—10 日通过通水验收。该工程消除了金湖站前钉螺潜在孳生环境，扩大了"沉螺区"。同时，金湖站配套的清污机具有拦截漂浮物的能力，从而可有效拦截可能吸附于漂浮物扩散的钉螺。因此，金湖站工程总体上增强了对可能的钉螺扩散的防控能力。

图 11-4 金湖站

第11章 东线血吸虫病预防控制工程

第5节 洪泽站血防工程

洪泽站工程是南水北调东线第一期工程的第三梯级泵站之一，位于江苏省淮安市洪泽县蒋坝镇北约1 km处，介于洪金洞和三河船闸之间，紧邻洪泽湖（图11-5）。其主要任务是通过与下级金湖站联合运行，由金宝航道、入江水道三河段向洪泽湖调水150 m³/s，为洪泽湖周边及以北地区供水，并结合宝应湖、白马地区排涝。主体工程主要建设内容为：新建泵站1座，设计流量150 m³/s，安装全调节立式混流泵机组5台（套）（含备机1台），单机流量37.5 m³/s，配套电机功率3 550 kW，总装机容量17 750 kW；开挖上下游引河（长约5 km）；扩挖下游引河口外河道（长约2.4 km）；新建挡洪闸（设计流量150 m³/s）、进水闸（设计流量150 m³/s）和洪金地涵（设计流量72 m³/s）3座配套建筑物；修建泵站永久交通道路（长约7 km）。其中血防护坡（进水闸前段进水引河水位变化区的河坡采取硬化措施）长度约6 150 m，采用浆砌块石护坡。考虑到泵站运行期进水引河最高水位为8.00～7.90 m、最低水位为7.50～7.40 m（该段河道沿程输水损失按10 cm计），故在高程6.40～8.50 m范围内的河坡进行硬化处理，投资概算807.92万元。洪泽站血防工程已结合南水北调东线一期洪泽站设计单元工程一并实施完成，并于2013年4月27日通过通水验收。该工程进一步控制和消除了钉螺向洪泽湖区扩散的潜在风险。

图11-5 洪泽站

第12章

中线工程血吸虫病研究

南水北调中线工程从丹江口水库陶岔渠首引水，其上游无钉螺孳生，也无血吸虫病流行；下游距长江口血吸虫病流行区有数百公里，垂直落差100多米。虽然有专家提出钉螺是否能通过汉江江水，逆水扩散至丹江口水库的问题，但从钉螺水力学、生态学角度可以肯定钉螺不可能循水流逆向扩散至丹江口水库，中线工程输水也不存在血吸虫病问题，而所谓的中线工程血吸虫病问题其实在于引江济汉工程。由于引江济汉工程从有钉螺的沮漳河下游龙洲垸引水，途经血吸虫病重疫区荆州市，最终进入汉江干流（无钉螺）和东荆河（有钉螺孳生），因此存在钉螺扩散风险。鉴于引江济汉工程系从血吸虫病疫区引水、途经疫区至另一个疫区（东荆河流域）及无钉螺的汉江干流，因此其在舆情及血吸虫病防治上的敏感性不及东线工程血吸虫病问题。但由于引江济汉输水沿线存在钉螺扩散风险，以及对汉江中下游的潜在威胁，仍然引起了当地政府和国家有关部门的重视，并由湖北省血吸虫病防治研究所等有关单位对引江济汉工程血吸虫病相关问题进行了研究。

第1节 引江济汉工程概况

引江济汉工程是南水北调中线工程中汉江中下游治理工程之一，工程任务是补充因南水北调中线调水而减少的水量，缓解南水北调中线调水与汉江中下游河道内外需水间的矛盾；改善汉江兴隆以下河段生态、灌溉、供水和航运用水条件；解决东荆河灌区的水源，并满足供水范围内城市用水需求；缓解南水北调中线工程调水对汉江中下游生态环境和社会经济的影响。

工程范围包括下百里洲与四湖上区两个治涝区，行政区划隶属于宜昌、荆州、荆门三地级市所辖的枝江市、荆州区、沙市区与沙洋县，以及省直管潜江市、省管沙洋农场和江汉油田等（图12-1）。工程项目区涉及23个乡镇，国土面积2 385 km²，现有耕地109 067.21 hm²，农业人口85.15万人。

供水范围包括汉江兴隆河段以下的7个城市（潜江市、仙桃市、汉川市、孝感市、东西湖区、蔡甸区、武汉市区）6个灌区（谢湾、泽口、东荆河区、江尾引提水区、沉湖区、汉川二站区），现有耕地面积430 002.15 hm²，总人口889万人。

引水线路进口为龙洲垸，出口为高石碑，全长67.23 km。渠首位于荆州市李埠镇龙洲垸长江左岸江边，进水闸和泵站并排布置，进水方式以自流与提水相结合。工程自流引水条件良好，绝大部分时段均可自流引水至汉江，在不能满足自流条件而汉江需水时可通过泵站提水引流。干渠向东北穿荆江大堤，在荆州城西伍家台穿318国道、红光五组穿宜黄高速公路后穿过庙湖、荆沙铁路、襄荆高速、海子湖，然后折向东北穿拾桥河，经过蛟尾镇北，穿长湖，走毛李镇北，穿殷家河、西荆河后，在潜江市高石碑镇北穿过汉江干堤入汉江。进口渠底高程26.5 m，出口渠底高程25 m，设计水深5.72~5.85 m，设计边坡1:(2~4)，渠底宽60 m。设计引水流量350 m³/s，最大引水流量500 m³/s，补东荆河设计流量100 m³/s。渠道在拾桥河相交处分水入长湖，经田关河、田关闸入东荆河。

第12章 中线工程血吸虫病研究

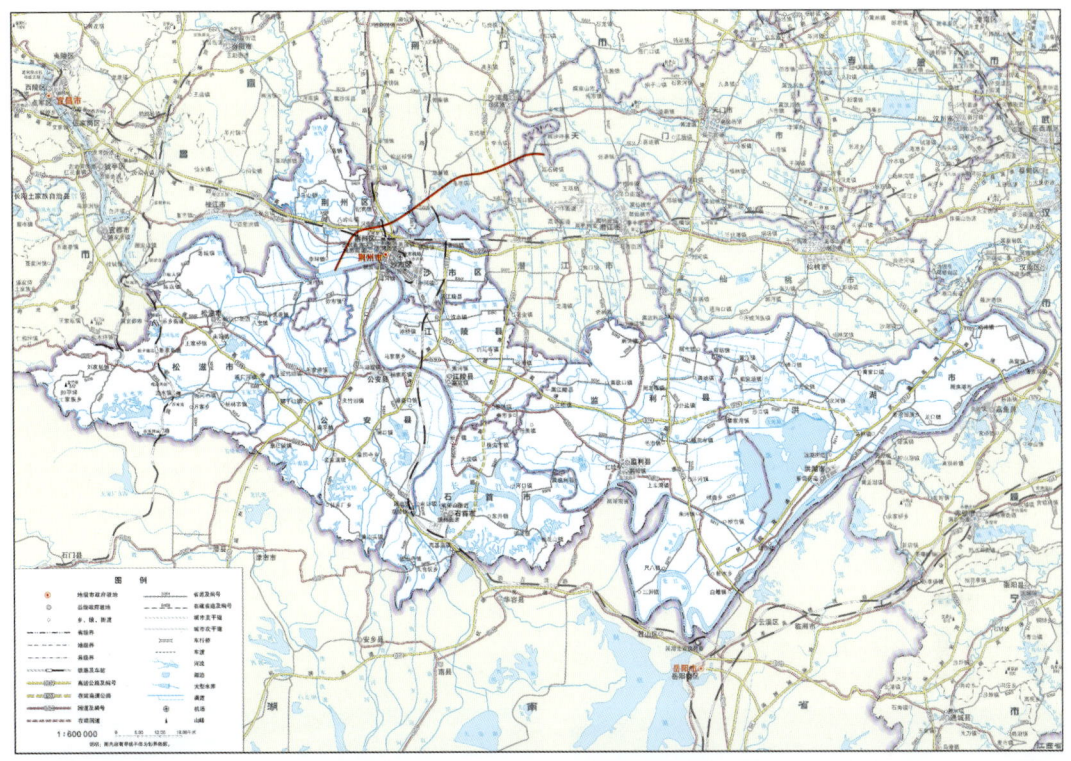

审图号:鄂S(2020)003号

图12-1 引江济汉工程布置示意图

主要建筑有:

龙洲垸进水闸。布置在长江龙洲垸堤内,设计流量350 m³/s,最大引用流量500 m³/s。龙洲垸进水闸为涵洞式,闸底板高程26.5 m,涵闸总宽度95.60 m,过流总净宽80 m,8孔,单孔尺寸均为10 m×8.93 m(宽×高),每2孔一联,共四联,穿堤涵闸顺流向总长103 m,共分6节。闸室段为第1节,长28 m。闸后设沉沙池和沉螺池。

龙洲垸泵站。在长江低水位、渠道自流引水量小于需补水量时,需依靠泵站提水。泵站设计流量200(430) m³/s,泵站装机13×2 000 kW;泵房长49.5 m、宽146.4 m,主体结构为钢筋混凝土结构,分主厂房和副厂房,底板顶高16.70 m。

泵站节制闸。泵站节制闸为开敞式,设计流量350 m³/s,最大引用流量500 m³/s,总宽度62.20 m,过流总净宽49 m,7孔,孔口宽7 m,中间三孔一联,两侧两孔一联。闸顶高程37.00 m,底板顶高程26.92 m(图12-2)。

荆江大堤防洪闸。荆江大堤防洪闸布置在大堤内,设计流量350 m³/s,最大引用流量500 m³/s,涵洞式,7孔,孔口尺寸7 m×8.36 m(宽×高),底板高程26.89 m。

高石碑出水闸。出水闸布置在汉江干堤内,设计流量350 m³/s,最大引用流量500 m³/s,涵洞式,净宽64 m,孔口尺寸8 m×8 m,底板顶高程25.04 m。

船闸。沿线共有船闸5座。其中荆江大堤船闸进口位于龙洲垸进水口下游约

2.25 km处，为新开挖连接河道；高石碑出口船闸上下闸首均采用钢筋混凝土整体结构，平底板，空箱侧墙；另外还有拾桥河船闸1座，西荆河船闸2座。

渠道。引水干渠龙洲垸至荆江大堤为进口段，设计水深8.32~5.73 m，渠内设沉沙池，渠内流速控制在0.25~0.4 m/s，池长2 km，池宽200 m；沉沙池内设有沉螺池，沉螺池宽350 m，池底高程24.5 m，沉螺池流速控制在0.2 m/s；沉沙池出口渠分为两支，一支与泵站节制闸相接，另一支为泵站的进水渠，荆江大堤前2条支渠合并。引水渠全线都为混凝土衬砌硬化。

河渠交叉工程。干渠沿线穿过40多条大小河流及沟渠，其中流量较大的有港总渠、拾桥河、殷家河、西荆河、兴隆河，其余均为当地灌溉、排水渠道，流量较小。设计上贯彻了外水尽量不入引江济汉干渠和枢纽功能多元化的理念，输水干渠穿长湖而过，干渠中水面高于两侧湖面近3 m；引江济汉渠道与拾桥河交叉时采用了平立交结合的布置形式，以保证外水与干渠引水互不干扰（图12-3）。港南渠、港总渠及干渠交叉推荐平交和立交结合的型式（灌溉所需的流量由倒虹吸排向下游，区间洪水由泄洪闸排到渠内。港南渠倒虹吸设计5 m³/s，港总渠倒虹吸设计20 m³/s，港南渠泄洪闸设计20 m/s，港总渠泄洪闸设计250 m³/s）；其余推荐立交型。

图12-2　龙洲垸节制闸和泵站
（湖北省引江济汉工程管理局提供）

图12-3　引江济汉输水干渠
（湖北省引江济汉工程管理局提供）

第2节　引江济汉工程相关区域血吸虫病流行概况

引江济汉工程位于血吸虫病疫情严重的江汉平原，引水口上游的沮漳河水系是重要的钉螺孳生地，涉及当阳市、枝江市、荆州市，及草埠湖和菱湖农场等，据湖北省血吸虫病防治研究所资料，该区域2003—2007年钉螺面积分别为294.30、301.01、355.94、339.96、337.11万 m²；人群血吸虫病检测阳性率分别为5.93%、4.72%、5.52%、10.66%、1.75%；耕牛血吸虫病检测阳性率分别为1.37%、3.23%、2.30%、8.13%、2.42%。

第12章　中线工程血吸虫病研究

引江济汉工程干渠主要涉及荆州区、沙洋县和潜江市。其中荆州区是血吸虫病重度流行区，2007年调查有血吸虫病人8 392人，感染率为1.77%；晚期血吸虫病人135人，发生急性血吸虫感染1例；病牛366头，感染率为5.24%；钉螺面积325.61万 m^2。沙洋县历史上为血吸虫病非流行区，2006年在李市镇黄岭村（位于工程渠流域内）新发现2例急性血吸虫病人，并在黄岭村查出钉螺，有螺面积32 m^2，未发现感染性钉螺。

荆州境内渠首涉及荆州区李埠镇长江外滩龙洲垸的沿江村和天鹅村为无螺区；干渠经过的李埠、纪南、郢城等3个镇均为血吸虫病流行区；工程经过太湖农场的港南渠、港北渠、港总渠、红卫渠为有螺渠道，其他区域和水系均为血吸虫病非流行区。

沙洋县境内工程涉及3个镇，整个渠道途经的环境均为血吸虫病非流行区。

潜江市境内工程出口处只涉及高石碑镇的2个村。2006年春季对工程渠流经的笃实村和长市村进行钉螺调查，普查30 hm^2未发现钉螺，2006年秋季对人群进行普查，两村共血检2 026人，未发现血吸虫病人；境内工程渠道途经的范围远离血吸虫病流行区，渠道两侧1.0 km内均为无螺区；境内接长湖的渠道亦为无螺区，工程出长湖的雷潭村周边为大片不利于钉螺生存的堤外旱田耕种区；境内工程渠道经交叉的东干渠上游尚未发现钉螺，东干渠下游8 km处为血吸虫病流行区。

工程水系涉及东荆河流域的监利县、洪湖市、潜江市、仙桃市、武汉市蔡甸区，境内河渠纵横交叉，形成江河连渠网、渠网连坑塘、坑塘连村湾的格局，均为血吸虫病重度流行区。2003—2007年该区域钉螺面积分别为2 630.50、34 460.38、34 239.65、33 950.04、33 505.02万 m^2；人群血吸虫病检测阳性率分别为8.38%、7.23%、19.35%、21.34%、10.14%；耕牛血吸虫病检测阳性率分别为5.57%、5.78%、5.41%、4.14%、3.15%。

第3节　引江济汉工程区钉螺扩散风险和对策

引江济汉工程上游引水区、工程渠道及与周边水系交叉口存在多处钉螺扩散风险点，而工程干渠出口入东荆河也存在钉螺扩散风险。为此，对引江济汉工程钉螺扩散风险逐一进行了分析研究。

1　钉螺扩散风险

1.1　引水区钉螺扩散风险　工程取水口位于荆州区龙洲垸，距离上游沮漳河出口约3.2 km，因沮漳河滩是钉螺分布密集区，河滩植物生长茂盛，春夏季钉螺大量繁殖，在没有防控措施情况下，存在钉螺随水和漂浮物向下游扩散的可能性，一旦进入龙洲垸取水口，则可通过干渠向汉江方向扩散。为掌握引江济汉工程钉螺扩散风险，采用人工观察方法进行了现场漂流试验，观察了解上游沮漳河滩钉螺对引江济汉干渠的扩散影响。即将沮漳河与长江交接处至引江济汉工程取水口3.2 km的河段为试验区（沮漳河出口与长江交界处确定为漂浮物投放点），于2008年8—9月将当地杂草和树枝分别扎成把作为漂浮物，每把漂浮物约为5kg，每周投放1次，共投放6次，每次用机动船跟踪观察漂浮物流向,并目测、记录漂浮物漂流到取水口附近的离岸距离。结果8—9月共人工投放漂浮物620把(杂草、树枝)在长江中顺水漂流,其中在岸边200 m以内漂流到工程取水口水域的共433把,占总数的69.84%;漂移到200 m以外的共187把,占总数的30.16%。观察还发现有33个漂浮物受风向和过往船只的影响,在距离投放点1.0 km内被激荡至岸边。试验表明取水口存在上游钉螺扩散进入干渠的风险。

1.2 引(取)水方式钉螺扩散风险 干渠5—9月自流引水保证程度满足引水条件时采用自流引水,不能满足时则采用泵站抽提引水(如2—3月、4—10月灌溉期)。自流引水存在钉螺吸附于漂浮物向进水闸内扩散的风险,但根据东线工程研究结果表明进水闸"胸墙"具有一定阻挡漂浮物的作用,即使部分漂浮物由于漩涡而通过进水闸"胸墙",也可因漩涡水流使钉螺脱落而沉降;在泵站抽提引水时,基本是在中层取水,可以避免上游随水漂浮物将钉螺扩散进入渠道;如少量漂浮物通过水泵时携带的钉螺也将与漂浮物完全分离而沉降。

1.3 输水干渠钉螺扩散风险 由于输水干渠全线硬化处理,因此即使有钉螺进入输水干渠也缺乏泥土、植物等条件而难以孳生。干渠与沿线河流交叉时采用了平立交结合的布置,保证外水与干渠引水互不干扰,输水干渠穿长湖时干渠中水面高于两侧湖面近3 m,因此周边水系钉螺难以进入输水干渠。

1.4 汉江中下游钉螺扩散风险 汉江从潜江到武汉的河道弯曲蜿蜒,河滩宽窄不一,其土壤和植被都适合钉螺孳生。但汉江中下游江滩历史上均未发现钉螺,值得关注。

1.5 东荆河流域钉螺扩散风险 东荆河潜江以下河滩环境复杂,钉螺密布,东荆河流域的监利县、洪湖市、潜江市、仙桃市、武汉市蔡甸区均为血吸虫病重度流行区,共有排灌涵闸82座,这些涵闸引水灌溉时可将东荆河滩的钉螺扩散到垸内,但这些风险并不是引江济汉工程带来的,需加强当地的防控力度加以控制和消除。

1.6 航运扩散钉螺的风险 由于荆江大堤船闸进口上游的沮漳河洲滩有钉螺分布,丰水期钉螺可随漂浮物向下游扩散,并通过船闸进入干渠,或通过船只携带进入干渠。鉴于引江济汉工程输水干渠具备航运功能,通航船只产生的船行波可能使钉螺和漂浮物分离,或使漂浮物被激荡至岸边。为了解船只携带钉螺情况,湖北省血吸虫病防治研究所组织人员对沮漳河临江寺出水口及附近水域本地籍所有船只逐一进行调查,共调查船只22条,其中打鱼木船18条、铁渡船4条,结果均未发现船舷吸附钉螺。同时,干渠内航运的船只主要是大型运输船,携带钉螺的可能性很小(文献报道未发现运输船携带钉螺)。

2 工程防控措施

2.1 调整进水口位置 放弃了水位较高、引水条件较好的大埠街进水口,选择了对血防有利的位于沮漳河河口下游3.34 km的龙洲垸进水口,避免钉螺直接进入渠道。

2.2 硬化进口段河岸 对沮漳河河口至进水口约3.5 km河段进行河岸硬化处理,消除钉螺孳生环境。

2.3 在龙洲垸进水闸前设置总长为95.6 m的进口隔栅,阻断钉螺随漂浮物进入渠道。

2.4 在进水闸后建800 m长的沉螺池,将水的流速控制在0.2 m/s以下,以达到沉降钉螺效果。

2.5 引江济汉输水渠道全线硬化,防止钉螺在渠内孳生。

2.6 引江济汉输水渠道与太湖港、港南渠等可能存在钉螺的河流采取立交方式,防止河流交叉致钉螺进渠。

3 引江济汉工程血吸虫病监测

蔡宗大等(2010)对引江济汉水利工程毗邻或途经潜江市高石碑镇、王场镇、积玉口镇、江汉油田4个血吸虫病流行镇(区)和泽口经济开发区、竹根滩镇2个非流行镇(区)开展血吸虫病监测,结果共调查面积849.78万 m^2,发现有钉螺面积17.28万 m^2,调查框数56 296框,活螺数2 405只,活螺平均密度为0.043只/0.1 m^2,解剖钉螺2 405只,未发现感染性钉螺;汉江沿线的2个非流行镇(区)查螺406万 m^2,均未发现钉螺。4个流行镇(区)共血检筛查28 815人,阳性1 705人,血检阳性率为5.91%;粪检1 591人,阳性112人,粪检阳性率为7.04%;人群平均感染率为0.42%。2个非流行镇(区)血检人数均为300人,血检阳性率为1.33%,未发现粪检阳性病例。工程途径的2个非流行村未发现病牛,4个流行镇(区)内粪检耕牛1 322头,阳性9头,耕牛平均感染率为0.68%。

杨伏玲等(2016)选择汉江外滩的长市村和吕垸村作为引江济汉工程钉螺扩散和血吸虫病监测点,选择通顺灌区信心村和董滩村作为兴隆河引水工程血吸虫病监测点。2011—2013年,4个监测点共血检3 809人·次,血检阳性率为1.63%,全部血检阳性人员均进行粪检,未检出粪阳病例。对查出的血检阳性病例均进行个案调查,结果表明查出的血检阳性病例中,65%的人员曾经有疫区打工经历。2011—2012年开展了耕牛查病,4个监测点共完成粪检360头·次,未查出阳性。采用环境抽样的方法,4个监测点共调查223.62万 m^2,调查框数4 586框,均未发现钉螺。

以上监测结果表明,汉江潜江段非流行区监测未发现钉螺,亦未发现血吸虫感染病人和病牛;流行区原有钉螺孳生环境无明显变化,亦未向汉江沿线及非流行区扩散蔓延。因此,南水北调中线引江济汉工程自通水运行以来未出现钉螺和血吸虫病向非流行区扩散,但未来变化趋势尚待长期监测。

第13章

引江济淮工程对血吸虫病的影响

南水北调工程 与血吸虫病——科学认知和应对

引江济淮工程是以城乡供水和发展江淮航运为主,结合灌溉补水和改善巢湖及淮河水生态环境等综合利用的一项大型跨流域调水工程,是安徽版的"南水北调"。工程建成后,将为沿淮、淮北地区提供一个可靠的补水水源,使城市用水保证率达到97%,农业用水保证率达到75%以上。因此,引江济淮是改变淮河中游水资源短缺局面、支撑淮河流域和中原经济区发展不可替代的战略水源工程;是完善现代综合运输体系、优化皖豫产业布局和促进区域协调发展不可多得的重要水运通道;是加快巢湖水环境综合治理、改善淮河水生态环境不可或缺的重要生态保护措施。然而,引江济淮工程途经血吸虫病流行区,长江取水口江滩均有钉螺分布,因此引江济淮工程是否会带来血吸虫病传播风险值得关注。

第1节 工程概况

引江济淮工程位于皖豫两省,共涉及14个地级市,其中安徽省12个市(安庆、芜湖、马鞍山、合肥、六安、滁州、淮南、蚌埠、淮北、宿州、阜阳、亳州),河南省2个市(周口和商丘)。工程包括引江济巢、江淮沟通、江水北送三段(图13-1)。输水线路总长为

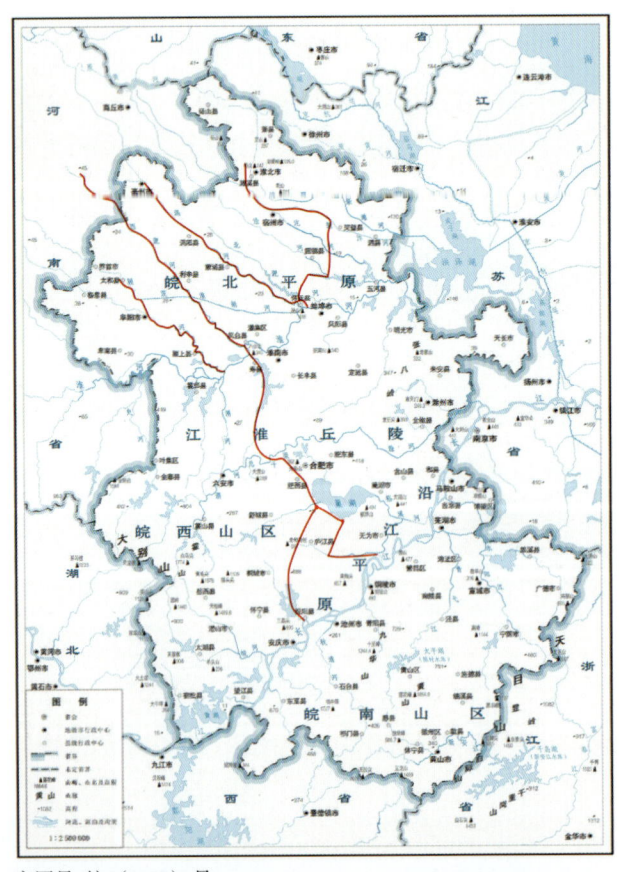

审图号:皖S(2020)8号

图13-1 引江济淮工程线路示意图

1 048.68 km。

1 输水路线和主要工程布置

1.1 引江济巢段 引江济巢线是引江济淮工程的源头工程，采用双线引江方案，由西兆河输水线路、菜子湖输水线路和过巢湖合分线组成，线路全长208.43 km。

西兆河线路：西兆河引江输水线路为一级输水渠，自凤凰颈泵站（一级泵站，位于长江铜陵河段汀家洲左汊凤凰颈排灌站）引江，沿凤凰颈闸站引水渠至西河，沿西河主干上溯至缺口入兆河，经兆河闸入巢湖；线路全长74.45 km，输水规模150 m³/s，河道底宽45~60 m，底高程2.6 m，沿线建有兆河节制闸和兆河船闸，并在凤凰颈排灌站长江侧取水口新建一座拦污闸。

菜子湖线路：菜子湖线为新辟引江线路，为一级输水渠，从新建的枞阳引江枢纽（进水口位于太子矶河段铜铁洲左汊弯道凹岸）引水，枞阳闸下多年平均水位7.79 m，较巢湖多年平均水位6.43 m高1.36 m，部分时段有较好的自流条件。新建枞阳泵站（一级泵站，）设计引江流量150 m³/s，设计提水扬程6.22 m，可兼顾菜子湖排涝。江水从枞阳闸入菜子湖，利用孔城河上溯输水，穿过菜子湖与巢湖流域的分水岭后，入巢湖支流罗埠河，再接白石天河注入巢湖，线路全长113.18 km，输水规模150 m³/s，河道底宽45 m，底高程4.8~2.6 m。输水河道利用现有河湖进行疏浚拓宽建设，其中可利用菜子湖湖区段长26.7 km，疏浚拓宽现有河道64.38 km，新开分水岭段输水河道长22.1 km。沿线建有枞阳引水节制闸、庐江节制闸和枞阳船闸、庐江船闸；枞阳泵站菜子湖侧设检修闸和回转式清污机。

过巢湖方案采用兆河闸上引水方案，在巢湖湖区水质不能稳定达到济淮水质要求时，济淮的江水不入湖（在不济淮期间江水注入巢湖，年均入湖江水约10亿m³)，并在巢湖南岸新开挖明渠（小合分线），途中接引菜子湖线江水后引水至派河泵站，由派河泵站（泵站引水口布置在西兆河线兆河闸上）抽提北送。

1.2 江淮沟通段 自巢湖经派河至蜀山、戴大郢，于大柏店过分水岭，再经东淝河上游至唐大庄、白洋淀入瓦埠湖。沿线在派河入巢湖口处新建派河泵站（二级泵站）、派河节制闸，在江淮分水岭新建蜀山泵站（三级泵站）枢纽，东淝河入淮口利用现有东淝河节制闸。新建派河船闸、蜀山船闸和东淝河船闸。

派河段：为二级输水渠，渠首设计输水位为8.9 m，末端设计输水位7.6 m，派河口提水泵站设计流量295 m³/s，提水扬程4.8 m。自派河口至蜀山泵站枢纽，渠道全长31.35 km，河道底宽60 m、底高程1.8 m。派河泵站进水侧设置拦污控制闸。

分水岭段：为三级输水渠，自蜀山泵站枢纽至唐大庄。渠道全长31.85 km，设计流量为290 m³/s，河道底宽60 m、底高程13.4 m。在蜀山骆郢建设蜀山泵站枢纽，渠首设计输水位为20.3 m，提水扬程12.7 m，配建Ⅱ级船闸一座。蜀山泵站进水口设拦污闸。

东淝河下游及入淮段：自唐大庄至东淝河入淮口，其中唐大庄至白洋淀为东淝河下游段，全长27.70 km；白洋淀至东淝闸为瓦埠湖湖区段，长62.85 km；新建Ⅲ级东淝河船闸。

1.3 江水北送段 拟定西淝河、沙颍河、涡河线为输水干线，向沿线安徽受水区和河南受水区供水，其中西淝河为清水廊道,承担城镇供水任务;沙颍河、涡河为农业灌溉及对水质要求不高的工业用水通道;同时利用怀洪新河及在建的淮水北调等向淮北输水。

西淝河线:西淝河输水干线长347.91 km,其中河道247.91 km,压力管道100 km。口门流量85 m³/s。西淝河下段于凤台县境内西淝河闸入淮河,长72.41 km,共设置7级泵站,总提水扬程24.84 m。新建阚疃南站、西淝河北站输水至茨淮新河,向安徽省阜阳市供水,再利用西淝河上段,新建朱集站继续向北输水至龙凤新河,一支沿龙凤新河北上,通过压力管道向安徽省亳州市供水,另一支继续沿西淝河上段,新建龙德站、袁桥站、赵楼站、试量站向河南受水区供水。朱集闸距后一级拦河水闸清水河袁桥闸约78 km,朱集闸处地面高程约28 m,袁桥闸处地面高程约37 m,差约9 m。在龙德(西淝河龙凤新河口上游,距朱集闸42 km)增设一级梯级,其余基本利用现有拦河闸作为控制。

沙颍河线:口门流量50 m³/s。利用沙颍河,新建颍上站、阜阳站两级提水泵站,总提水扬程12.5 m,输水至阜阳闸上。主要解决对水质要求不高的部分工业用水、灌区农业用水和沙颍河生态补水。沙颍河输水干线长123.6 km。

涡河线:口门流量50 m³/s。利用涡河,新建蒙城站、涡阳站、大寺站三级提水泵站(总提水扬程18.4 m)输水至亳州,主要解决对水质要求不高的部分工业用水、沿线农业用水和生态用水。涡河输水干线长186.47 km。

怀洪新河(输水配套工程)。口门流量35 m³/s。利用已建的怀洪新河何巷闸自流引淮河干流蚌埠闸来水入香涧湖,沿浍河下段至固镇闸下,在刘园干沟口附近设固镇翻水站,沿固镇规划新城区东侧以箱涵输水方式进入三八运河,由沱河地下涵穿过沱河后,沿沱河左岸新开明渠,进入娄宋沟,经娄宋沟至娄庄附近设娄宋站翻水后沿娄宋沟经胜利沟入新汴河,利用新汴河河道向西输水至二铺站翻水入宿州市二铺闸上;自二铺闸上向西沿新汴河、沱河上段经四铺站翻水至四铺闸上后,沿王引河向北输水,至青阜铁路桥附近进入侯王沟,经侯王站翻水至萧濉新河淮北市黄桥闸上。

河南境内输水线路:引江济淮工程(江水北送-河南段)主要利用清水河通过3级提水泵站逆流而上向河南境内输水,经鹿辛运河自流至调蓄池,然后通过加压泵站和压力管道输送至商丘。各县(区)的供水通过设置加压泵站和管道进行输送。输水主体工程包括清水河河道段、鹿辛运河河道段、鹿邑后陈楼调蓄池~柘城七里桥调蓄池段、柘城七星桥调蓄池~睢阳区城湖调蓄段,全长137.5 km,其中河道长64.5 km,压力管道长73 km。

2 调蓄工程布局

根据输水线路布局,输水沿线具备调蓄功能的主要湖泊洼地有菜子湖、巢湖、瓦埠湖和蚌埠闸上淮河干流,这些湖泊洼地目前都建有节制闸,可发挥调蓄工程的作用。其中菜子湖地处菜子湖引江线路源头,其调蓄库容大小与济淮输水工程规模不密切。影响调水规模的调蓄场所包括分布在受水区的巢湖、瓦埠湖以及蚌埠闸上淮河干流。

2.1 巢湖 巢湖流域总面积13 486 km²,其中巢湖闸以上来水面积9 153 km²,主要支流有杭埠河、丰乐河、派河、南淝河、柘皋河、白石天河、兆河等呈放射状注入巢湖。湖区洪水大部分经裕溪河入江。巢湖是全国五大淡水湖之一,巢湖湖底高程一般3.1~4.1 m,蓄水位6.1 m时,水面面积755 km²,库容约17亿m³,为典型的浅水湖泊,承担着蓄洪、供水、水产养殖等功能。巢湖水位控制推荐方案:汛期蓄水位为6.1~6.6 m,非汛期蓄水位为6.6~7.6 m。

2.2 瓦埠湖 瓦埠湖蓄洪区是淮河中游面积最大的一个蓄洪区,位于正阳关至凤台之间淮河以南。瓦埠湖属于东淝河水系,东淝河发源于江淮分水岭北侧,东与池河、窑河流域为界,西邻淠河流域,北抵淮河,流域面积4 193 km²。瓦埠湖南北长52 km,东西平均宽3 km,分属六安市的寿县、合肥市的长丰县和淮南市,常年蓄水位为17.90 m,兴利蓄水库容2亿~3亿m³,设计蓄洪水位21.90 m,设计蓄洪库容11.5亿m³。东淝河出口的东淝闸具有排洪、引淮双向功能,既可相机引淮实现洪水资源利用减少引江水量,也可将经瓦埠湖调蓄后的江水注入蚌埠闸上的淮河干流。本工程瓦埠湖蓄水位采用17.9 m。

2.3 蚌埠闸。蚌埠闸位于蚌埠市西郊,整个枢纽工程由节制闸、船闸、水电站及分洪道组成。其主要任务是蓄水灌溉,兼有航运、发电和交通等作用。节制闸总宽336 m,过水净宽280 m,共设28孔。蚌埠闸扩建后,节制闸分配设计泄流量8 620 m³/s。蚌埠闸现状正常蓄水位为17.4 m,有效调节库容2.72亿m³。蚌埠闸枢纽建成后,发挥了巨大的水资源综合利用效益。利用蚌埠闸上区间淮河干流作为引江济淮受水区的调蓄工程,可减小引江规模、增强对当地水资源的调节,节省引江济淮工程投资,也可充分发挥蚌埠闸的综合利用效益。由于蚌埠闸蓄水位变化对上游淮河干流的防洪影响较大,为不影响蚌埠闸上淮河干流防洪形势,本工程蚌埠闸蓄水位仍采用17.4 m。

2.4 河南境内调蓄池工程 分别在鹿邑县清水河右岸、鹿邑城西、柘城和睢阳区设置试量调蓄池、后陈楼调蓄池、七里桥调蓄池,其中试量调蓄池、后陈楼调蓄池和七里桥调蓄池为新建工程,睢阳区城湖调蓄池为现状已有工程。

3 工程调度原则

3.1 水量调度原则 ①遵循节水为先、适度从紧的原则,统筹协调水源地、受水区和调水下游区域用水,加强生态环境保护。水量调度以批准的多年平均调水量和安徽省、河南省水量分配指标为基本依据,服从长江、淮河流域水资源统一调度;加强节水和需水管理,分水口门严格按分配的水量和流量进行调度。②遵循联合运用原则。引江济淮工程是沿淮及淮北受水区的补充水源,应与当地地表水源、地下水源联合运用,发挥当地调蓄场所拦蓄作用,确保控制断面生态基流,实现水资源优化配置与合理利用。供水时优先使用当地水(含非常规水源)和上游来水;若受水区用户用水需求不满足时,利用引江济淮工程增加供水;若引江济淮工程长江干流取水口满足可引江条件,且引江规模有富余时(大通站流量为11 000 m³/s),可提前引(提)水充蓄巢湖、蚌埠闸上淮河干流及瓦埠湖,保证巢湖在6—8月水位不低于6.1 m,其他月份水位不低于6.6 m,蚌埠闸水位不低于17.4 m,瓦埠湖水位不低于17.9 m,以便北送。③遵循生态优先原则,优先保证各区域河道内生态用水。当长江大通站达到最小生态流量10 000 m³/s

时，供水水源配置次序：当地地表水、地下水、引江济淮；当地水配置用水次序：农业、生活、工业、生态；引江济淮水源配置用水次序：生活、工业、生态、农业。

3.2 巢湖调度原则 当引江水量进入巢湖后，要在上述防汛调度原则的基础上制定水量调度原则，为了充分发挥巢湖的调蓄作用，巢湖在引江济淮工程中要充分起到调峰补枯作用，在6—8月当巢湖水位低于6.1 m，其他月份水位低于6.6 m时，不管淮河区是否需要引江补水均开机抽水，以维持巢湖6—8月不低于6.1 m，其他月份水位不低于6.6 m。巢湖生态补水属相机性质，不占用引江规模、不影响淮河调水、不加重防洪风险。

3.3 蚌埠闸上淮河干流及瓦埠湖调度原则 瓦埠湖正常蓄水位17.90~18.40 m，由省防汛抗旱指挥部根据需要实施调度，安徽省淮河河道管理局负责实施，国家防总下达分蓄命令。蚌埠闸正常蓄水位为17.4 m，干旱或用水高峰时可抬高至17.9 m，由安徽省淮河河道管理局按省防指要求负责调度。引江济淮工程有可引水量时，当蚌埠闸水位低于17.4 m时或瓦埠湖水位低于17.9 m时，不管受水区内是否缺水均开机抽水，以维持蚌埠闸和瓦埠湖水位分别不低于17.4 m和17.9 m，使蚌埠闸上及沿淮洼地可存蓄引入水量，以备引水或当地水资源少时使用。

3.4 河南境内调蓄池 分别在鹿邑县清水河右岸、鹿邑城西、柘城和睢阳区设置试量调蓄池、后陈楼调蓄池、七里桥调蓄池。其中试量调蓄池、后陈楼调蓄池和七里桥调蓄池为新建工程，总库容分别为292万、342万、202万 m³。睢阳区城湖调蓄池为现状已有工程。调蓄池规模按3 d需供水量确定。

4 工程特点

引江济淮工程是以城乡供水和发展江淮航运为主的跨流域调水工程，工程布置和运行类似南水北调东线，具有一些相似特点。

4.1 地形地貌 引江济淮工程涉及区域地形呈波状起伏，长江与淮河之间以江淮分水岭为脊，向东南、北两侧倾斜；沿江为低洼圩区，江淮之间为起伏丘陵，淮河以北为淮北平原，向西北逐步抬升。按工程输水线路经过的区域，可大致划分为巢湖以南、江淮之间和淮河以北三大区。巢湖以南：巢湖和菜子湖流域地势起伏，地貌多样，总的地势是西高东低。菜子湖与巢湖分水岭地区地势总体由西北向东南倾斜。江淮之间：为江淮丘陵地区，大致以江淮分水岭为脊，向东南、北两侧倾斜。淮河以北：淮河以北沿淮地区地势低洼，淮北地区除东北边缘及局部零星分布有低山残丘外，其余为地势平坦的洪冲积平原，地势自西北向东南倾斜。

4.2 梯级提水 鉴于地形特点，引江济淮工程需依靠泵站提水逆流北送，引江济淮工程共设置梯级泵站16座，总装机192 915 kW。其中淮河以南三级4座泵站，提水扬程23.72 m，总装机124 000 kW；淮河以北七级12座泵站，最大提水扬程24.84 m（西淝河线），总装机68 915 kW。在引江济淮时水流逆流向北，不引江或排洪时水流顺流向南。

4.3 水源调度 按照统筹协调、联合运用、生态优先原则进行水源调度。引江济淮工程是沿淮及淮北受水区的补充水源，当地地表水源、地下水源联合运用，优先使用当地水和上游来水。引江规模有富余时（大通站流量为11 000 m³/s）提前引(提)水充蓄巢湖、蚌埠闸上淮河干流及瓦埠湖。当长江大通站达到最小生态流量10 000 m³/s时，中下游调水工程和引水工程引水流量缩减20%~30%。

4.4 节制工程 根据输水线路布局，输水沿线具备调蓄功能的主要湖泊洼地有菜子湖、巢湖、瓦埠湖和蚌埠闸上淮河干流，这些湖泊洼地目前都建有节制闸，可发挥调蓄工程的作用。河南境内设有试量调蓄池、后陈楼调蓄池、七里桥调蓄池和睢阳区城湖调蓄池。引江济淮工程部分输水河道与湖泊建有控制闸，可利用为本输水工程的节制工程，如庐江节制闸、派河口节制闸、龙德节制闸等。

4.5 航运工程 引江济淮工程主要航运线路有菜子湖航道、兆河航道、江淮沟通航道、湖区航道（菜子湖、瓦埠湖）。菜子湖航道为Ⅲ级标准航道140.6 km，其中利用输水渠道93 km，疏浚菜子湖、巢湖湖区航道47.6 km；兆河航道为Ⅲ级标准航道56.7 km，其中利用输水渠道24 km，扩挖兆河河道7.8 km，疏浚巢湖湖区航道24.9 km；江淮沟通航道为Ⅲ级标准航道157.4 km，其中利用输水渠道114.9 km，瓦埠湖湖区航道41.5 km。

4.6 沿线湿地 引江济淮工程沿线有10个湿地公园（太和沙颍河国家级湿地公园、涡阳道源国家级湿地公园、嬉子湖省级湿地公园、菜子湖省级湿地公园、淮南焦岗湖国家湿地公园、利辛西淝河省级湿地公园、滨湖省级湿地公园、肥西三河省级湿地公园、颍东区东湖省级湿地公园、鹿邑县涡河省级湿地公园），1个重要湿地（巢湖重要湿地）。输水线路穿越湿地公园或影响湿地水文情势。

第2节 血吸虫病传播风险

引江济淮工程建设和运行涉及血吸虫病流行区，控制和消除血吸虫病传播风险对于工程建设和安全运行具有重要意义。为此安徽省血吸虫病防治研究所开展了相关调查和研究。

1 血吸虫病流行概况

根据工程规划，引江济淮工程菜子湖线路途经33个血吸虫病流行村，其中枞阳县11个、安庆市宜秀区6个、桐城市16个；途经地区人群血吸虫病血检阳性率为2.32%，历史累计钉螺面积为3 386.73万 m²，现有钉螺面积为127.00万 m²，钉螺平均密度为0.096只/0.1 m²。其中菜子湖中有一孤岛（燕窝山）的滩地有钉螺分布（有钉螺面积23.64万 m²）。西兆河线路途经5个血吸虫病流行村，其中无为县3个、巢湖市2个；途经地区人群血吸虫病血检阳性率为3.12%，历史累计钉螺面积为434.14万 m²，现有钉螺面积为58.16万 m²，钉螺平均密度为1.632只/0.1 m²。2条线路的引水口（枞阳引江枢纽和凤凰颈引水泵站）地区疫情均较严重，人群血检阳性率较高，且现有钉螺面积主要分布在引水口地区长江外滩；而工程引水口至巢湖段途经的流行村大多为历史血吸虫病流行区，目前基本已无钉螺分布。其中巢湖湖区历史上从未发现有钉螺，巢湖周边地区为血吸虫病流行区。引江济淮输水干线巢湖至淮河段历史上从未发现钉螺和当地感染的血吸虫病,系血吸虫病非流行区。

2 巢湖无钉螺孳生原因

巢湖位于长江下游左岸、安徽省中部,地处北纬31°25′~31°43′,东经117°16′~117°51′。整个流域处于长江、淮河两大河流之间,在北纬30°58′~32°06′、东经116°24′~118°00′。巢湖大致成湖于上更新世末至全新世初期,其基底是晚更新世的下蜀黄土层。湖泊东西长54.3 km,平均宽度15.10 km,湖岸线总长度184.7 km。多年来平均水位8.4 m,湖泊面积770 km²,湖容积20.7亿 m³。有33条河流呈放射状汇入巢湖,其中主要有6条,南淝河、派河、杭埠-丰乐河、白石山河由西部汇入湖区;柘皋河、兆河由东部汇入湖区。由西部汇入湖区的4条主要河流其径流量占入湖总量的90%以上。只有湖东端的裕溪河与长江相沟通,是巢湖唯一的出水河流,所以湖水总趋向是由西向东。湖口距长江约60.4 km,为调控流域内的洪、旱灾害,巢湖闸和裕溪闸于1952年和1968年分别在湖口及入长江口处相继建成,使巢湖由过水性河流型浅水吞吐湖变为人工控制水位的半封闭型湖泊。巢湖的水位在1960年代以前受长江水位涨落的影响波动很大,但洪水倒灌现象并不严重。自1960年代修建巢湖闸和裕溪闸后,巢湖水位受到人为的严格控制。1962—1981年水位年平均高程为8.14 m,水位最高期在7—10月,水深为4.00~6.59 m;水位最低期在1—3月,水深为2.50~3.00 m。由此可知巢湖的水位落差大,水位升得快,降得慢。建闸后比建闸前冬春季水位提高了1.50~2.00 m。巢湖流域属于亚热带和暖温带过渡性副热带季风气候区,年平均气温为16.3℃,平均气温最高在7—8月,为28.7℃,最低在1月,为2.7℃。巢湖流域雨量充沛,年平均降雨量为724.6~1 445.3 mm,主要集中在6—8月。

巢湖土壤沙化严重,部分湖底土质板结。入湖河流携带泥沙在河口沉积形成三角洲,进而出现大面积洲滩,尤以杭埠河口、派河口显著。湖的底质以粉砂、砂、泥质砂和砂质泥为主,淤泥层较薄。巢湖闸建成后使巢湖通过裕溪河向长江输沙量减少26.9%,每年湖盆增加泥沙淤积量约30万吨,因而土壤沙化日趋严重。巢湖水生植被种类和数量均偏少,特别是沉水植物种类明显偏少。54种水生植物中绝大部分都是长江中下游湖泊中普生性的种类。其中面积与产量较大者有芦苇、范草、竹叶眼子菜、黑藻4种植物。巢湖水生植被面积约1 987万 m²,占该湖总面积的2.51%。在巢湖闸和裕溪闸建成之前,巢湖水位受长江水位涨落的影响波动很大,长江洪水的泛滥往往给巢湖水生植被带来严重影响。在巢湖建闸后沿岸植被因控制水位提高也遭到了不同程度的破坏。另外,巢湖风浪大,部分湖底板结,影响漂浮植物的分布和其它水生植物扎土入根。同时风浪翻动湖底的淤泥,加上河流带入湖中的泥沙,使湖水混浊,限制了沉水植物的分布和生长。目前巢湖是我国五大淡水湖中污染最严重的一个湖泊,湖水夏季呈淡黄色,冬季呈黄绿色,透明度0.15~0.20 m,pH 7.0~8.9,矿化度为157 mg/L,为HCO_3型水。巢湖水质目前主要受到氮、磷等营养元素与有机物的污染。湖水的有机物污染指标及总氮、总磷含量严重超标,并呈加重趋势。

据巢湖市居巢区血吸虫病防治站螺情资料记载,巢湖历史上从未有钉螺孳生。1980年代后该血防站曾多次对巢湖沿岸周边环境进行了系统抽样查螺,未曾发现钉螺。2004年5月,该血防站又对巢湖周边马尾河与巢湖交汇处、拓皋河与巢湖交汇处、兆河与巢湖交汇处、大涧河与巢湖交汇处、裕溪河与巢湖交汇处等可疑环境,以及巢湖闸附近进行了环境抽样查螺,仍未发现有钉螺孳生。安徽省血吸虫病防治研究所从2000年起连续2年对巢湖周边地区现有螺、历史有螺和可疑环境进行了螺情调查,其中2000年调查面积为103.6万 m^2,2001年调查面积为82.4万 m^2,结果只在巢湖下游的裕溪口闸和凤凰颈闸长江外滩附近发现钉螺。

分析巢湖无钉螺孳生的原因,主要有:①钉螺很难扩散至巢湖。中华人民共和国成立后巢湖流域发生全流域性洪水5次,局部性洪水11次。但几乎没有一次洪灾是直接由于长江水倒灌至巢湖而引起的,裕溪河也从未发现有钉螺孳生。近年来巢湖东岸丘陵地区如高林、槐林等发现残存钉螺,且有螺溪流也流入巢湖,但目前未发现钉螺向巢湖扩散,其原因可能与有螺地带距巢湖相对较远、有螺水系常年径流量极小、水流非常缓慢、水流方向不恒定等因素有关;另外当地血防部门查螺、灭螺措施及时有效,钉螺也难以在下游水系孳生繁殖。②巢湖局部环境不适合钉螺生存。巢湖土壤沙化严重,植被资源相对贫乏,湖区风大浪高,局部土质板结,不适合钉螺生存。③地质因素不适宜钉螺孳生。朱中亮认为所有钉螺分布区均属第四系,非第四系各类出露地层均无钉螺分布,第四系地层的相对稳定性决定了钉螺分布严格的区域性,而巢湖周围无螺区均非第四系。

3　工程沿线人工放养钉螺模拟试验

为了解钉螺在引江济淮工程巢湖至淮河段生存繁殖可能性,选择巢湖市马尾河、肥西县大柏店、寿县瓦埠湖为实验观察点,选择工程引水口无为县刘渡作对照点,采用螺笼放养法,观察实验点和对照点钉螺在放养不同时间后的存活率及生殖腺发育情况,并记录各观察点月平均气温、月日照时数及月降雨量,试验观察为期9个月。结果:巢湖市马尾河、肥西县大柏店的钉螺生存率显著低于对照点;寿县瓦埠湖钉螺放养7个月后的钉螺生存率显著低于对照点。实验点与对照点钉螺生殖腺丰满度的月份变化不相一致。各实验点的月平均气温(瓦埠湖除外)及日照时数与对照点相比差异无显著性,但月降雨量均显著低于对照点。结果提示引江济淮工程巢湖至淮河段沿线不适宜钉螺生存。

4　钉螺在巢湖生存繁殖能力实验观察

为进一步了解钉螺在巢湖生存繁殖能力,安徽省血吸虫病防治研究所于2004—2009年采用现场人工螺笼放养试验、生态模拟试验和实验室研究等方法,对钉螺在巢湖湖区生存繁殖的可能性进行了研究。结果表明钉螺可以在巢湖生存、产卵繁殖、产生子代。

2004年4月起,采用螺笼放养法,对引江济淮工程引水口附近长江江滩钉螺在巢湖的生存繁殖进行了为期1年的观察。结果钉螺放养1个月后,雌螺卵巢出现螺卵,3个月后有幼螺产生;经过1个冬天,1年后回收时仍发现有一定数量活螺,且螺口数由放养时的100只增加到189只。

2007年4月起,在工程引水口无为县凤凰颈闸外长江江滩采集钉螺,采用螺笼放养法对其在巢湖湖区生存繁殖能力进行为期

14个月的观察,同时在试验钉螺采集地设置对照点。每个螺笼投放钉螺100只,每个观察点放置螺笼若干个。结果钉螺放养后2、4、6、8、14个月,其在巢湖两个试验区存活率分别为50.56%(45/89)~87.76%(86/98)、54.35%(50/92)~92.39%(85/92),在对照区的存活率为51.76%(44/85)~95.51%(85/89),试验区和对照区钉螺存活率差异无显著性。观察期间各观察区均有子代钉螺产生,且子一代钉螺生长发育良好,能产生子二代钉螺,螺口数总体呈上升趋势。结果表明,在试验条件下钉螺在巢湖生存繁殖情况良好,与血吸虫病流行区无显著性差异。

2007年6—12月开展了生态模拟试验:在巢湖湖区马尾河口划一定区域,模拟巢湖环境试验区;在工程引水口附近的血吸虫病流行区无为县姚沟镇划定一区域,模拟血吸虫病流行区环境(对照区)。对钉螺在模拟现场生态环境中生存繁殖能力进行观察,为期7个月。结果试验期间钉螺在模拟巢湖环境(试验区)和模拟血吸虫病流行环境(对照区)中存活率均在70%以上,尤其是在放养7个月后(2007年12月),钉螺在模拟巢湖环境中的存活率仍达到71.79%,试验区和对照区同期钉螺存活率无显著性差异。在钉螺放养1个月起,试验区和对照区均检获一定数量子代钉螺(包括子代成螺和幼螺),最少为9只,最多为45只。生态模拟试验进一步表明钉螺可以在巢湖生存繁殖。

巢湖水质对钉螺螺卵孵化影响的试验:在钉螺产卵季节取光壳钉螺螺卵150个,随机分成2组,每组75个,分别置于2个培养皿中,1个培养皿中加巢湖水作实验组,另一个加光壳钉螺孳生地的水作对照组。另取肋壳钉螺螺卵100个,随机分成2组,每组50个,分别置于2个培养皿中,1个培养皿中加巢湖水作实验组,另一个加脱氯自来水作对照组。室内观察实验组和对照组螺卵孵化情况,观察期间每日记录室内温度。结果24 d后实验组与对照组中光壳钉螺螺卵孵化率差异无显著性;21 d后实验组与对照组中肋壳钉螺螺卵孵化率差异无显著性。以上试验结果表明:巢湖水质虽然污染严重,但钉螺具有很强的适应能力,短期内巢湖水质对光壳和肋壳钉螺螺卵孵化无明显影响,对于种群适生性来说可能需要更长的时间进行观察。

5 引江济淮工程钉螺扩散途径和方式

钉螺扩散方式最主要的是吸附于漂浮物循水系漂流扩散,其次是由夹带的方式通过苗木、芦草、渔具、水产品等远距离跨越式扩散。前者多与水系或水利工程(如输水/灌溉河渠)有关,因此引江济淮工程从江边到巢湖的两条引水线路值得关注。引江济淮工程钉螺潜在扩散途径和方式有:

(1)漂流扩散。菜子湖线路从新建的枞阳枢纽引水,部分时段采用自流引水的方式存在钉螺向长河、菜子湖漂流扩散的风险,甚至进一步通过沿线涵闸随水流向周边灌区扩散。在长江丰水期7、10月采用网捞法对无为县凤凰颈闸和枞阳县白荡闸内、外闸口设点打捞漂浮物,检查漂浮物携带钉螺情况,结果在凤凰颈闸共打捞漂浮物71.4 kg,捕获水生螺蛳697只,主要有田螺、沼螺、扁卷螺、椎实螺,未查到钉螺;在白荡闸共打捞漂浮物47.3 kg,捕获螺蛳217只,其中在闸口外的漂浮物中发现11只钉螺,钉螺主要附着在水草(9只)和芦柴(2只)上。鉴于取

第 13 章　引江济淮工程对血吸虫病的影响

水口外江滩钉螺可能在相当长的时期内都不会自行消失,取水口门自流引水时钉螺扩散风险将长期存在。而在枞阳泵站和凤凰颈泵站通过水泵提水时,因水泵内高速旋转水流作用可使钉螺从漂浮物上脱落,缺乏载体的钉螺即在水体中沉降而不能漂流扩散,钉螺扩散风险将视输水河道条件而定。

(2)夹带扩散。施工期间枞阳枢纽堤外江滩开挖、弃土运输等都有可能造成钉螺被夹带而随弃土扩散;西兆河线路凤凰颈泵站改造工程不涉及长江外滩钉螺分布区。规划中需实施水土保持工程,如从流行区引进苗木、草皮等植物则可能夹带钉螺进入工程区而造成扩散。随土或植被夹带钉螺输入的后果需在未来若干年才逐步显现。调查巢湖市园林管理处从血吸虫病疫区(芜湖市清水镇)引入一批树苗,部分种植在巢湖公园滨湖区域,经对其中 2107 棵进行调查未发现钉螺;对无为县刘渡镇荣胜、花园和枞阳县潘庄入户调查 179 件当地居民在有螺环境携带的芦草、农具、工具等,未查到钉螺。

(3)船只携带。为了解钉螺能否吸附船只扩散,通过分期分批(8 批)对裕溪船闸船只携带钉螺情况调查。共检查船只 131 艘,其中小于 100 t 56 艘,100~199 t 52 艘,200 t 以上 23 艘,结果未发现船只携带钉螺。裕溪船闸管理处统计,平均每日由长江通过船闸进入内河的船只约 60 艘,货运量约 2 000 t,其中绝大多数是运输建材和矿物原料(包括煤炭),分别占 92% 和 5%,而运输植物的船只不足 1%。

(4)移民安置。按照引江济淮工程规划,菜子湖线和西兆河线移民均采取就地后靠安置,大部分为集中安置,安置区均无钉螺分布,安置后不会增加移民感染血吸虫病的风险。但需注意移民可能有赴沿江有螺区捕捞作业等生产习惯带来的风险。

6　钉螺扩散风险分析及防控

根据以上调查和分析可以确定引江济淮工程钉螺扩散风险主要在于引江济巢段相关区域,即长江引水口门等原血吸虫病流行区。

菜子湖线路虽然存在自流引水风险,但工程建设在枞阳引江枢纽节制闸进水引河(2.5 km)、泵站和船闸进水引河(各长 450 m)的河道两侧坡面均采用自锁型 C20 砼预制块护坡。由于该河段直接与长江相通,两岸滩地是钉螺孳生地,通过河岸硬化,使钉螺失去土壤和植被而不能生存,从源头上阻止钉螺沿输水线路向内河扩散。同时,枞阳泵站菜子湖侧设置的回转式清污机有助于防止钉螺吸附于漂浮物向内陆河湖扩散。

长河起于枞阳引江枢纽,止于菜子湖,全长 7.59 km,长河河堤及堤防内侧均采用自锁型 C20 砼预制块护坡,堤防外侧采用草皮护坡。孔城河全长 16.15 km(历史上有钉螺孳生),河道及堤防内侧采用自锁型 C20 砼预制块护坡,部分采用现浇混凝土护坡,堤防外侧采用草皮护坡。长河和孔城河硬化护坡后可以防止扩散来的钉螺在此孳生繁殖,可以减少植物性漂浮物(使钉螺失去吸附载体),从而使该河段成为"沉螺区",防止钉螺向下游河道扩散(目前自孔城河下游的柯坦河至巢湖均是无钉螺分布的血吸虫病非流行区)。

引江济淮运行期西兆河线路凤凰颈排灌站从长江取水将成为常态,因此在凤凰颈泵站长江侧新建一座拦污闸,既阻止了杂草、杂物等污染物从长江进入水泵流道而影响泵站运行安全,同时也可防止钉螺吸附漂浮物向内河扩散。

巢湖历史上从无钉螺孳生,虽然现场试验中钉螺短期内可在巢湖孳生繁殖,但研究也表明巢湖土壤沙化严重,植被资源相对贫乏,湖区风大浪高,局部土质板结,不适合钉螺生存(未来钉螺在巢湖的适生性仍值得继续关注)。因此,如果菜子湖线路和西兆河线路有钉螺扩散进入巢湖,则巢湖可以防止钉螺继续北上扩散,甚至钉螺最终在巢湖消亡。

引江济淮工程需依靠梯级泵站提水逐级北送,其中江淮沟通段设2级泵站,江水北送段设7级泵站(西淝河线),同时沿线还有许多水工建筑,如派河口节制闸、龙德节制闸、东淝河节制闸,派河泵站拦污闸、蜀山泵站拦污闸等。按照南水北调东线一期工程血吸虫病研究成果,这些水工建筑都具有阻挡钉螺扩散的作用。特别是江水北送段部分线路通过压力管道(100 km)输水,因此引江济淮工程运行不会使钉螺通过调水方式北移扩散。

引江济淮工程血吸虫病防控重点是做好引水口门及原血吸虫病疫区钉螺的监测和防控,从而防止血吸虫病在这些区域再流行或加重流行。具体说,施工期要做好引水口门有螺土处理和施工人员防护,防止粪便污染;防止引进流行区苗木、草皮等植物。运行期重点做好引水口门、弃土区及原疫区钉螺监测;做好水源河道(长河、孔城河、菜子湖及西兆河、巢湖等)漂浮物钉螺监测;做好血吸虫病传染源输入监测。

第14章

引江济太工程对血吸虫病的影响

南水北调工程 与血吸虫病——科学认知和应对

太湖是我国第三大淡水湖,是典型的大型浅水湖泊,水面面积2 338 km²,是流域洪水和水资源调蓄中心,对维系流域防洪安全、供水安全和良好的生态环境具有不可替代的作用。以太湖为中心的太湖流域地处长三角地区的中心区域,涉及江苏、浙江、上海、安徽三省一市,2019年以全国0.4%的国土面积承载了全国4.4%的人口和9.8%的GDP。流域经济社会高度发达,人口密集,城市集中,是我国高度城镇化地区之一。流域多年平均水资源总量为176亿 m³,而2019年流域用水总量338.7亿 m³,用水总量明显大于水资源总量。同时,由于流域经济社会的快速发展和水污染治理的相对滞后,流域水环境污染日益严重,20世纪80年代以来,太湖水质逐年恶化,水体呈富营养化态势。2007年5月底,太湖蓝藻大面积暴发,水质型缺水问题严重影响了太湖周边和流域下游地区的供水安全。为贯彻中央关于彻底治理太湖的重大决策,进一步加大太湖治理力度,国家发改委组织编制了《太湖流域水环境综合治理总体方案》。确定太湖流域水环境综合治理以污染物总量控制为核心,保障饮用水安全,采取污染源治理、提高太湖流域水环境容量(纳污能力)、生态修复及建设、节水减排建设、能力建设等保障措施,达到近期、远期治理的阶段性目标。其中提高太湖流域水环境容量(纳污能力)是太湖水环境综合治理措施之一,遵循"先治污,后调水"的原则,扩大引江济太调水规模,实施调水引流工程。

在总结引江济太实践的基础上,江苏省太湖地区拟规划实施"三大调水循环":(1)"长江→望虞河→贡湖→太湖→太浦河"循环。通过望虞河调引长江水入太湖,增加太湖水体流动。(2)"长江→望虞河→贡湖→梅梁湖→梁溪河→无锡城区河网→走马塘→长江"循环。利用望虞河引入的长江水和太湖水进入梅梁湖,再用梅梁湖水改善运河和无锡城区河网水体排入走马塘入江。(3)"长江→新孟河→滆湖→太湖→梅梁湖→新沟河→长江"循环。通过新孟河引长江优质水资源入太湖,进一步促进太湖和梅梁湖、竺山湖水体流动,部分水量由新沟河排入长江,大部分水量进入太湖并通过太浦闸下泄,提高太湖湖体流动的范围和强度。目前,前两个调水循环已建成并发挥了作用,第三个循环正在加紧建设中,预期2021年完工。

鉴于太湖流域历史上是我国血吸虫病流行最严重的地区,因此,在大力推进太湖生态综合治理之际,《21世纪经济报道》于2008年11月6日发表了"引江济太及恢复湿地,可能加剧血吸虫扩散"的报道,并有其他媒体进行了转载,引起了国务院有关部门的关注。江苏省血吸虫病研究所为此开展了相关调查,其后实施的太湖治理重点工程环境影响评价也增加了血吸虫病专题评估。

第1节 太湖流域血吸虫病流行概况

太湖流域河网纵横交错,大小湖泊星罗棋布,地势低洼,流域年平均气温15~17℃,多年平均降雨量为1 100多毫米,适宜钉螺孳生,历史上是我国血吸虫病流行最严重地

第14章　引江济太工程对血吸虫病的影响

区,主要包括江苏省环太湖地区的苏州市、无锡市、常州市和太湖南缘浙江省嘉兴市、湖州市,以平原水网型血吸虫病流行区为主。

苏州市1990年统计全市3 482个行政村中有2 327个属于血吸虫病流行区(苏州所辖张家港市全部及常熟市、太仓市北部沿江地区为非流行区),历史累计血吸虫病人1 036 387人,钉螺面积4.13亿 m^2。其中昆山市、吴县和常熟市列全国最严重血吸虫病流行县(血吸虫病人数超过20万),截至1981年历史累计血吸虫病人数和钉螺面积分别为281 768人、1.56亿 m^2,256 744人、0.59亿 m^2,208 998人、1.04亿 m^2。中华人民共和国成立初期苏州地区条条河浜有钉螺,村村户户有病人,血吸虫病的流行严重危害疫区人民身体健康和经济社会发展。昆山市在中华人民共和国成立前因血吸虫病流行而造成的"无人村"就有100多个。中华人民共和国成立初期昆北6个乡(镇)调查80%以上居民患有血吸虫病;昆山曾因血吸虫病流行严重而连续7年免征兵役。常熟市任阳乡中华人民共和国成立初期调查劳动力5 638人,结果70%患有血吸虫病;1964年常熟莫城公社甸庄大队粪检608人,孵化毛蚴阳性497人,阳性率高达81.74%。截至2019年,无锡市历史累计血吸虫病281 737人,历史累计钉螺面积5 636.29万 m^2;常州市历史累计血吸虫病114 990人,历史累计钉螺面积3 935.61万 m^2。江苏省环太湖地区在血吸虫病防治初期调查发现疫区居民习惯使用马桶,把粪缸置于宅基旁边的河岸上,粪便倒入粪缸后就在水码头上洗刷马桶,而河边粪缸多数没有棚盖,遇到大雨粪缸满溢,粪便流入河道,污染水源。同时,许多渔民、船民在船上直接向河内排便,使含有大量虫卵的粪便进入水中,孵出毛蚴后感染钉螺。20世纪50—60年代农村中粪缸、厕所常可见脓血便,造成水码头周围钉螺感染率很高。1961年3—8月在常熟古里公社(乡)12大队(现团结村)童家浜村河道调查水码头61个,有钉螺的41个,钉螺平均密度7.43只/0.1 m^2,钉螺感染率2.96%;同年4—9月在昆山巴城公社宋家大队进行村庄周围钉螺感染率调查,发现感染性钉螺的密度与离村庄远近成正比,愈近村庄感染性钉螺密度愈高,在离村庄50 m以内发现感染性钉螺平均密度为0.045只/0.1 m^2,离村庄50 m以外感染性钉螺平均密度为0.005只/0.1 m^2;离水码头50 m内感染性钉螺较多,50 m以外明显减少。说明感染性钉螺密度的高低与人群洗刷马桶、粪便污染水源密切相关。另外苏南农民还习惯在河内淘米、洗菜、洗衣服等;夏天也常在河内洗澡,青年、儿童在河内游泳、嬉水等;农村劳动力常年在水田生产劳动,渔民、船民终年离不开河水,频繁接触疫水,极易感染血吸虫。而市镇职工则接触疫水机会较少,血吸虫感染率也较低。在苏南水乡多数村庄建在河边,有的村庄四周均是河浜,交通十分不便,出门便需用船,接触疫水频繁,感染机会极多,加之人口稠密,血吸虫病流行严重。

太湖南缘的嘉兴市位于浙江省东北部、长江三角洲杭嘉湖平原腹地,东临大海,南倚钱塘江,北负太湖,西接天目之水,京杭大运河纵贯境内。境内地势大致呈东南向西北倾斜,市境最低为太湖边的浅碟形洼地,其中秀洲区和嘉善北部最为低洼,平原被纵横交错的塘浦河渠所分割,田、地、水交错分布,是典型的水网平原地区。嘉兴市所辖区、县(市)均为血吸虫病流行区,全市累计血吸虫病127.3万人,累计钉螺面积2.01亿 m^2。以1981年底统计资料,嘉兴、嘉善和平湖均属水网型血吸虫病流行区,位列全国血吸虫病最严重流行县(血吸虫病人数超过20万),累计血吸虫病人数分别为354 625人、245 774人和239 082人;累计钉螺面积分别为5 588.84万 m^2、6 652.03万 m^2 和2 748.07万 m^2。1950年嘉兴地区解剖钉螺67 484只,阳性1 736只,阳性率2.57%;1952年嘉兴地区检查103 449人,查出血吸虫病24 166人,平均阳性率为23.36%;其中嘉兴斜桥乡、步云乡等抽查3个村农民1 233人,结果阳性726人,阳性率58.8%;抽查嘉善双溪乡3个村农民669人,阳性343人,阳性率为51.27%;抽查平湖县虹霓乡初小学生72人,阳性38人,阳性率52.78%。调查发现嘉兴地区居民也存在在河边刷马桶、洗衣洗菜等习惯,感染血吸虫方式与苏州地区相同,因此血吸虫感染率亦高。

湖州市位于太湖南岸,东部为水乡平原,西部以山地、丘陵为主。历史累计血吸虫病78 901人,累计钉螺面积5 348.10万 m^2,辖区包括吴兴区、南浔区、长兴县、德清县、安吉县,均为血吸虫病流行区。其中长兴县太湖沿岸无钉螺孳生,湖岸长32 km,湖滩面积约266.7万 m^2,种植芦苇;和太湖相通的大小河道31条均无钉螺,沿太湖共有4个乡(镇)16个村,均为血吸虫病非流行区。调查认为无钉螺原因与以下因素有关:①湖滩为湖沙土,土壤板结,通透性差,土质贫瘠,不利于钉螺孳生;②沿湖常年风5级以下,浪1级,因此,湖岸受风浪冲刷,不利于钉螺栖息繁衍;③从地势来看,长兴县地处太湖上游,洪水季节从上游山区汇流入湖的水量大、水流急,若上游即使有少量钉螺或螺卵夹带冲入太湖,也难以在近岸停留生存。

太湖流域历史上血吸虫病流行最为严重,危害极大。疫区人民在党和政府领导下,坚持不懈地与"瘟神"开展了艰苦卓绝的斗争。数十年来,随着经济社会发展和科学技术水平提高,太湖流域城镇化、工业化高度发展,农业现代化及水利建设极大地压缩了钉螺孳生环境;生产生活方式的变化有效防止了血吸虫感染,如农业机械化、化肥/复合肥料应用、粪便无害化处理、户厕改造、普及自来水等安全水源,疫区人民增进了健康意识,使血吸虫病传播阻断、危害消除,血吸虫病防治取得了巨大成功。江苏省环太湖的苏州市、无锡市和常州市均于2017年达到了血吸虫病消除标准,浙江省于2016年全省达到了血吸虫病消除标准。

第2节 望虞河引江济太工程对血吸虫病传播影响

望虞河引江济太工程利用望虞河引调长江水入太湖,改善太湖水环境,由此带动其他水利工程的优化调度,加快水体流动,提高水体自净能力,缩短太湖换水周期,实现流域水资源优化配置(图14-1)。

1 工程概况

望虞河引江济太工程主要包括望虞河、望虞河常熟水利枢纽、望亭水利枢纽、太浦

第14章 引江济太工程对血吸虫病的影响

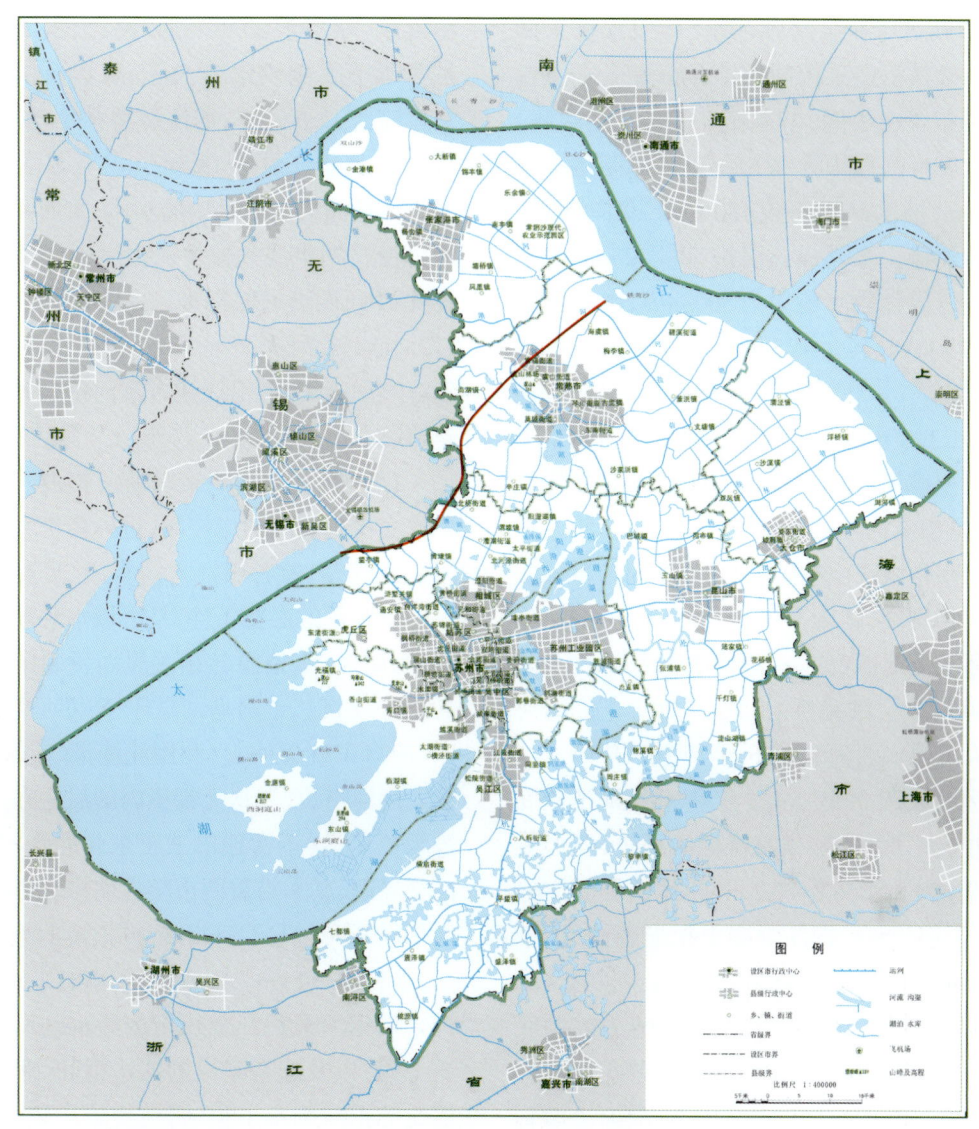

审图号:苏S(2019)014号

图14-1 望虞河工程线路示意图

河及望虞河、太浦河沿线控制工程。

1.1 望虞河 位于无锡、苏州两市交界处,太湖流域武澄锡虞地区与阳澄淀泖地区之间,是沟通太湖和长江的流域性骨干河道,具有防洪、排涝、引水、航运等综合功能。望虞河南起太湖边沙墩口,北至长江边的耿泾口,沿线经过无锡市新吴区、锡山区、苏州市相城区、常熟市,全长62.3 km,其中河道段60.3 km,入湖段0.9 km,入江段1.1 km。望虞河于1958年11月开挖,1959年4月25日第一期工程竣工。望虞河水流在引水时流向太湖,排水时流向长江;而汛期(5—9月)通常为排涝,水流向长江;枯水期(10月至翌年4月)多为引水,水流由长江向太湖。

1.2 常熟水利枢纽 望虞河常熟水利枢纽工程位于常熟市海虞镇,距长江边1 100 m。

183

建有节制闸和泵站各一座,可引水排水两用。常熟枢纽采用闸站结合布置形式,9台水泵布置在中间,节制闸6孔布置在两侧,所有底板高程均为-4.65 m。节制闸每孔净宽8 m,抽水站规模为180 m³/s,双向抽水,双向泄流。泵站设计引排流量125 m³/s,常熟枢纽设计排水能力为500 m³/s,由节制闸泄375 m³/s,其余125 m³/s通过抽水站底廊道排出。

1.3 望亭水利枢纽 望亭水利枢纽工程是望虞河穿越京杭运河的立体交叉建筑物,是望虞河上的控制性工程,位于江苏省苏州市相城区望亭镇以西,望虞河与京杭大运河相交处,距望亭镇约1 000 m,上游距望虞河入太湖口2.2 km、距沙墩港大桥1.0 km,下游距沪宁铁路桥1.2 km。为防止望虞河水大量泄入运河和便于运河通航,望虞河与大运河采用立交方式。工程上部采用钢筋混凝土矩形航槽,供京杭运河通过,矩形航槽宽60 m,底高程-2.2 m,超过四级航道标准;下部为9孔钢筋混凝土矩形箱涵,用于望虞河过水。立交箱涵采用与运河斜交60°的布置方案,共9孔,每孔7 m×6.5 m,洞底高程-9.6 m,管涵长102.8 m;管首与管身采用三孔一联的钢筋混凝土箱式结构,上游管首设工作钢闸门,采用卷扬式启闭机启闭;上下游管首各设检修门槽,配置叠梁式平板检修闸门。工程设计流量400 m³/s。

1.4 太浦河 太浦河是连接太湖和黄浦江的主要通道,西起苏州市吴江区横扇镇时家港,东至上海市南大港接西泖河入黄浦江,跨江苏、浙江、上海三省(市),全长57.6 km。工程主要任务为排洪、除涝和航运。太浦河为太湖洪水的骨干排洪河道,也是太湖向下游供水的骨干河道。工程按1954年型洪水(相当于50年一遇)设计,汛期5—7月需承泄太湖洪水22.5亿 m³,承泄杭嘉湖北排涝水11.6亿 m³;遇流域特枯年份,7—9月可向黄浦江供水18.5亿 m³,将显著改善上海市松浦大桥取水口的水质;太浦河疏浚后可使长湖申线和杭申乙水运干线通航等级提高到四级通航标准。太浦河道底宽117～150 m,河底高程-5.0～0 m,在太湖口建有太浦闸工程,沿线建有跨河桥梁和配套建筑物。

1.5 走马塘河 走马塘河拓浚延伸工程是实现望虞河西岸控制,进一步扩大望虞河引江规模、改善引江入湖水质、提高太湖水环境容量的必要条件,是区域水环境综合治理、防洪、水资源各相关规划所确定实施的工程项目。走马塘河位于望虞河西岸地区,南自京杭运河起,利用沈渎港、走马塘、锡北运河拓浚,并从无锡境内的后庄东起穿过无锡境内,于常熟市王庄东北的张、虞二市交界起,基本沿着两市交界向东北方向延伸平地开河与七干河相接,再拓浚七干河入江,全长66.30 km。工程主要建设内容包括自京杭运河至长江全线拓浚约66.30 km河道工程,以及配套建设的江边枢纽、张家港枢纽等枢纽闸站工程、跨河桥梁工程、两岸口门控制建筑物、水系调整及影响处理工程、水土保持、环境保护工程等。

走马塘拓浚延伸工程有江边枢纽和张家港枢纽工程:

江边枢纽位于走马塘(七干河)入长江口处,距长江约580 m,由节制闸和船闸组成。节制闸主要功能为排水(一是配合走马塘河道共同排泄5年一遇的涝水,二是承担沿江自排区洪涝水排入长江)、挡潮、并兼顾七干河引水需要。

张家港枢纽位于走马塘与高等级航道（规划Ⅲ级）申张线（张家港）交汇处。工程由立交地涵、泵站、节制闸、退水闸组成。立交地涵主要为满足望虞河引江济太期间西岸地区（尤其是南部腹部地区）排水入江的规划要求，防止其进入张家港（申张线）。泵站、节制闸主要为当长江潮位较高、走马塘自排能力减弱时，为保证走马塘排水顺畅，增强望虞河西岸地区水体流动效果而设置。退水闸主要在西岸实施控制后，满足张家港及其北部地区排水及改善水环境的需要。此外，在张家港（申张线）与走马塘平水时，退水闸兼顾沟通张家港（申张线）与七干河间的航运。

望虞河西岸控制工程中增设补水泵站枢纽：古市桥港枢纽（位于望虞河西岸古市桥港河口处，由 3 m³/s 排水泵站、单孔 8 m 节制闸组成）、丰泾河枢纽（位于望虞河西岸丰泾河河口处，由 3 m³/s 排水泵站、总净宽 20 m 节制闸组成）、杨安港枢纽（位于望虞河西岸杨安港河口处，由总净宽 16 m 节制闸、规模 18 m×180 m×3.2 m 船闸和 3 m³/s 排水泵站组成）、黄塘河枢纽（位于望虞河西岸黄塘河河口处，由总净宽 30 m 节制闸和 3 m³/s 排水泵站组成）、卫浜枢纽（位于望虞河西岸卫浜河口处，由总净宽 30 m 节制闸、规模 18 m×180 m×3.2 m 船闸和 3 m³/s 排水泵站组成）。

走马塘作为排水河道，不设置堤防。全线共需修建护岸 20.98 km。工程护岸均采用直立式挡墙，其中京杭运河-锡北运河及锡北运河-张家港段矮挡墙护岸型式采用浆砌块石挡墙组合的结构型式，锡北运河段及张家港-长江段航道上的高挡墙护岸，采用"L"型钢筋砼挡墙。走马塘规划河道现状两岸共有大小支河、断头浜口门共 251 处。为了减少北排沿线工程水头损失，有利北排长江，同时改善走马塘水质，拟对沿线引排功能较弱的 89 个断头浜和较小的支河口门进行适当封堵。其次，为增强西岸南部地区排水效果，对西岸北部锡北运河以北平地开河段以及福山沙槽河-长江沿江圩区段两岸较大支河口门设涵闸控制。

1.6　水源调度　望虞河引江济太工程利用泵站抽引长江水，加上望虞河东岸闸门的有效管理，水源入湖效率明显提高，长江水源源不断进入太湖。根据太湖流域治理总体规划，遇流域平水或枯水年，常熟枢纽须从长江引水经望亭水利枢纽入太湖；遇流域洪水，望虞河须承泄太湖洪水经常熟水利枢纽入长江，同时流域洪水也由太浦河向黄浦江排泄。

当无锡水位或北㘰水位超过 4.0 m 时，需请求流域停止引江济太，望虞河改引水为排水，西控制线口门的控制根据望虞河西岸地区排水需要确定。引江济太期间西控制线原则上关闭，为改善走马塘与望虞河之间河网水体水环境时，西岸控制后，需适当向西岸地区补给水环境用水。引水初期置换望虞河水体时，当望虞河水位低于西岸水位时，西控制线关闭，杨安港、卫浜、古市桥港、丰泾河、黄塘河均开泵抽水；当望虞河水位低于西岸水位时，开启锡北运河以南口门，水闸排水同时开泵抽水。

2　血吸虫病传播风险

2.1　流行概况

望虞河沿线涉及常熟市、相城区、锡山区、无锡新区的 11 个乡（镇）、197 个村、约 79 万人。其中流行村 33 个，流行村人口 96 844 人。历史累计血吸虫病人 26 643 人，历史累计钉螺面积758.87万 m²。望虞河流域现已达到血吸虫病消除标准，防治成果巩固。

长江下游江阴夏港与靖江北圩以东既为历史无螺区，亦无血吸虫病流行，常熟西邻的张家港市亦为非流行区。因此望虞河入江口（耿泾口）外上下游历史上均为无螺区，也无血吸虫病流行。望虞河常熟段长35.6 km，自入江口（耿泾口）至城郊均无钉螺孳生，亦无血吸虫病流行；城郊以南则为历史流行区。

走马塘河沿线涉及无锡新区、锡山区、常熟市历史血吸虫病疫区，目前均已达到血吸虫病消除标准。

2.2 引水口外江滩情况

长江常熟段江堤外江滩计有1 768.78 hm²，其中常年不上水的旱地226.46 hm²，全部随潮水涨落的泥滩512.37 hm²，随潮水侵入芦苇滩1 029.96 hm²。江滩土质大部分为夹沙土，泥沙相混，粗沙含量>50%，其颗粒直径一般>50 μm。表土层有机质、速效磷、速效钾偏低，心土层养分极贫乏。历年江水平均流速在1.2 m/s，高时可达2 m/s以上。潮汛潮差一般最高在2~2.5 m，最低在0.5~1.5 m。一年中春秋两季潮讯最大，潮差常达3.5 m以上。既往研究表明，在潮差大、流速快的河道不易孳生钉螺；在潮汐水面达到的岸上没有钉螺生存；潮汐涨落的水流能冲刷钉螺，钉螺在急流中不能开厣，故不能立足；有潮汐涨落的河沟岸壁土壤坚实（松土不可能存在），不容许钉螺钻土穴居，也没有杂草供给钉螺遮挡烈日和寒流；光滑的土表没有可供钉螺作饲料的硅藻类植物。

2.3 血吸虫病监测

常熟市于1989年达到血吸虫病传播阻断标准，达标后继续开展血吸虫病监测工作，一直未发现钉螺和血吸虫病。

1990—2000年每年4月对长江常熟段堤外江滩查螺241 000 m²，未发现钉螺。1997—1999年选择2处通江河口江面作为相对固定的观察点，于每年7—9月利用船只打捞江面上的漂浮物，特别是芦根、水草，现场观察有无钉螺吸附情况，并记录长江流速。结果3年共打捞各类漂浮物2 060 kg，检获各种螺类2 154只，未发现钉螺，期间江水平均流速在1.22 m/s。

2001—2008年对望虞河水系进行春季查螺，共投入查螺用工2 050个，累计查螺320 039 m²，未查获钉螺。2007、2008年春季在沿江3个镇对长江江滩和通江河口开展钉螺普查，用工307个，调查面积370.88万 m²，未发现钉螺。2001—2008年于长江汛期（7—9月）在通江河道入口处打捞从上游漂来的漂浮物，每月打捞2次。对漂浮物及其冲洗后的散落物逐一检查，观察有无钉螺附着，结果累计打捞漂浮物7 606 kg，未发现钉螺，仅查获其他螺类1 200只。2002—2007年每年8、9月在望虞河相通河道共投放稻草帘233块（稻草帘规格为0.1 m²，每村放置50块，每2 d观察1次，共观察3次），监测长度23 150 m，诱获各种螺蛳11 956只，未发现钉螺。

综上所述，望虞河入江口外长江沿线江阴以东均无钉螺分布，系血吸虫病非流行区，缺乏钉螺扩散来源；望虞河具有引水和排洪功能，其水流具有双向特点，无论引水还是排涝，均未发现有来自长江或太湖的钉螺扩散。未有证据表明望虞河引江济太工程会导致长江钉螺向太湖扩散。

第3节　新孟河引江济太工程对血吸虫病传播影响

望虞河引江济太调度实践对促进太湖、河网水体流动,提高流域水体自净能力,改善太湖及河网水质,保障水源地供水安全具有明显作用,也是应对河湖水污染突发性事件的有效手段。望虞河将长江水引入太湖东北部贡湖湾,受益范围主要是太湖贡湖湾、东部湖区及望虞河干流、太浦河干流、黄浦江上游、阳澄淀泖区、杭嘉湖区东部等下游河网地区,对竺山湖等西北部湖区改善作用较小。而竺山湖和西北部湖区已成为太湖水污染最严重、蓝藻最易暴发的湖区之一。实施新孟河延伸拓浚工程,在流域上游开辟引江济太第二通道,引长江优质水从太湖西北部入太湖,可调活太湖特别是西北部湖湾水体,改善太湖西部沿岸及西北部湖湾水流条件,完善引江济太工程布局,弥补望虞河引江济太在水量、水质和改善区域,特别是上游湖西区水环境存在的不足,提高水体自净能力和水环境容量(纳污能力),全面改善太湖水环境。同时通过工程沿线两岸口门适当向两岸地区补水,增加上游地区河湖水体有序流动和水环境容量,改善上游地区河湖水环境,改善入湖河道水质。另外,新孟河延伸拓浚工程是流域防洪规划安排近期实施的流域洪水北排长江的主要防洪工程之一。工程实施后上游洪水可直接由本工程北排长江,减少流域上游洪水入太湖水量,缩短洪水入长江线路和时间,从而大大减轻太湖及下游防洪压力,节约流域防洪工程土地资源和投资。在实施新孟河引江济太第二通道的同时,延伸拓浚新沟河排江通道,可形成新沟河排水,望虞河、新孟河引水新的调水引流格局,完善不同风向的湖区环流,提高武澄锡虞区北排长江能力,减少直武地区入太湖污染负荷,改善太湖水环境。

1　新孟河工程概况

新孟河延伸拓浚工程自大夹江向南新开河道至老新孟河,沿老新孟河拓浚至京杭运河,立交过运河后向南新开河道至北干河,拓浚北干河,疏拓太滆运河、漕桥河至太湖,河道全长116.69 km(图14-2)。工程主要涉及镇江丹阳市,常州市新北区、武进区、金坛市,无锡宜兴市。

工程建设内容主要有河道全长116.69 km,其中新开河道32.39 km,拓浚河道84.3 km;在河道上新建界牌水利枢纽、奔牛水利枢纽等;工程沿线主要支河口门实施有效控制,建设牛塘水利枢纽和前黄水利枢纽等;以及配套的跨河桥梁工程、两岸口门控制建筑物、水系调整及影响处理工程、水土保持、环境工程等。因河道拓浚、平地开河、对沿线跨河桥梁(道路、铁路)进行拆建(新建);对两岸因控制工程建设而影响的水系进行必要的调整及影响处理工程。

1.1　河道工程堤防及护岸设计　在非集镇段(主要是耕地及建筑物较少段)采用斜坡式护岸(采用150 mm厚现浇砼);在集镇段(房屋密集段)采用直立式钢筋砼挡墙护岸,考虑河道兼有通航功能,直立式护岸采用浆砌块石重力式挡墙结构型式。此外,对于比较特殊的情况,比如河道两岸有造价

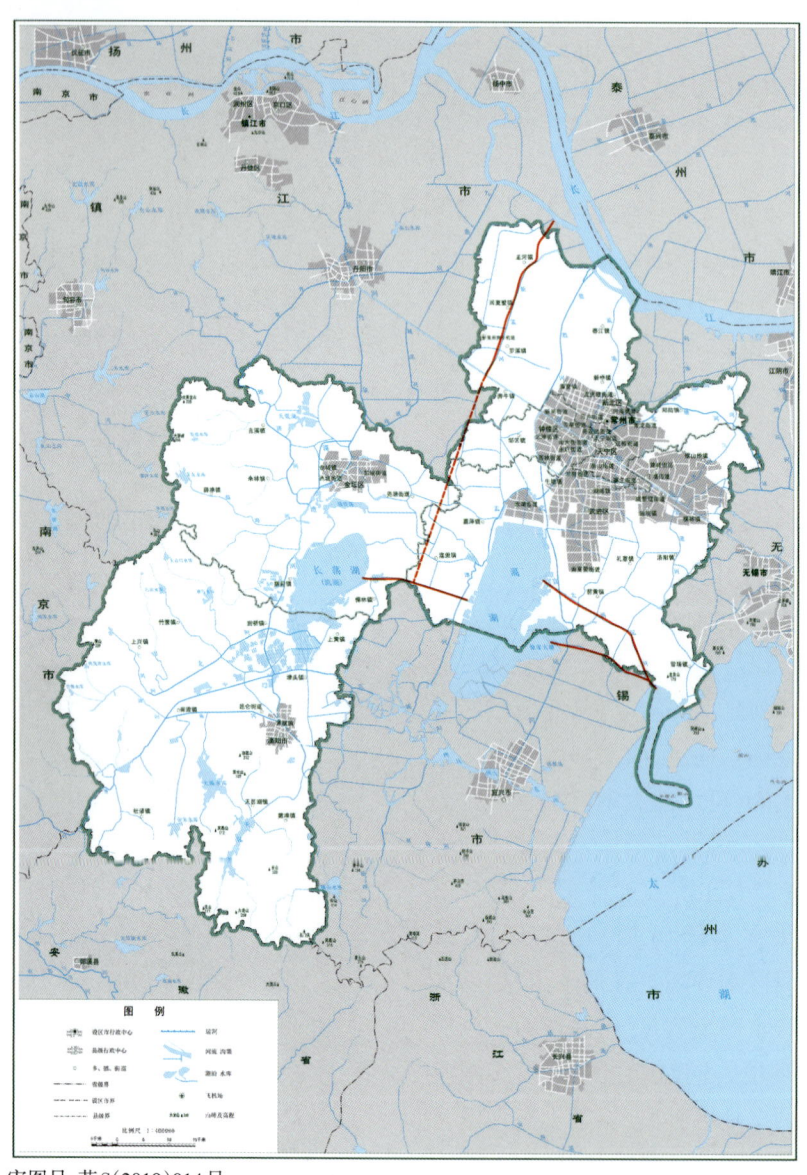

审图号:苏S(2019)014号

图 14-2 新孟河延伸拓浚工程位置和线路示意图

特别高的大型建筑物、不能动迁的重要工厂、房屋非常密集段、动迁特别困难的住户等,如太滆运河局部的集镇段,采用灌注桩直立墙护岸。本工程护岸长度共计 134.52 km,其中直立墙 93.03 km,护坡 41.49 km。

1.2 枢纽工程 包括界牌水利枢纽(节制闸、泵站、船闸)、奔牛水利枢纽(立交地涵、节制闸、船闸)、牛塘水利枢纽(节制闸、船闸)和前黄水利枢纽(节制闸、船闸)等枢纽闸站工程。

1.2.1 界牌水利枢纽 位于镇江丹阳市界牌镇,由闸站工程和船闸工程组成。闸站工程包括一座闸孔总净宽 80 m 节制闸和 300 m³/s 泵站。船闸规模为Ⅵ级航道船闸

(16 m×180 m×3 m)。本枢纽主要功能为引水、排涝、挡洪及通航等。

1.2.2 奔牛水利枢纽 位于新孟河与京杭运河交汇处。奔牛水利枢纽工程包括京杭运河立交(过水面积614 m²)、12 m节制闸(沟通京杭运河向新孟河排涝水系)、16 m×135 m×2.75 m船闸(沟通新孟河与京杭运河航运)三部分工程组成。

1.2.3 牛塘水利枢纽 位于武宜运河武南河以北段,包括节制闸(16 m)和船闸各一座(Ⅴ级)。

1.2.4 前黄水利枢纽 位于锡溧槽河改道段改线桥一号桥至改线桥三号桥之间,主要由一座230 m×23 m×4 m的Ⅲ级双线船闸以及锡溧漕河与新坊浜交叉口6 m节制闸一座组成。

1.3 一般支河口门控制建筑物 为保障新孟河引水水量水质,工程沿线需新(改)建一般支河口门控制26处(含加高加固3座)、拆除1处。建筑物按结构型式分为节制闸、穿堤涵闸和地涵三种。其中:节制闸14座(包括4 m闸10座、6 m闸2座、8 m闸1座、16 m闸1座);穿堤涵闸10座(加高加固包括直径1.5 m涵闸2座、直径1.8 m涵闸1座;新建包括直径1.8 m涵闸2座、直径2.0 m涵闸5座);地涵2座(包括3.0 m×2.7 m×1 m、3.1 m×2.7 m×3 m各1座)。

1.4 工程弃土安排 本工程河道工程产生约6 752.56万m³弃土,枢纽工程产生约366.63万m³弃土,沿线支河口门控制性建筑产生26.56万 m³弃土,水系调整产生约180.16万m³弃土。工程建设尽可能在顺河围堰填筑、护岸回填、堤防回填、封堵支河口门等工程自身加以利用,并为沿线开发区建设提供用土资源。工程弃土去向安排为按序堆弃到工程沿线指定弃土场,本工程共布置弃土场220个,其中河道工程布置弃土场176个,占地2 219.16万 m²;枢纽工程弃土场11个,占地约99.99万 m²;一般支河口门弃土场33个,占地约78.27万 m²。弃土场布置中尽量利用沿河两岸的废河沟和低洼地,避开工厂和居民点。为防止弃土场水土流失,在弃土场周边开挖截水沟,底宽0.5~1 m,挖深0.8~1 m。同时,保留表层厚0.3 m的耕作熟土,待全部弃土堆放完毕后用于覆盖。

1.5 工程运行调度原则 新孟河延伸拓浚工程的控制调度运用应服从改善太湖水环境、流域及区域防洪压力、提高流域水资源配置能力为前提,并考虑流域已有调度运行办法(太湖水位调度线)以及区域主要控制点水位(洮湖、滆湖),进行引、排水和改善水环境等工程调度。

1.5.1 界牌水利枢纽 当太湖水位处于自引区时,开启节制闸自引长江水入湖;太湖水位处于泵引区时,开启泵站抽引长江水,扩大引江入湖水量;当太湖水位处于适时调度区时,视地区水情适时引排;若地区水位高于多年平均高水位,则停止引水。当太湖水位位于防洪调度区时,界牌水利枢纽进行防洪调度。

1.5.2 奔牛水利枢纽 界牌水利枢纽引水时,若水质满足要求则立交地涵开启,引长江水入太湖,节制闸关闭;界牌水利枢纽防洪调度时,在京杭运河以北水位高于以南水位时,立交地涵关闭;节制闸可排部分洪水入新孟河;其他时刻,奔牛水利枢纽立交地涵开启。

1.5.3 两岸支河口门 新孟河引水时,支河口门有效控制,但可适当向区域供水;当地区水位高于多年平均高水位时,支河口门敞开。新孟河排洪时,支河口门敞开,允许地区排涝。经水环境治理后,沿线支河水质若能平稳保持至水功能区要求,则口门均敞开。

2 新沟河工程概况

新沟河延伸拓浚工程在充分利用现有地区河道的基础上,从长江沿新沟河现有河道拓浚至石堰后分为东、西两支;东支接漕河～五牧河,通过地涵穿越京杭运河后,在直湖港北段西侧平地开河,通过地涵穿锡溧漕河与直湖港南段相接,疏浚直湖港南段与太湖相连;西支接三山港,平交穿越京杭运河,疏浚武进港至太湖(图14-3)。工程河道全长97.138 km,主要涉及无锡惠山区、滨湖区,无锡江阴市、常州市武进区、戚墅堰区。

2.1 工程的主要任务是:配合望虞河引水、新孟河引水,优化太湖引排格局,形成并完善太湖调水引流体系,加快太湖水体置换,促进太湖水体有序流动,提高太湖水环境容量;控制直武地区入太湖污染负荷,改善太湖及梅梁湖水质;提高流域、区域的防洪排涝能力;利用新沟河水流调向工程,应急调引长江水,提高梅梁湖环境用水保证

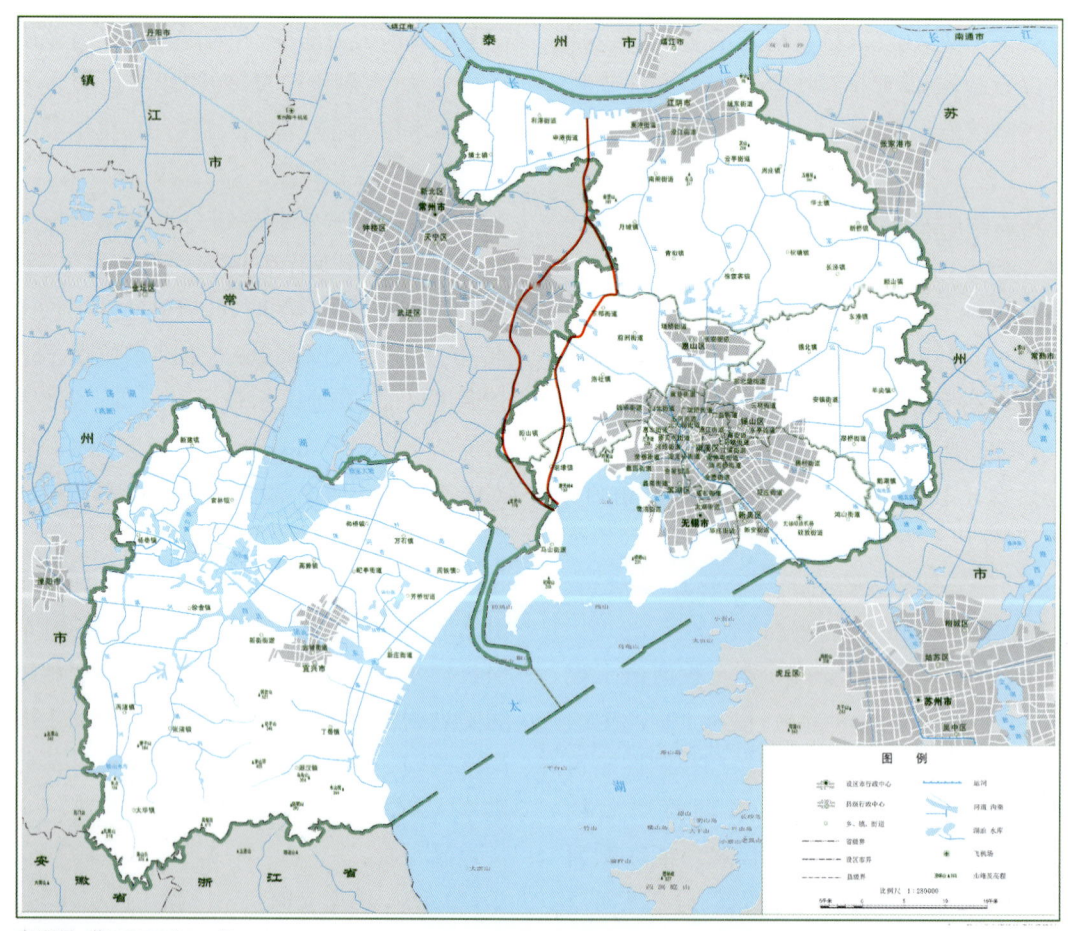

审图号:苏S(2019)014号

图14-3 新沟河延伸拓浚工程位置和线路示意图

率，提供应对梅梁湖水源地突发水污染事件的手段，保障水源地供水安全。

2.2 工程主要建设内容 全线拓浚河道97.138 km；在河道上新建江边枢纽（节制闸、泵站、船闸）、西直湖港北枢纽（穿京杭运河立交地涵）、西直湖港闸站枢纽（泵站、节制闸）、西直湖港南枢纽（穿锡溧漕河立交地涵、节制闸、船闸）、遥观南枢纽（泵站、节制闸、船闸）、遥观北枢纽（泵站、节制闸）等枢纽闸站工程；以及配套的跨河桥梁工程、两岸口门控制建筑物、水系调整及影响处理工程、水土保持、环境工程等。

2.3 新沟河工程河道两岸设置堤防 堤防顶高程为6.5 m，顶宽5.0 m，堤坡1:2。全线河道两岸共需设置护岸53.57 km（西岸30.78 km，东岸22.79 km）。护岸上限5.0 m和5.5 m，下限2.0 m。上限5.5 m的集镇段直立式护岸，护岸顶部设置1 m高挡浪板。工程在城镇段采用钢筋砼"L"形直立式挡墙护岸，其他农村段护岸均采用浆砌块石护坡结构型式。

2.4 工程运行调度 ①当直武地区遇五年一遇及其以下降雨时，沿湖口门一直关闭，直武地区径流排水由现状南排太湖改为通过直湖港、武进港穿京杭运河自流或泵抽进入五牧河、三山港，汇入新沟河北排长江；当直武地区水位超过4.5 m时，入湖口门打开。②新沟河排梅梁湖水时，武进港闸、雅浦港闸继续关闭，直湖港闸打开、直湖港两岸口门封闭，梅梁湖水通过直湖港穿京杭运河枢纽排入京杭运河以北地区。此时，三山港、新沟河两岸口门一般开启，梅梁湖水通过两岸支河扩散到周边河网改善地区水环境。当直武地区水位达到4.0 m时，如天气预报仍有降雨，直湖港需停止外排梅梁湖水，与武进港共同北排直武地区涝水。③应急引长江水入梅梁湖。新沟河应急引水时，直武地区排水通过武进港排入京杭运河；京杭运河以北地区排水通过水系调整北排入江；梁溪河排梅梁湖水。直武地区突降暴雨时，应根据降雨情况、地区水位情况和梅梁湖突发污染事件的具体情况综合确定是否停止应急引水。

3 血吸虫病传播风险

3.1 流行概况

新孟河延伸拓浚工程区地势低平，河网稠密，是典型的江南水乡，沿线涉及丹阳市、常州市新北区、常州市武进区和宜兴市21个镇，其中血吸虫病流行镇18个，均属水网型血吸虫病流行区。项目区历史累计钉螺面积918.19万 m²，累计血吸虫病人40 953人。

新沟河延伸拓浚工程主要途经或涉及常州市新北区、戚墅堰区和武进区，无锡市滨湖区、惠山区和江阴市相关历史血吸虫病流行区，区域内历史累计钉螺面积784.66万 m²，历史累计病人26 317人。

丹阳市、常州新北区和武进区、无锡惠山区、锡山区和江阴市已于2016年达到血吸虫病消除标准，无锡滨湖区、宜兴市和常州市金坛区已于2017年达到血吸虫病消除标准。

3.2 潜在风险

鉴于新孟河延伸拓浚工程引水口上游镇扬段江滩在相当长时期都存在钉螺孳生，在界牌枢纽引水时可能有钉螺吸附于漂浮物随水流向河道内扩散，特别是自流引水时风险较大，且这种风险长期存在。好在新孟河工程河道多有硬化护砌，南延段27.47 km为平地新开河道，同时沿线有多处节制闸，支河口门均有控制建筑物,因此可最大限度限制和控制钉螺扩散。但近年来丹阳段运河水系、金坛尧塘河、武进夏溪河等处时有钉螺出现,有可能向滆湖扩散。因此工程沿线重要节点和湖泊湿地需要长期做好监测。另外,工程沿线城镇化程度高,经济发达,自来水和无害化厕所已普及,农业耕种已实现机械化,感染血吸虫的风险已消除。

新沟河工程主要任务为排水入江,工程沿线已无钉螺孳生。江边枢纽位于历史有螺区,但目前长江江阴段江滩没有钉螺孳生。即便引水时可能存在钉螺吸附于漂浮物扩散风险,但泵站、节制闸及河岸硬化的作用(新沟河入江段 12.05 km、漕河~五牧河 13.67 km、三山港 19.27 km、直湖港 3.35 km、武进港 5.23 km 已作硬化护砌)均可有效阻滞其扩散。1990 年在江阴江滩上游投放漂浮物模拟漂流试验表明,模拟漂浮物停靠江阴沿岸边仅 1.8%,大都停靠在长江武进段或漂入主航道。监测表明江阴市已有 20 多年未查获钉螺,近 40 年未有本地感染的血吸虫病人病畜。因此,出现钉螺随引/排水扩散的风险极小。

第15章

水库对血吸虫病的影响

国内外血吸虫病流行区常有许多大中小型水库,有的水库修建后造成了钉螺扩散和血吸虫病的流行,国内如安徽陈村水库、湖南黄石水库等;国外如加纳Volta水库、马里Selingue水库、埃及纳赛尔水库等。在布隆迪、喀麦隆、科特迪瓦、埃塞俄比亚、尼日利亚、赞比亚、苏丹等国家都不乏水库建造导致血吸虫病流行的例子。因此,水库建设和运行对血吸虫病传播的影响受到很大关注。

第1节 水库概述

水库是由人工筑坝形成的水体,通常是在山沟或河流的狭口处建造拦河坝形成的人工湖泊,具有拦洪蓄水和调节水流的作用,可进行灌溉、发电、防洪、航运、供水、养鱼等。天然湖、泊、洼、淀等可以拦蓄一定水量,有时也称为"天然水库"。水库建筑通常由挡水建筑物、泄水建筑物、进水建筑物、输水建筑物等构成。

挡水建筑物是指横控河道的拦水建筑物,或者说是为了拦截江河、渠道等水流以壅高水位,以及为防御洪水而沿河湖、海岸而修建的水工建筑物,如各种坝、闸等。大坝是水库的主要标志,按建筑材料可分为混凝土坝、浆砌石坝、土石坝、橡胶坝、钢坝和木坝等。闸门用于控制和调节水库容量。

泄水建筑物是指用以宣泄洪水的水工建筑物。它承担着宣泄超过水库拦蓄能力的洪水,防止洪水漫过坝顶,确保工程安全的任务。其形式主要有坝身泄水道(包括溢流坝、中孔、深孔泄水孔和坝下涵管)和河岸泄水道(包括河岸溢洪道和泄洪隧洞)。

进水建筑物也称取水建筑物,如进水闸、深式进水口、泵站。

输水建筑物是指从水库向下游输送灌溉、发电或供水的建筑物,如输水洞、坝下涵管、渠道等。取水建筑物是输水建筑物的首部,如进水闸和抽水站等。输水建筑物都设置闸门以控制放水。

水库可分为山谷河流型水库、平原湖泊型水库和丘陵湖泊/山塘型水库等。此外还有截蓄地下水或潜流而形成的地下水库。

水库一般可分为河流区(上游入库区)、过渡区(中间区)、湖泊区(近坝区)。河流区位于水库上游入库处,此区水面窄浅,河水流速最快,水力滞留时间短;过渡区水面宽、水体深,水流速度进一步减缓,该区是悬浮物沉积的主要区域,浮游植物的生物量及其生长率最高,适宜进行水产养殖;湖泊区靠近水库大坝,是水库最宽、最深的区域。

山丘地区水库上游为集水区,地表径流进入水库处水深较浅,可有回流区形成淤积。水库由于水位的变化而形成消落区,又称涨落带或涨落区,是水库季节性水位涨落而使周边被淹没土地周期性地出露于水面的一段特殊区域,是水生生态系统和陆生生态系统交替控制的过渡地带,是一类特殊的湿地生态系统。

在河流上建成的水库兼有河流和湖泊两者的特征。水库与河流相似之点是有相当部分的水团沿一定方向流动,与湖泊的相似点是水的交换很慢(主要在近坝区)。水库一年中大部分时间内水的流动只限于上层,底层并没有流动。水库越向下游水越深,水位的变化也较湖泊剧烈。

根据水库温度结构,可将水库分为分层型和混合型两类。在夏季,分层型水库的水温可分为库面温水层,温水层以下为温度变化迅速的斜温层(温跃层)以及斜温层以下的冷水层。库面温水层和库下冷水层的温度差范围为15℃~20℃。当秋天来临时库面温水层水温下降,而密度增加,库面水下沉与斜温层,甚至冷水层混合,整个库水保持一定的温度状态。冬季则可能形成表面冰盖,而冰盖下面是4℃的水。这种分层型水库多出现在规模较大,并且水流较慢的大型水库。这种大型深水水库底层水温较低、溶解氧几近于零。

水库库容分为防洪库容、兴利库容和死库容。防洪库容是为了削减洪峰、防止下游洪水灾害而进行水库径流调节所需的库容。一般是指汛期坝前限制水位以上到设计洪水位之间的库容。兴利库容是正常蓄水位至死水位之间的水库容积,即调节库容。用以调节径流,提供水库的供水量。死库容也叫垫底库容,指死水位以下的库容。死库容的水量不直接用于调节径流。水库调度即是对径流调节,蓄洪补枯,通常在枯水期蓄水,汛期放水泄洪。

第2节 水库作用

1 防洪

水库是我国防洪广泛采用的工程措施之一。在防洪区上游河道适当位置兴建能调蓄洪水的综合利用水库,利用水库库容拦蓄洪水,削减进入下游河道的洪峰流量,达到减免洪水灾害的目的。水库对洪水的调节作用有两种不同方式:一种起滞洪作用,另一种起蓄洪作用。

滞洪就是使洪水在水库中暂时停留。当水库的溢洪道上无闸门控制,水库蓄水位与溢洪道堰顶高程平齐时,则水库只能起到暂时滞留洪水的作用。

在溢洪道未设闸门情况下,在水库管理运用阶段,如果能在汛期前用水,将水库水位降到水库限制水位,且水库限制水位低于溢洪道堰顶高程,则限制水位至溢洪道堰顶高程之间的库容,就能起到蓄洪作用。蓄在水库的一部分洪水可在枯水期有计划地用于兴利需要。

当溢洪道设有闸门时,水库就能在更大程度上起到蓄洪作用,水库可以通过改变闸门开启度来调节下泄流量的大小。由于有闸门控制,所以这类水库防洪限制水位可以高出溢洪道堰顶,并在泄洪过程中随时调节闸门开启度来控制下泄流量,具有滞洪和蓄洪双重作用。

2 灌溉

在天然状况下,河流水资源不可能保证流域内灌溉面积大幅度增加,因此需要进行径流调节。建设水库后径流得到充分利用,故使灌溉面积大大增加,同时又有可能在最优浇水时间引水浇地,增加自流灌溉面积,降低机灌费用。我国是农业大国,水库灌溉是我国农业发展的重要支柱,维持了我国农业经济发展的稳定。

3 供水

随着社会经济的发展，水资源短缺日益凸现，为了满足城市不断发展的需水要求，单纯依靠地下水和未经调节的地表水越来越困难，所以许多国家（如美国、英国、日本、巴西等）都建立了以水库为基础的供水系统。

4　供电

在世界上许多国家，建设水电站是解决水资源综合利用问题的前提和基础。而没有水库调节的水电站径流利用率很低，其经济效益也低。所以，修建水库减少天然径流不均匀性，是合理利用水资源的前提。径流调节能够增加水电站的装机容量，增加发电量和提高径流的发电利用程度，这往往也提高了水电站本身的经济效益。通常，在河流上兴建的不仅仅是单个水库，而是梯级水库。

5　航运

对于河道型水库，可利用水库径流调节满足航运对最小航深的要求。以三峡水库为例，铜锣峡以下均处于常年回水区，由于水位抬高，使库区内形成长 500~600 km 的深水航道，可淹没滩险129处，占兰家沱至宜昌滩险总数的90%，其中急滩53处、浅滩19处、险滩57处。水位抬高也可增加航宽、减缓流速、降低坡降、缩短运输周期，降低运输成本。所以，在常年回水区的航运条件可得到根本改善。

6　渔业

由于水库水面显著扩大，水库的捕鱼量比调节前的同一河段上的捕鱼量增加了许多倍；水库还为内陆水体养鱼业开发优良品种创造了条件；大多数水库对增加当地的渔业资源具有重要的意义，因此水库渔业经济效益十分显著。

7　旅游

由于水库河流区有许多狭窄幽深的库叉港湾，这些地方是进行划船、游泳、沐浴、垂钓等活动的最佳场所；湖泊区宽阔的水面可以设置水上摩托艇、水上飞机、水上滑翔伞等大型水上娱乐活动项目；水库中会生长水生动植物，可提供观赏；水库库岸（包括水库流域的河漫滩、岸坡和水库四周的山地等）是进行各种户外游憩活动的重要场所；水电站建筑物是进行科普旅游的良好教材；为水库、电站建设修建的道路、通信设施可以为旅游提供便利。

第3节　水库对血吸虫病的影响

血吸虫病是一种经水传播的寄生虫病，这是因为血吸虫虫卵必须有水才能孵化，血吸虫毛蚴和尾蚴均在水体中生活，特别是作为中间宿主的媒介螺蛳也离不开水。修建水库（大坝）会造成当地生态环境变化，因此在血吸虫病流行区水库工程必然会影响血吸虫病流行。鉴于钉螺是我国大陆血吸虫唯一的中间宿主，因此，钉螺能否适应水库环境是血吸虫病能否流行的生物学基础。国内外都有关于水库（大坝）对血吸虫病流行有利和/或不利影响的报道。

在我国血吸虫病流行区，河流型水库上游有钉螺孳生，则在水位波动季节钉螺通常可吸附漂浮物向下游扩散，特别是汛期上游来水大，流速快，容易向下游扩散。山丘地区水库上游集水区有钉螺孳生也容易随水向库区扩散，特别是汛期山洪暴发时钉螺易被冲刷扩散，而水库上游消落区通常有较大的淤积滩地，环境潮湿、杂草丛生，适合钉螺孳生。水库过渡区和湖泊区水深面宽、水流缓慢，如有钉螺进入该区域则易沉降于水库底部。如沉降于湖泊区（近坝区），则由于底部水温低、缺乏光照和溶解氧，钉螺难以上爬。实验观察结果表明钉螺在水温低于15℃黑暗条件下基本不爬动，而钉螺经水淹6~8个月即可全部死亡。河流型水库消落区一定范围的滩地环境也可能适宜钉螺孳生，而山丘型水库消落区除上游入库处以外，因水位涨落，通常很少有植被，土壤贫瘠，不适宜钉螺孳生。然而，钉螺是否能在库区及周边消落区孳生则与水库调节有关。

由于我国水库多在枯水期（10月至翌年4月）蓄水，汛前期及汛期（5—9月）则需泄水或泄洪，水库消落区呈"冬水夏陆"状态。因此水库环境及水位调节不利于钉螺孳生，库区原有钉螺经过蓄水后也可逐渐消亡，而水库上游集水区即使有钉螺也难以通过库区水体向下游扩散，同时研究表明水库下游钉螺也难逆水向水库扩散。迄今为止国内血吸虫病流行区水库尚未有库区（水库运行水位以下或淹没区）孳生钉螺和血吸虫病流行的报道，而水库发现的钉螺孳生地通常位于水库下游干湿交替的灌渠和灌区，或者在水库上游集水区或消退区湿地。水库下游灌区钉螺主要分布在溢洪道及与之相通的沟渠，坝下田地，特别是水田。通常水库下游钉螺原本就存在，因泄洪及灌溉而使水库下游溢洪道及相关沟渠呈"干湿交替"状态，非常适宜钉螺孳生；同时由于水库堤坝渗漏而使坝下形成湿地而适宜钉螺孳生。水库上下游出现钉螺的原因通常是水库修建前原有钉螺残留，在水库规划建造时未同步考虑血吸虫病防治和钉螺控制，特别是有螺土处理不当而造成钉螺扩散和孳生。调查表明国内血吸虫病流行区或毗邻流行区有许多水库未发生钉螺扩散和血吸虫病的流行，或者原有钉螺的水库经一定时间运行后钉螺逐渐消失。

安徽陈村水库于1958年兴建，位于血吸虫病疫区上游10 km，建库前调查水库集雨区、消落区和库区均无钉螺分布，水库建成后于1971—1977年在下游约20 km处开凿一条横穿钉螺分布区的灌渠，至1992年调查发现钉螺面积9万 m²，钉螺沿灌渠绵延分布达34 km，钉螺最高密度达220只/0.1 m²；干渠地区1992年首次发生急性血吸虫感染，1992—1996年发生慢性血吸虫病184例，急性血吸虫病5例；其后发现其支渠钉螺面积6.5万 m²，1996年调查钉螺感染率达4.0%，并逐渐形成钉螺向斗渠、毛渠扩散之势，该地区已发展为血吸虫病严重流行区。因此陈村水库的教训就是水库下游灌渠穿越有螺区时未处理好钉螺孳生环境。

四川省于20世纪80年代对双流、新津、眉山、丹棱、仁寿、简阳、盐边、彭县、江油、中江县的89座人工建造水库进行了调查。其中建库时间最长的近40年，最短的近10年。除2座水库蓄都江堰来水外，均为蓄当地集雨区来水。水库除大坝为石拱坝、土坝外，四周环境均保持建库前状态，建库时绝大多数未对库区进行清理。水库库容10~50万 m³的55个，50~100万 m³的12个，100~500万 m³的14个，500~1000万 m³的3个，1亿 m³以上的1个。89个水库下游灌溉区均有钉螺分布，上游集雨区有钉螺分布的18个，水库淹没区及消落区有钉螺分布的26个。建库后，水库对其上游集雨区钉螺孳生和分布无明显影响。水库影响钉螺孳生范围主要在水库淹没区、消落区和下游灌区。调查表明库容大小与消落区钉螺分布有一定关系。26个消落区和淹没区有钉螺分布的水库中，库容越大，有钉螺的比例和钉螺面积越大。85个库容在500万 m^3 及以下的水库中，22个水库有钉螺，钉螺分布面积为143 803 m^2；1 000万 m^3 的3个水库均有钉螺，钉螺面积为152 890 m^2；1亿 m^3 的1个水库钉螺面积为804 748 m^2。水库消落区钉螺分布与建库时间也有一定关系。26个消落区有钉螺的水库在建库前均有钉螺，建库后未采取任何灭螺措施，结果14个水库建成后10年内钉螺消失；6个水库建成后20年调查已无钉螺孳生；1个水库30年后调查未发现钉螺。现有钉螺的5座水库钉螺分布在设计最高水位以下、实际水位以上的消落区的荒田、荒地，所有水库实际运行水位以下均未发现钉螺。之所以出现设计水位和实际水位之间地带存在大片荒田荒地，主要是水库设计不合格。因此，在一定意义上说，孳生钉螺的水库均系不合格的水库，反之只要设计合理，施工质量合格，即使水库建在有螺区，经蓄水运行数年后库区内钉螺亦可逐渐消失。研究水库对消落区和淹没区钉螺孳生的影响表明：人工水库调蓄方式以9月至翌年3月为蓄水期，其中11月至翌年3月为高水位期；次年4—6月为泄水期，7—8月为枯水期；水位变化呈"冬水夏陆"，变幅在30~50 m。研究发现水位调蓄、泥沙含量和淤泥等人工水库生态条件不利于钉螺生存繁殖，钉螺活动、交配、产卵均受到明显影响，其中退水区冬季水淹是钉螺死亡的主要原因。同时试验表明在良好条件下钉螺24 h可上爬8 m，但上爬钉螺经不起2~6 cm波浪的冲刷而掉入水库。

江苏省在1960—1961年3次对江宁县和句容县丘陵山区调查已建成蓄水的原有螺地区水库7座，结果发现建库蓄水后钉螺密度均显著降低，其中5个水库经过2个钉螺繁殖季节后已无钉螺，2个水库仍有钉螺，均局限于与有螺沟相连处（其上游有螺未灭）。秦长梅报道了对葛洲坝历史流行血吸虫病的库区进行钉螺和血吸虫病监测情况，结果建坝蓄水后连续3年在库区岸边查螺和水面打捞均未发现钉螺，建坝后水位稳定在(66.5±0.5) m（建坝前水位在40~57 m间）；其后又对2个血吸虫病历史流行村进行了15年监测，均未发现钉螺和新感染病人。

二滩电站位于四川省西南部横断山脉南缘的攀枝花市境内雅砻江下游，水库蓄水量58亿 m^3，蓄水面积101 km^2，设计蓄水线海拔1 200 m，常年丰枯水位消落区范围45 m，水库淹没盐边县部分血吸虫病流行区。二滩水库将血吸虫病控制纳入项目预算与水库建设同步进行，在蓄水前采用药物喷洒和浸泡、药物泥封、铲土深埋和火烧等方法对历史螺区灭螺1次，对有螺环境反复灭螺3次，对设计蓄水线上游150 m范围内的历史螺区进行环境改造。每年对有螺点周围居民和进入疫区的流动人口进行查治，同时对疫区耕牛进行查治。由移民部门统一规划新建移民点，从政策和资金两方面鼓励移民住宅完善供排水设施、修建沉卵发酵粪池、安装太阳能热水器、用水泥铺砌宅院和宅周排水沟；农业和水利部门结合攀西农业综合开发,加强垦殖区指导,对疫区大中型引灌渠全部用水泥铺砌,饮用水管道化。1996—1998年检查疫区人群18 087人,未查见血吸虫感染者;普查疫区存栏耕牛2 838头结果均为阴性;解剖野鼠72只,未见感染血吸虫;1996年在历史无螺区靠近林区的一条排洪沟和一竹林区分别发现有螺面积42 000 m²和130 000 m²,共捕钉螺2 788只,经解剖均无感染血吸虫。钉螺扩散系移种历史螺区内水葫芦及修建简易自来水和引水管道所致。二滩电站水库建设后钉螺调查表明,将钉螺控制纳入水库建设规划,可以避免出现血吸虫病流行的严重情况,同时在水库建成后的运行期仍需重视钉螺监测和控制。

浙江省长兴县合溪水库总库容1.11亿m³,水库于2011年7月建成蓄水。水库集雨区历史累计有螺面积742.54万m²,2009年(工程实施前)共查出有螺面积10.34万m²,分别为水库上游集雨区8.44 hm²,北溪库尾有螺面积5 000 m²,库区消落带有螺面积5 500 m²,库底有螺面积2 700 m²,坝基所在区域和大坝下游也分别查出钉螺面积2 600 m²和3 200 m²。根据水库建设对血吸虫病传播风险评估,水库建设中对合溪水库库尾区、库区消落带、上游集雨区、坝址及下游等,分别实施库尾水渠硬化工程+主要水系拓宽+溢流坝工程,库区消落带填高复垦+库岸硬化护坡等水利血防工程;对南、北溪入库口上游3 km区域内有螺地段实施环境改造灭螺工程;对上游集雨区、坝址及下游的有螺地段实施环境改造灭螺结合常规灭螺,并对适宜钉螺孳生的环境进行了综合治理。合溪水库蓄水投入使用后,非汛期控制水位<24 m,汛期控制水位<22 m,库区水流缓慢,加之库底水温较低,从而形成天然屏障,致使库底钉螺和随水流进入库区内的部分钉螺被水淹消灭;大坝施工前,对坝址区域查出钉螺的环境进行药物结合土埋方法灭螺,大坝建成后未再发现钉螺;对大坝下游有螺地段连续3年实施药物结合土埋灭螺,水库运行后经2011—2013年连续监测3年未查到钉螺。库尾区、库区消落带已连续3年未发现钉螺。经综合治理等血防措施后,水库上游集雨区钉螺密度由2009年的0.620 4只/0.1 m²降至2013年的0.113 2只/0.1 m²,下降幅度达81.75%。监测结果表明合溪水库建造中同步实施了包括工程措施在内的综合措施有效控制和消除了钉螺孳生,同时也表明硬化沟渠及库岸护坡工程的长期维护非常重要。

第4节　新安江水库的血吸虫病问题

新安江水电站是我国第一座自行设计建造的大型水利工程,被人们誉为长江三峡的试验田。新安江水库即千岛湖,位于浙江省淳安县钱塘江上游新安江主流上,新安江上游安徽境内涉及血吸虫病流行区,因此在新安江水库兴建前曾担忧上游钉螺通过新建水系扩散而导致血吸虫病流行的问题,而这一问题也曾因三峡水库的论证而受到关注。虽然新安江水库已建成运行数十年,并没有发生当时担忧的血吸虫病扩大问题,但仍然值得回顾。

1　水库概况

新安江水库大坝设计高度105 m（海拔115 m），于1957年破土动工，1959年9月水库建成开始蓄水。水库长约150 km，最宽处10余 km；在正常水位情况下，面积约580 km²，总库容216.26亿 m³，有效库容102.66亿 m³；在正常高水位海拔108 m时（黄海基准），平均水深34 m，最深处近100 m，库容178.4亿 m³；控制的流域面积约10 442 km²。水库蓄水后平均水温升高1.1℃，最低水温升高7.8℃，最高水温降低2.9℃。因水深增加，水库水温呈现夏季分层、冬季混合的水温结构。水深0~10 m为同温层，水温受气候影响明显，但上下水温差别不大，平均温差在2℃左右，夏季温差较大，冬季较小。水深10~30 m为跃温层，水温随水深变化大，7—8月水深增加1 m水温下降1℃，而冬季差别不大，春秋随深度变化缓慢，一般在10℃左右。水深在30 m以上，水温终年在10℃左右。受此影响，大坝下游的新安江水常年保持在12~17℃的恒温，形成"冬暖夏凉"的独特小气候。

新安江干流位于安徽省黄山市境内，有两大支流。南支称率水，位于右岸，是新安江最大一条支流，由五尖山、大源河、凫溪河至凫溪口始称率水，经屯溪入新安江；北支称横江，位于左岸，是新安江又一条大的支流，发源于黄山南麓，从漳水河的枧溪、经黟县到渔亭，折向东南始称横江，再经休宁县至屯溪老桥下入新安江。新安江由屯溪向东北流入歙县境内，经深度至省界街口注入新安江水库。屯溪以上多为峡谷，深度以下至街口又是狭谷河段。屯溪至深度，河床平均比降0.073%，河形弯曲，右岸靠山，左岸河谷平原，河面宽窄不一，枯水宽100~350 m；河床多为卵石夹沙和岩石，平均2 km长度内就有1座拦河碾坝，从而形成滩多、水浅、流急的河道特点，浅滩处水深仅0.2~0.4 m。新安江安徽境内干流长242.3 km，流域面积6 500 km²，期间有许多大小不一的山间盆地和谷地，如黟县、休宁、屯溪、歙县、绩溪盆地，以休宁、屯溪、歙县盆地为最大，一般在50~70 km²。新安江进入浙江淳安盆地后与东来的东溪港、进贤溪及南来的遂安港会合，至港口，出铜官峡。在铜官峡上游，新安江曲折奔流于群山之间，由于河床坡降很大，江水落差节节增加，从屯溪到铜官峡200 km之间，天然落差达100 m。

新安江流域地处安徽省多雨中心，正常年降水量1 752 mm，每年入新安江水库径流量为72.3亿 m³。汇入新安江各支流的水量以率水每年18.08亿 m³为最多，其次为练江，再次为横江。在最丰水年份入库水量高达106.52亿 m³（1954年），最枯水年份入库水量也有38.74亿 m³（1978年）。据屯溪站实测资料，新安江最大年平均流量199 m³/s，年总径流量为62.78亿 m³，径流深2 351 mm，出现在1954年；最小年平均流量为48.1亿 m³，年总径流量为13.59亿 m³，径流深509 mm，出现在1978年。径流的年内分配，月最大值出现于5—6月（干支流有所不同，支流多在5月，干流多在6月），占年总量的20%左右，洪水年份可占到年总量的35%~45%，自6月份以后显著减少，因此新安江的最大水量比较集中，其持续时间亦短。在下半年的6个月中，月平均水量均低于年水量10%，月最小值一般在12月至翌年1月，占年总量2%~3%。

2　血吸虫病问题

新安江流域降水丰沛、气候温暖、植被茂盛,生态条件有利于钉螺孳生和血吸虫病流行。事实上新安江流域上游分布有山丘型血吸虫病流行区,主要涉及安徽省祁门县、黟县、歙县、休宁县、屯溪区、黄山区、徽州区,以及绩溪县部分地区,累计钉螺面积5 319多万 m^2,历史累计血吸虫病人约69 689人;钉螺分布环境多为山丘地区灌渠、山沟、田块等。那么新安江水库建设是否会使上游钉螺循水流向下游扩散而导致血吸虫病流行呢?苏德隆教授对此早有定论,调查后他否认新安江水库会造成钉螺扩散,认为新安江水体很大,不一定适宜钉螺的生存和迁移,如果歙县(上游)钉螺能被带到下游并能孳生繁殖,则早应有此结果,因钉螺可沿原来的新安江东去。

生态学分析表明:新安江及其上游汇入各支流均为山区河流,上下游落差大、水流急,雨季洪水暴涨暴落。因此,如钉螺随水流下泻时难以吸附于漂浮物;且河床中有多级拦河坝,缺乏"冬陆夏水"生态条件,难以生长繁殖;如最终进入新安江水库,则由于库区开阔、水深,钉螺下沉库底后难以上爬,加之库底部水温和溶解氧含量低,钉螺不活动,经过一定时间后钉螺逐渐死亡。因此,虽然新安江上游地区存在血吸虫病流行区及钉螺孳生地,但新安江本身及新安江水库生态环境并不适宜钉螺孳生和血吸虫病的流行。

3 回顾调查

徐卫民等对新安江水库建设前后有关史料进行了回顾性调查分析,对比新安江建坝前后千岛湖库区血吸虫病螺情和病情变化情况,以及从地理位置、环境特点、建坝后库区环境的变化、钉螺扩散及孳生等方面分析千岛湖血吸虫病流行相关因素。经查阅当地(淳安和遂安2个县)历史资料和走访调查,了解到中华人民共和国成立初期曾有2例血吸虫病患者。1956年2个县曾组织当地防疫站人员、卫生干部、群众和学生,对全县65个公社开展了钉螺调查,调查面积3 814.40万 m^2,结果未发现钉螺,因此淳安县被认定为非血吸虫病流行区。建坝后于1970年首次在原龙川公社的塔底村发现钉螺,经浙江卫生实验院(现为浙江省医学科学院)鉴定,证实为血吸虫病中间宿主——湖北钉螺(山丘型光壳钉螺)。1970—1980年在淳安县原龙川公社的塔底、云林、茅屏、双联、程店、三坂、下坞、龙山、西村9个大队,累计查出钉螺面积379 654 m^2,其中茅屏(77 276 m^2)、云林(213 563 m^2)、双联(45 071 m^2)3个大队钉螺面积较大,占88.48%。钉螺主要分布在稻田和沟渠中,最高密度114 只/0.1 m^2,最近的有螺区域距离库尾约1.4 km。发现钉螺后,1970年库区开展了人群血吸虫病检查,在原龙川公社辖区的塔底、云林、茅屏、双联、程店、三坂、下坞、龙山、西村9个大队(总人口5 497人),先后查出血吸虫病患者898人,其中茅屏(355人)、云林(343人)、双联(108人)3个大队占89.76%,且8个晚期血吸虫病患者全部分布在这3个大队,其他无螺村发现患者51人,患者合计949人。1981—2016年在千岛湖库尾历史流行区累计查病30 025人,血清学阳性54人,经粪检全部阴性,未发现患者;调查家畜1 406头,均为阴性。

以上螺情和血吸虫病疫情发生原因是什么?从时间上看确实是发生在新安江水库建成后,因此疫情与新安江水库建设有关,但却非上游钉螺经新安江水而来,而是因移民回迁而来。据童禅福《国家特别行动：新安江大移民——迟到五十年的报告》中记录：从1959年开始，从未听说过血吸虫病的5万多位新安江水库移民被安置在开化、常山、龙游等县的重点血吸虫病流行乡镇，据《衢州市志》记载，开化县共接受淳安移民35 347人，迁入血吸虫病重流行村的移民很快就染上血吸虫病，身强力壮的村民得了血吸虫病失去劳动力，甚至出现死亡。再加上3年困难时期，许多移民开始回迁淳安，使得外来传染源输入千岛湖，也就是说移民回迁过了一段时间之后血吸虫病才成为流行病，移民带来了血吸虫病。实际上1958—1960年共移民18万人，至1970年移民外迁207 407人，本县安置82 544人。其中在水库建成数十年后有2万余人返回库区。淳安县于1962—1965年对6 232名回迁移民进行血吸虫病检测，经毛蚴孵化发现血吸虫病患者557人，患病率达到8.94%。在移民回迁时，钉螺可能随移民居家物品夹带而到达龙川溪周边孳生繁殖，另外原龙川公社与血吸虫病疫区开化县仅一座山脉相邻，当地种田时互相买秧借秧盛行，钉螺可能随秧苗夹带到达龙川溪周边湖滩，从而构成血吸虫病在当地流行。

当然，另一种观点认为钉螺和血吸虫病疫情可能是水库兴建造成钉螺扩散所致，因为建坝前龙川溪周边有些农田，两侧为山脉地势，局部有沼泽型湖滩，有钉螺适宜的孳生环境；其次淳安县西临安徽省歙县和绩溪交界，东北紧靠杭州的临安、桐庐、建德，南临衢州的开化、常山，而这些地区均为血吸虫病疫区。原龙川公社地势由西北向东南倾斜，北部山脉紧邻安徽，周围山脉溪水汇流至龙川溪，再自北向南流入千岛湖。然而，按照血吸虫病流行和钉螺扩散规律，如钉螺系随新安江水而来，则当地出现钉螺和血吸虫病的时间应该更早、范围更大。另外，新安江水库泥沙含量少，不易淤塞形成湖滩；水库运行时库区水位季节性涨落使千余个岛屿形成了几乎垂直的环岛消落带，消落带植被自上而下呈现上多下少现象，102 m以下为无植被带，102 m为20%覆盖率的草本植被带，104 m以上为乔木灌草植被带；104 m以下水淹时间150 d，102 m以下水淹时间达220 d。因此，钉螺在新安江水库这种风化基岩消落带无法孳生繁殖。加之新安江落差大、水流急，库区宽阔水深，库底水温低等条件也不适宜钉螺孳生。而移民回迁造成的血吸虫病疫情也经综合防控，已逐渐控制和消除，淳安县已于1987年达到血吸虫病传播控制标准，1995年达到血吸虫病传播阻断标准，现已达到血吸虫病消除标准。新安江上游地区原血吸虫病流行区也已达到了传播阻断标准。

第5节 三峡水库的血吸虫病问题

长江三峡水库是迄今世界上最大的水利枢纽工程，也是一项宏伟的环境工程，是三峡大坝建成后蓄水形成的人工湖泊，总面积1 084 km²，其坝址位于湖北省宜昌市三斗坪镇，在葛洲坝水利枢纽上游约40 km处。由于三峡水库位于中国血吸虫病流行区纬度范围,上游四川省、下游湖北省均为我国严重血吸虫病流行区,其气候条件适合血吸虫病流行,虽然既往调查均未发现钉螺和当地感染的血吸虫病,但仍有一些专家认为三峡库区的自然条件适合钉螺孳生和血吸虫病流行,三峡建坝后库区将成为潜在的血吸虫病流行区,也有专家认为三峡库区出现钉螺孳生和血吸虫病流行的可能性不大。

1 工程概况

三峡水库大部分在重庆,小部分在湖北省西部,水库淹没涉及湖北省的宜昌、秭归、兴山、巴东,重庆市的巫山、巫溪、奉节、云阳、开县、万县、忠县、石柱、丰都、涪陵、武隆、长寿、江北、巴县等县(市),库区总面积5.4万 km²。库区地形复杂,奉节以东属四川盆地边缘低山丘陵区,高差坡陡,河谷深切。库区气候具有冬暖、春早、夏热、秋多雨、霜少、湿度大、云雾多、风力小等特征,热量丰富,降雨充沛。库区农业资源丰富,适宜于农、林、牧、副、渔多种经营的全面发展。

三峡工程建设方案为:一级开发,一次建成,分期蓄水,连续移民。即长江自宜昌至重庆河段以三峡工程一级开发;大坝按坝顶高程185 m一次建成;水库分期蓄水,初期蓄水位156 m,后期蓄水位175 m;移民在统一规划前提下,相应分期实施。

三峡水库调度方案是:汛期6—9月按防洪限制水位145 m运行;10月开始蓄水,一般年份10月底可蓄至正常蓄水位175 m,11—12月保持在正常蓄水位;1—4月为供水期,电站在枯水年按保证出力发电,库水位控制不低于死水位155 m,5月底降到防洪限制水位。

三峡工程的主要效益是防洪、发电、航运三方面。防洪:可防止荆江两岸发生毁灭性洪灾,荆江河段的防洪标准可由目前不足十年一遇提高到百年一遇,若遇千年一遇或类似1870年特大洪水,配合荆江分洪和其他分、蓄洪工程运用,可保证荆江河段安全行洪。发电:可装机1 820万 kW,年发电量847亿 kW·h。航运:可改善宜昌至重庆河段的航道条件,万吨级船队可直达重庆。

三峡工程主要建筑物由大坝、水电站厂房和通航建筑物三大部分组成。拦河大坝选用混凝土重力坝,主坝段长2 231 m(从右岸非溢流坝段至永久船闸左侧非溢流坝段),坝顶高程185 m,泄洪坝段居河床中部,前缘总长483 m,共设有23个深孔和22个表孔,两者相间布置,深孔尺寸7 m×9 m,孔底高程90 m;表孔净宽8 m,堰顶高程158 m,下游采用鼻坎挑流消能,枢纽总泄洪能力为11.6万 m³/s。水电站厂房采用坝后式,分设于泄洪坝段左、右两侧,左岸厂房布置14台水轮发电机组,右岸厂房布置12台水轮发电机组。机组单机容量为70万 kW,电站总装机容量1 820万 kW。永久船闸采用双线,布置在左岸,因其最大水头达113m,经比较采用五级连续梯级布置方案。闸室有效尺寸为280 m×34 m×5 m,可通行万吨级船队,年单向下水货运能力为5 000万吨,包括引航道在内,线路全长6 442 m。

升船机采用钢丝绳卷扬全平衡一级垂直升船机,承船厢有效尺寸为120 m×18 m×3.5 m,一次可通过一条3 000吨级的客货轮,最大提升高度113 m,承船厢总重量11 800 t。

2 三峡工程血吸虫病风险研究

1993年肖荣炜通过研究认为长江上游岷江中游离库区最近的乐山县有螺区距库尾在600 km以上,宜昌以西长江干流一带无钉螺分布,上游钉螺经不住长距离湍急水流的冲击,难以下达库区;下游湖北钉螺受葛洲坝和三峡高坝的双重阻挡,逆流而上更难;船舶航行时航速使船体外侧受急流冲刷,钉螺不会被船舶携带而移入库区。所以上下游血吸虫病流行区的钉螺迁入三峡水库使库区出现新螺区的可能性是不大的。并指出库区年内水位变幅数十米,其水位消涨频繁的运行规律及水库岸壁多岩石陡坡等自然特征不利于钉螺孳生繁殖。同时还认为建库后冬季流量加大,两湖一带的水位可略有上升,使部分高程较低的有螺洲滩被水淹没的时间延长,会导致那里的钉螺失去"冬陆夏水"的生态环境而死亡,从而压缩洲滩的有螺面积;兴建三峡工程将加强长江中下游的抗洪能力,使洪涝灾害频率和程度下降和减轻,从而大大减少洲滩钉螺随洪流迁移扩散的机会,也会显著减少人群因抗洪抢险等活动而受感染的可能性,可以提高消灭钉螺及对人畜进行化学治疗的效果,加快压缩血吸虫病流行范围和控制血吸虫病的传播。

1998年何昌浩等通过类比和生态实验等方法研究了三峡库区湖北段不孳生钉螺原因,认为三峡库区具有与江汉平原血吸虫病疫区相似的气候、土壤和植被条件,但库区湖北段不孳生钉螺的原因主要是山高坡陡且多深洞、暗河造成的泥沙难以淤积,土壤干燥的地形地貌等。通过收集分析库区湖北段秭归、兴山、宜昌、巴东县,以及历史有螺区宜昌市,有螺区荆州市沙市区的自然环境如雨量、温度、湿度、土壤、河流、地形、地貌,社会经济状况,库区平水年、枯水年、丰水年水位调度计划等资料。结果发现除宜昌县平原和丘陵岗地占48.5%外,秭归、兴山、巴东均100%为山地,其中大于1 200 m的高山,兴山县为44.5%,巴东县为40.1%,秭归县为18.9%;高程落差最高可达3 072 m,最低则为65 m,且多溶洞、暗河;如巴东县由成母质形成的石灰岩分布达23.84亿m²,占总土地面积的2/3,降雨时雨水渗入溶洞、天坑、暗河,形成地下富水,地表缺水的景况;另外还有5.11亿m²的砂质页岩,质地松散,保水能力弱;又如秭归县地下水为裂隙喀斯特水,境内已查明水洞穴、暗河、落水洞28处,洞穴37个,加之土层薄、含水保水能力低。因而造成雨时径流大,雨过消水快,土壤湿度小的特点。生态实验:在兴山县150 m和175 m高程处建立2个生态实验点,每点分3个实验组(池)。自然组:不经任何处理,采用当地的自然条件;潮湿组:经常洒水,保持土壤湿润;水位调度组:模拟大坝修建后的水位调度,采用人工调控水位;池内采用当地的土壤和植被。于1994年4月至1995年5月进行实验。各组分别投入采自荆州市郊肋壳钉螺350只,四川省丹棱县光壳钉螺200只,观察1年后钉螺的存活率。结果在自然状态下,四川光壳钉螺在三峡库区湖北段能够存活,但水位调度组生存率显著低于潮湿组。在自然状态下湖北钉螺不宜在三峡库区湖北段生存,但改善干燥土壤条件时湖北钉螺亦能生存。

与以上生态实验不同,一些专家选择三峡库区湖北宜昌市、重庆江津市和万州区进行了模拟淤积区、灌溉区钉螺生态实验(不包括水位调度)。结果表明库区气候条件与血吸虫病流行区相似,光壳钉螺和肋壳钉螺都能在模拟库区各试验点土壤生存;而宜昌对照区土壤含砂量大、湿度低,钉螺存活率相对较低(土壤湿度与钉螺存活率间呈显著正相关)。同时,对三峡库区水位及泥沙变化趋势进行预测研究,认为三峡建坝后库区流速减缓,泥沙淤积增加,在最高蓄水位和洪水淹没线以下可形成边滩,在库区6条大支流的入库口可形成冲积洲,库内出现累积性淤积形成滩地。根据预测,涪陵以上200 km河段变动回水区,建坝后10~14年开始出现淤积洲滩,30年可形成60个以上洲滩,100年可形成大型洲滩27个,面积约为34 km^2,分布在149 m~175 m高程范围内。以大渡河龚咀水库为例,类比研究表明龚咀水库与三峡水库功能类似,建坝后8~10年已形成洲滩5个,其植被种类、泥沙颗粒、含水量等指标与有螺洲滩相似。调查显示三峡库区存在钉螺和血吸虫病传染源输入的风险,三峡建坝后库区将成为潜在的血吸虫病流行区,应加强监测和采取相应的干预措施,防止血吸虫病向库区扩散。研究认为三峡建坝后,致使江汉平原地下水位升高,而有利于钉螺的孳生和血吸虫病的流行。洞庭湖区水位变化不论丰水年、中水年或枯水年,对钉螺分布影响不大,但可致人畜接触疫水机会增加;洞庭湖泥沙变化有利于钉螺孳生和人畜感染。三峡建库后鄱阳湖水位变化对钉螺分布影响甚微,30年内泥沙变化不明显。对安徽、江苏段钉螺分布影响不大,但春季洲滩提前水淹则影响钉螺存活。建坝后长江中、下游洪水发生机率由10~20年一遇提高至100年一遇,减少了人畜感染和钉螺扩散。

宣勇等利用ArcGIS软件的空间分析功能,结合气象资料及重点研究区1∶1万和库区重庆段1∶5万数字高程模型(DEM)就阶段性淹没区的气候条件、淹没时间、淹没区植被情况以及阶段性淹没可能对钉螺生长的影响进行综合分析。结果三峡库区淹没时间、气温、降水、日照时间、植被种类及覆盖度均适合钉螺,但其冬季蓄水、夏季放水而形成"冬水夏陆"周期的洲滩环境不适于钉螺孳生,因此尚不能得出三峡工程更利于库区钉螺生长繁殖的结论,三峡水库的修建和运行不一定会造成库区钉螺孳生和血吸虫病流行。

鉴于国内外学界围绕工程对三峡库区、长江中下游沿江地区、两湖地区(洞庭湖和鄱阳湖)血吸虫病影响开展了大量的预测性研究工作,研究内容大多集中在大坝运行所引起的水位泥沙变化、人畜行为、滩地开发等方面的改变及其对钉螺分布和血吸虫病流行的影响,特别是对于库区的影响有较大争议。张光明等对三峡建坝前预测研究成果和大坝运行后实证成果进行了总结对比。实际结果表明:三峡工程运行后库区仍具备钉螺孳生的气温、降水及食物条件,ArcGIS及数字高程模型(DEM)等分析也表明三峡库区的淹没时间、气温、降水、日照时间、植被种类及覆盖度均适合钉螺孳生,特别是开县的渠口和巫山的大昌两地环境最适合钉螺孳生。实测资料表明受上游来沙减少等因素(上游水库蓄水拦沙、水土保持工程实施、河道采砂等)影响,三峡库区内泥沙淤积情况好于预期,泥沙淤积大幅减轻,而且淤积的泥沙绝大部分在145 m高程以下的死库容内,从泥沙淤积量和淤积范围来看,短期内三峡库区很难形成新生滩地。而三峡水库汛期采用"蓄清排浑"动态运用的泥沙调度方式及排沙减淤调度等措施可有效控制库区泥沙淤积。即使库区长期运行后泥沙大量淤积形成滩地,库区"冬水夏陆"的运行方式仍不利于钉螺孳生。对于长江中下游地区血吸虫病防控,三峡工程运行是有利的,甚至发挥了重要作用。

因此,三峡工程建成运行后,虽然库区具有与血吸虫病疫区相似的气候、土壤和植被条件,但地质条件和"冬水夏陆"的水位调度不适于钉螺孳生;无论是三峡水库上游还是下游,通过水流或航运船只都不可能使钉螺扩散进入库区,但携带或夹带的风险难以防范,未来钉螺或血吸虫病传染源进入库区不是三峡工程直接造成的后果,而是人畜流动等社会因素可能造成的结果,这是需要面对的更为广泛的问题,对此应加强监测,并研究相应的对策措施。

3 三峡工程血吸虫病监测

吴成果等对三峡库区重庆段2002—2007年间开展的监测结果显示:当地居民、流动人口以及从流行区返乡的居民的血清学阳性率分别为0.57%、1.44%和0.86%;从流行区引进的大量植物以及牲畜中调查也未发现输入性钉螺和感染牲畜。余凤苹等于2007—2009年,分别选择三峡库区湖北段秭归县的郭家坝镇郭家坝村和桐树湾村、归州镇万古寺村和上坝村,兴山县峡口镇建阳坪村、高阳镇陈家湾村、古夫镇深渡村,夷陵区太平溪镇韩家湾村、龙潭坪村和太平溪村等10个村作为监测点,并每年选择其中3~4个村进行血吸虫病调查监测;在库区长江支流、两岸洲滩、沟渠等可疑环境,采用环境抽查法进行钉螺调查;对库区上游的漂浮物及库区过往船只进行检查,并通过林业和畜牧部门调查从疫区购(引)进苗木、牛羊等开展钉螺输入因素的监测。结果:3年共调查121.23万 m^2,未查到钉螺;2008—2009年夷陵区对来自库区上游的长江漂浮物共5 000 kg和来自疫区的26艘船只进行检查,未发现钉螺附着;亦未发现从疫区引进的水生植物。2008年检查兴山县园林部门从湖北枝江等血吸虫病流行区引进的8万余株苗木,未发现携带钉螺;当地居民3年共调查998人,其中秭归县397人、兴山县312人、夷陵区289人,仅于秭归县发现1例血检阳性者,但粪检未发现血吸虫虫卵及毛蚴;3年共抽查外出打工返乡人员78名及外来务工人员137名,均未发现血检阳性者;兴山县问卷抽查外来务工人员54人,均否认来自疫区和接触过疫水。共发现4例输入性慢性血吸虫病病例,其中秭归县3例,均为本地居民外出到血吸虫病流行区时感染;兴山县1例,系在原籍湖北省江陵县(血吸虫病疫区)感染后婚嫁迁至库区居住。秭归县4个监测村无耕牛,但2008—2009年该县分别引进羊680只、猪2 150头,其中分别有165只和2 150头来自疫区,经IHA法抽检均为阴性;兴山县3个监测村共有耕牛65头,IHA检测49头,粪检7头,其中血检阳性1头,系兴山县从外地购买的菜牛,因户主已宰杀未做粪检;夷陵区3个监测点均无耕牛。

朱朝峰等报告三峡水库蓄水后,长江中游的常水位和枯水期水位比三峡工程建成前有所下降(从三峡大坝至湖南洞庭湖河段),距大坝越近,水位下降幅度越大;距大坝越远,水位下降幅度越小。由于水位下降,直接导致长江中游干流洲滩和洞庭湖洲滩面积扩大,原有螺洲滩的有螺面积可能也随之增加。由于长江上游来沙量减少,三峡水库清水下泄引起长江中游干流部分河段岸线受到冲刷或淤积,部分洲滩面积相应减少或增加,从而导致部分洲滩原有钉螺面积也有可能减少或增加。三峡建坝后防洪能力提高,洪水期长江中下游干流大堤溃堤或分洪概率大大降低,坝内原有螺洲滩上的钉螺向坝外扩散概率大大降低。2005—2010年20个监测点结果表明长江中游干流沿岸洲滩、洞庭湖洲滩活螺密度呈下降的监测点达90%。随着三峡大坝蓄水高程的增加,在每年常水位和枯水位期,洞庭湖有螺洲滩面积可能也相应增大,但洞庭湖钉螺密度并没有随着有螺洲滩面积的增大而增大,反而呈逐年下降趋势,甚至有的监测点洲滩钉螺密度降为零;三峡工程运行后长江和洞庭湖两地洲滩钉螺未相互扩散。陈红根等报告三峡工程蓄水运行后,鄱阳湖水文情势呈现以低枯水位为特点的常态性改变,并导致湖区洲滩的钉螺密度下降和血吸虫病流行程度减轻。张光明等研究发现,三峡大坝运用后安徽和县陈桥洲大多数年份的最高水位和汛期平均水位降低,陈桥洲有螺滩地年水淹时间减少,钉螺密度下降。李伟等报告三峡水库蓄水后,长江江苏段水位呈逐年下降趋势,江苏沿江地区血吸虫病病情和螺情均呈下降趋势。

综上所述,三峡水库运行后库区及长江中下游血吸虫病监测表明库区未发现钉螺孳生和钉螺扩散,但存在钉螺(携带/夹带)和血吸虫病输入风险;水库水位及泥沙调度对长江中下游钉螺及血吸虫病控制利多弊少。但仍需加强钉螺和血吸虫病监测,特别要对库区水流较缓的回流区漂浮物和滩地做好钉螺监测,及时发现输入性钉螺;同时对人群做好健康教育,对各级医疗卫生机构专业人员做好相关培训,及时发现输入性传染源,防止因钉螺和传染源输入而造成血吸虫病在库区流行。对长江中下游江湖洲滩钉螺要在三峡水库运行条件下,注重长江生态保护,加强钉螺控制新技术研究和应用。

ically resources reviewed.

第16章

湿地对血吸虫病传播和控制的影响

湿地是地球上水陆相互作用形成的一种独特生态系统,也是自然界富有生物多样性和较高生产力的生态系统,具有环境调节功能和生态效益,湿地与森林和海洋一样,被认为是地球上重要的生命支持系统之一,称之为"地球之肾"。我国大陆流行的日本血吸虫病(简称血吸虫病)是一种危害严重的寄生虫病,其传播环节与水密切相关,特别是血吸虫唯一的中间宿主——钉螺,是一种湿地生物,广泛分布于长江中下游沿江滩涂湿地、湖泊滩地、水网河渠及灌区、流域集水区及山林湿地等环境。南水北调工程等调水系统也涉及大量湿地,其中有一些湿地与钉螺分布和血吸虫病流行区存在一定的交集。因此,湿地及湿地生态的变化和血吸虫病传播有着非常密切的关系,而血吸虫病控制措施也将不可避免地对湿地生态产生影响。特别是有钉螺孳生的生态湿地、水源保护区或生态保护敏感区(如南水北调东线工程水源区)将是未来血吸虫病预防控制所面临的重大问题。

第1节　湿地及生态功能

1　湿地定义和分类

"湿地(Wetland)"一词最早的定义是由美国鱼和野生动物管理局于1956年在一本题为《39号通告》中提出的,《39号通告》将湿地定义为:被间隙的或永久的浅水层所覆盖的低地。其中包括以挺水植物为显著特点的浅湖和塘,但不包括河流、水库和深水湖等永久性水体。国际湿地公约定义:"湿地系指不论其为天然或人工、长久或暂时之沼泽地、泥炭地或水域地带,带有或静止或流动、或为淡水、半咸水或咸水水体者,包括低潮时水深不超过6 m的水域。"1990年6月第四届湿地公约缔约国大会通过了新的分类系统,该系统把海洋和沿海湿地分为11类、内陆湿地16类、人造湿地8类,共35种类型。在最近的缔约国大会上又对原有湿地分类系统进行修改,确定海洋湿地为12类、内陆湿地为20类、人工湿地为10类。

我国目前湿地的定义与上述国际湿地公约的定义相同。分类则按照适合中国湿地类型实际情况和与国际湿地局建议的分类系统接轨的原则进行分类。综合考虑湿地成因、地貌类型、水文特征、植被类型等,制定了中国分级式分类系统,其中将湿地分为3级42类。第1级按成因分为自然湿地和人工湿地。第2级自然湿地按地貌特征分为近海与海岸湿地(12类)、河流湿地(4类)、湖泊湿地(5类)、沼泽湿地(9类);第2级人工湿地按主要功能用途分为12类。

自然湿地,指天然存在于地表之上的、生态性质和结构包含水体(水深大于6 m的海水区例外)及水陆过渡带并具有多种环境功能的生态系统。

近海与海岸湿地包括浅海水域、潮下水生层、珊瑚礁、岩石海滩、淤泥质海滩、潮间盐水沼泽、红树林、河口水域、河口三角洲/沙洲/沙岛、海岸性咸水湖、海岸性淡水湖。

河流湿地包括永久性河流、季节性或间隙性河流、洪泛湿地、喀斯特溶洞湿地。

湖泊湿地包括永久性淡水湖、永久性咸水湖、永久性内陆盐湖、季节性淡水湖、季节性咸水湖。

沼泽湿地包括苔藓沼泽、草本沼泽、灌丛沼泽、森林沼泽、内陆盐沼、季节性咸水沼泽、沼泽化草甸、地热湿地、淡水泉/绿洲湿地。

人工湿地，人工湿地有广义与狭义之分。广义的人工湿地泛指受人为主导作用的湿地，包括水田、坑塘、湿地污水处理系统等；狭义上的人工湿地仅指湿地污水处理系统，亦即工程湿地。包括水库、运河/输水河、淡水养殖场、海水养殖场、农用池塘、灌溉用沟渠、稻田/冬水田、季节性洪泛农业用地、盐田、采矿挖掘区和塌陷积水区、废水处理场所、城市人工景观水面和娱乐水面。如南水北调东线工程及其他跨流域调水工程输水河道及沿线众多调蓄湖泊、灌区等均是人工湿地。随着调水工程的运行，沿线湖泊及相关湿地亦有扩大趋势。

2 湿地功能

湿地是一种以水陆过渡带为特征的生态系统，既有水陆两相的营养物质，又有阳光、温度和气体交换条件，因此湿地是具有较高生产力的生态系统。湿地的主要功能为：

2.1 维持生物多样性　依赖湿地生存、繁衍的野生动植物极为丰富，其中有许多是珍稀特有的物种，是生物多样性的重要地区和濒危鸟类、迁徙候鸟以及其他野生动物的栖息繁殖地。在40多种国家一级保护的鸟类中，约有1/2生活在湿地中。亚洲有57种处于濒危状态的鸟，在中国湿地已发现31种。全世界有鹤类15种，中国湿地记录到的鹤类有9种。我国现有湿地中高等植物1 000多种，其中具有较高经济价值的有200多种。湿地是重要的遗传基因库，中国利用野生稻杂交培育的水稻新品种，使其具备了高产、优质、抗病等特征，在提高粮食生产方面产生了巨大的效益。中国的农业、渔业、牧业在相当程度上要依赖于湿地提供的动植物资源。

2.2 提供丰富物产资源　湿地蓄藏有丰富的淡水、动植物等自然资源，可以为社会生产提供粮食、水产、禽蛋、莲藕等多种食品和药材；湿地中有各种矿产和盐类资源，如中国西北地区的碱水湖和盐湖，分布相对集中，盐的种类齐全，储量极大。在盐湖中，不仅赋存大量的食盐、芒硝、天然碱、石膏等普通盐类，而且还富集硼、锂等多种稀有元素。中国的一些重要油田多分布在湿地。湿地的地下油气资源开发利用在经济建设和社会发展中的意义重大。

2.3 净化、降解污染　由于工农业生产的发展，人类其他活动的加剧，洪水、径流挟带农药、工业污染物、有毒物质进入湿地，湿地的生物和化学过程可使有毒物质降解和转化。如泥炭具有很强的离子交换性能和吸附性，是良好的净化材料，具有防止污染的作用。湿地中的凤眼莲对净化污水中的重金属效果很好。人工水塘、水库系统对降水有较强的缓冲作用，对来自农业污染物具有拦截和过滤作用。

2.4 调节气候、蓄洪防旱、涵养水源　湿地储水量很大，具有调节大气水分的功能。其蒸发量的大小和总量往往可以影响区域降水。如沼泽湿地最大持水量为200%~400%，有的可高达800%，其植物叶面的蒸发量一般大于水面蒸发。这种高含水、强蒸发功能在沼泽区的水量平衡中起着重要作用。湿地具有强大的固碳作用，储藏在不同类型湿地的碳约占地球陆地碳总量的15%，如果将沼泽地全部排干，则碳的释放量相当于目前森林砍伐和化石燃料燃烧排放量的35%~50%。湿地在蓄水、调节河川径流、补给地下水和维持区域水平衡中发挥着重要作用,是蓄水防洪的天然海绵。中国降水的年内分配不均,主要集中在6—9月,通过天然和人工湿地的调节储存河川来水,从而避免发生洪水灾害,保证了工农业生产有稳定的水源供给。长江中下游的洞庭湖、鄱阳湖、太湖等许多湖泊发挥着蓄水功能,防止了无数次洪涝灾害,许多水库在防洪抗旱方面发挥了巨大作用,沿海许多湿地抵御波浪和海潮的冲击,防止风浪侵蚀海岸。

2.5 观光旅游和科研价值 中国有许多重要的旅游风景区多分布在湿地区域。滨海的沙滩、海水是重要的旅游资源,还有不少湖泊因自然景观壮丽而吸引人们向往,辟为旅游和疗养胜地。滇池、太湖、西湖等都是著名的风景区,不但创造直接经济效益,还具有重要文化价值。湿地生态系统多样性植物群落、濒危物种等,在科研中都具有重要地位,为教育和科研提供了研究对象。

因此,湿地可以提供农产品、水产品、矿产和药材等;可提供为维持生命系统不可或缺的水源(工、农业生产用水和人类生活用水);可提供能源(水电)和水上运输条件;可为珍稀动植物提供栖息和生长环境,保护生物多样性;可以调节气候、净化水源和空气、调蓄水量、防洪抗旱;可防止河岸、湖岸和海岸的侵蚀;还可提供景观服务等。湿地是人类生存和社会可持续发展的重要物质基础,也是激发人类文明精神财富的载体,具有显著的社会效益、经济效益和生态效益。

第2节 湿地对钉螺/血吸虫病的影响

鉴于钉螺是血吸虫病传播不可或缺的生物因素,因此,作为湿地生物的钉螺也必然受到湿地生态的影响,从而影响血吸虫病传播。

1 钉螺孳生湿地类型

钉螺是一种雌雄异体、水陆两栖的淡水螺,喜栖息于植被茂盛、潮湿肥沃的泥土,我国大陆钉螺分布于长江中下游及以南12个省(直辖市、自治区)一些自然和人工湿地。特别适宜孳生于"冬陆夏水"的江洲湖滩,或"干湿交替"的灌区沟渠及山间溪流草滩。

按照我国湿地分类,钉螺孳生的湿地类型涉及21类:①自然湿地有河流湿地3类(季节性或间歇性河流、洪泛湿地、喀斯特溶洞湿地);湖泊湿地2类(永久性淡水湖、季节性淡水湖);沼泽湿地7类(苔藓沼泽、草本沼泽、灌丛沼泽、森林沼泽、沼泽化草甸、地热湿地、淡水泉/绿洲湿地)。②人工湿地9类(水库、运河、淡水养殖场、农用池塘、灌溉用沟渠、稻田、季节性洪泛农业用地、采矿挖掘区和塌陷积水区、废水处理场所)。另外人工湿地公园或景观水域也具备钉螺孳生的生态条件。

按照钉螺孳生地环境特征,我国大陆钉螺可分为湖沼型、水网型和山丘型3类。其中湖沼型钉螺主要分布于湖北、湖南、江西、安徽、江苏等省具有"冬陆夏水"的长江中下游沿江洲滩、支流及鄱阳湖、洞庭湖等湖泊

第16章　湿地对血吸虫病传播和控制的影响

滩地,以及通江、通湖河道,多属湖泊湿地、河流湿地,以及沼泽湿地。经过长期的开发利用,长江中下游湿地已成为中国最大的自然和人工复合湿地生态系统,同时也是目前我国钉螺主要孳生地,其钉螺面积占全国钉螺面积的95%以上。水网型钉螺主要分布于江苏、浙江2省和上海市的长江三角洲平原,这类地区河网发达,人口稠密,曾是我国最严重的血吸虫病流行区和钉螺分布区。钉螺主要分布在内陆河道、灌溉沟渠、池塘、稻田等自然湿地和人工湿地。山丘型钉螺主要分布在云南、四川、福建、广东、广西、安徽、江苏、浙江等省份。特点是钉螺沿水系呈线状、点状分布,与地表水和地下水分布密切相关。按钉螺分布地形山丘型又可分为高原平坝型、高原峡谷型和丘陵型。高原平坝型见于四川、云南省,地形为四面环山的山间盆地,面积大小不等,地势相对平坦,盆地内沟渠纵横,酷似水网型地区,钉螺主要分布为沟渠、稻田。高原峡谷型见于云南、四川省,峡谷地区水系独立,山高坡陡,钉螺分布高程多在海拔200~2 400 m,钉螺主要分布在梯田、草坡、山涧、溪流、坑塘等环境,多呈线状或点状分布。丘陵型介于高山平坝型和高山峡谷型之间,地势高低不平,海拔高程相差悬殊。云南、四川2省则多在800 m以上,水系以山峰为界各成系统。东南沿海地区及苏浙皖丘陵山区海拔多在300 m以下,钉螺多分布于泄洪溪沟、泉眼、渗水山坡、梯田、树林/竹园、塘坝、灌渠等自然湿地和人工湿地。广西山丘钉螺分布于喀斯特溶洞湿地,该地区山坡陡峭,土层稀薄,石芽林立,地面水和地下水相通,雨季时一片汪洋,而旱季则到处干涸,钉螺分布于石山脚、草坡、石芽地、水沟、引水渠、田边、石埂、岩溶泉、消水洞、水坝等环境。

另外属海岸湿地的江苏东部大丰、东台滨海草滩有钉螺分布,经开发改造大部分已为农业种植区和人工湿地,钉螺主要分布在排水沟、田边沟等湿地环境。福建沿海一些岛屿也曾有钉螺分布。

2　自然湿地对钉螺的影响

在我国钉螺分布地区自然湿地通常具有适宜的水、草、土壤、温度、食物等生态条件,如长江中下游沿江洲滩植被茂盛、土质肥沃、水位呈"冬陆夏水"变化的滩涂湿地非常适宜钉螺生长。研究表明鄱阳湖2—5月洲滩显露有利于钉螺交配产卵(春季雌螺卵巢丰满),5月入汛后洲滩水淹则有利于螺卵孵化与幼螺的发育生长,9、10月后洲滩退水显露,雌螺卵巢逐渐丰满。洞庭湖适宜钉螺孳生环境年水淹时间介于3~8个月;而长期有水体覆盖的自然湿地则不适宜钉螺生长,如洞庭湖水淹多于8个月的湿生或水生环境为无螺带;长江下游洲滩水淹时间超过6个月则基本无钉螺孳生。1998年长江特大洪涝灾害后国家提出了"封山植树、退耕还林、平垸行洪、退田还湖、以工代赈、移民建镇、加固干堤、疏浚河湖"的生态治理方针,逐渐恢复了长江主支天然河道过水断面,增加了高水位时的湖区面积,湿地生境转好,增强了上游防洪能力。然而,长江中下游洲垸地区钉螺面积和钉螺密度较平垸行洪、退田还湖前明显上升。蔡凯平等调查洞庭湖区41个平垸行洪、退田还湖堤垸(退人又退田,恢复自然湿地)钉螺扩散情况,结果发现9个废垸内有钉螺分布,其2个在退垸前没有钉螺;废垸内钉螺分布面积1 079.74万 m²,较退垸前增加了869.4 hm²,为退垸前的5.13倍;其中2个废垸内有感染

213

性钉螺分布。

目前沿江洲滩地区现有钉螺多分布于湖汊、边角滩、芦草滩等水位波动的自然湿地。另外雨水充沛、地下水丰富、林木蔽荫、土壤干湿交替的山丘地区也非常适合钉螺生长繁殖,山区现有钉螺环境多分布于渗水山坡、泄洪山涧、土沟渠、灌木林带、水库消退区等自然湿地。

3 人工湿地对钉螺的影响

人工湿地主要是农业用地(稻田、水产养殖区、果园、苗圃等)、人造林、水库、人工开挖河道、池塘、人工湖、湿地公园等。翻耕种植的农业湿地因泥土压埋钉螺、缺乏苔藓类食物等不适宜钉螺孳生;水库、人工湖和养殖池塘蓄水区因长时间水淹而抑制和消除钉螺。钉螺通常分布于"干湿交替"的灌渠、河岸边芦草滩、梯田后壁;人造林、果园、苗圃田间沟和周边沟也常有钉螺孳生。流行区如水库上游有钉螺分布则水库消退区湿地通常也易有钉螺孳生。水库下游灌区湿地也常有钉螺孳生,并可通过灌渠逐级向下游扩散。近年来发展较快的湿地公园或自然保护区可能原有钉螺孳生环境未处理而成为钉螺孳生地,也有可能随引进的水生植物(包括芦苇等)、水生螺类,以及苗木等而从血吸虫病流行区带入钉螺,对此类新情况须高度重视,加强监测研究。

4 湿地对血吸虫病传播的潜在风险

在有钉螺孳生的湿地环境(包括自然湿地和人工湿地,如湖泊、河沟、水田、沼泽、自然保护区等),人畜接触其水体时即存在感染血吸虫的风险。如水草茂盛、适宜放牧的湖洲易导致牛、羊等家畜感染血吸虫;在不适宜机械化而仅能依靠人力/畜力耕种的山区水田易使人畜感染血吸虫;在沿江沿湖濒水湿地景区游玩戏水也是感染血吸虫的高风险行为。

毛勇等报告认为湿地建设与血吸虫病流行紧密相关,调查表明四川省丹棱县20世纪80—90年代梅湾村人群血吸虫感染率高达30%以上,下游龙滩村哨鼠血吸虫感染率高达40%;1977年建梅湾水库后钉螺扩散,至1992年新增有螺面积13万 m²;2015年调查梅湾水库湿地上、下游均发现钉螺,但未发现血吸虫感染性钉螺。西昌邛海湿地公园建设前湿地内有钉螺分布,2014年湿地建成后连续2年对湿地内的各类环境进行全面调查,均未查见钉螺;而四川广汉市金雁湖湿地公园建设后发现钉螺,在入湖沟渠中查到血吸虫感染性钉螺,周边村庄出现急性血吸虫病病例。

冯淑华报告鄱阳湖景区主要分布在鄱阳、进贤、都昌、余干、南昌、瑞昌、新建、湖口、星子、永修等10个县,所在地的湿地类型为:湖汊型、洲坑型、洲岛型和洲滩型。而鄱阳湖区钉螺主要分布于滨湖地区的鄱阳、都昌、南昌、余干、新建、星子、进贤、永修等8个县。调查表明鄱阳湖旅游活动与血吸虫病传播存在时空耦合性,即汛期主要开展水域观光、休闲旅游、渔俗文化体验、农家乐等活动,枯水期以候鸟观赏为主。每年5—9月和11—12月为旅游旺季,而血吸虫主要感染季节为3—11月,并以4—10月感染机会最多,而4—10月也正是鄱阳湖湿地旅游活动的旺季,时间上的高度耦合性,加大了游客感染血吸虫的风险。鄱阳湖有螺洲滩集中分布的珠湖乡、泾口乡、蒋巷镇、南矶乡、三里乡(含原军山湖乡)、吴城镇等乡(镇)都开发了旅游项目,占重点有螺洲滩乡(镇)的50%。对游客问卷调查表明最受欢

第16章 湿地对血吸虫病传播和控制的影响

迎的旅游项目为水上人家、水上游艇和渔俗文化等，均占被调查者的10%以上；候鸟观赏、水上观光、滑草滑沙、沙滩浴和捕渔体验等项目占7%~9.9%。中青年游客偏好参与性和具有鄱阳湖地域特色的水上人家、渔俗文化等项目，而这些项目与血吸虫病的密切程度最高。在南昌市新建县的南矶山景区随机对52位游客进行了访谈调查，结果只有13.5%(7人)的游客对血吸虫病防治知识有一些简单了解，86.5%(45人)的游客不知道如何防治。

武汉汉口江滩是亚洲第一大江滩主题公园，长8.45 km，毗邻长江，面积160万 m^2，具有景观、旅游、休闲、集会等重要的社会功能，为武汉市城区主要的公共场所之一。然而，该长江江岸段江滩为历史有螺环境，于1984年首次发现钉螺以来，螺情反复，血吸虫感染事件时有发生。孔世博等报告，2013年节假日汉口江滩在闸口和亲水层的人流量及接触水人群均多于工作日，人流总量分别为59 582(人·次)/d和36 382(人·次)/d。其中垂钓为接触水最常见方式，游泳次之。2013年春秋季均调查有螺环境318.07万 m^2。其中春季共调查捕获钉螺2 532只，活螺平均密度为0.993只/0.1 m^2，最高密度为76只/0.1 m^2；秋季共调查捕获钉螺1 820只，活螺平均密度为0.596只/0.1 m^2，最高密度为42

只/0.1 m^2；春秋两季均未发现血吸虫感染性钉螺，然而存在较高的血吸虫感染风险。

长江中下游长江干流共有江心洲、外滩圩垸263个，钉螺分布面广量大。其中南京长江新济洲群共有湿地面积46.5 km^2，具体包括新生洲、再生洲、新济洲、子汇洲、子母洲、长江水域及两岸滩涂，曾是血吸虫病重点流行区。2001年新济洲因洪涝灾害频繁而实施移民，此前新济洲设1个建制行政村，共有18个自然村，居民总人口4 000人；2001年春季调查，新济洲外江滩有螺面积为89.2万 m^2，感染性钉螺面积为21.4万 m^2；秋季调查人群血吸虫感染率为0.18%，耕牛血吸虫感染率为3.7%；2001年7月起新济洲移民工程启动，至2001年底绝大多数居民已全部迁出。2003、2004年分别调查移民后留驻人员54人和50人，查出血吸虫病(粪便阳性)3人和1人，感染率为分别为5.56%和2.0%。原有的耕牛等家畜均已全部宰杀或迁出，2002—2004年新济洲未发现有新的家畜引进或放牧。钉螺分布的范围和面积较稳定，未发现向圩内扩散，感染性钉螺面积和密度呈下降趋势。因此，长江洲滩湿地血吸虫病流行区在钉螺难以控制时，有条件可以通过移民方式减少暴露人群(减少接触疫水)也有可能阻断人群血吸虫病的传播。

第3节 钉螺控制措施对湿地生态影响和对策

在我国血吸虫病流行区，湿地具有适宜钉螺生长的生态系统，控制和消除湿地钉螺控制措施通常包括应用化学药物，或结合农田水利、经济开发项目实施环境改造等，而这些控制措施都可能影响湿地生态。

1 药物灭螺对湿地生态的影响

氯硝柳胺乙醇胺盐(亦称杀螺胺乙醇胺盐)是目前国内使用的主要杀螺药物，对哺

215

乳动物及经济作物安全；但对鱼类、贝类、溞类、蛙类毒性较大，对部分水生植物（藻类、蕨类、苔类等）也有损害作用。长期大范围反复使用可能影响湿地生物多样性，从而使水禽食物减少而影响其栖息。目前药物灭螺对湿地生物，特别是微小生物或微小生境影响缺乏系统研究，对湿地生态缺乏科学评估指标和方法。因此，药物灭螺对湿地生态的环境影响尚有待深入研究。

2 环境改造措施对湿地生态的影响

环境改造是指通过改变湿地生态（水、土、草等），使之不利于钉螺生长繁殖从而达到控制和消除钉螺的方法，也称为生态灭螺。这些措施在灭螺的同时也改变了湿地生态结构和功能，对湿地生态造成了不同程度影响。常用环境改造方法及影响为：①河堤岸坡、沟渠硬化。采用现浇或预制混凝土、浆砌块石硬化有螺河（堤）岸坡或沟渠，消除钉螺生长必需的泥土、植被、水等条件，达到消灭钉螺的目的。但研究表明河岸硬化不能阻止钉螺随漂浮物漂流扩散。同时由于混凝土硬化河岸改变了湿地生态结构，阻隔了水相和陆相生物交换通道，可导致湿地生态系统失衡和功能退化，影响环境自净能力，以至破坏自然景观。②土埋灭螺。包括开新填旧、移沟土埋、挑土填埋、卷滩土埋等，将钉螺压埋于30 cm以上厚度土层中，并压紧夯实不使钉螺爬出，使之缺氧和饥饿而趋死亡。但若有钉螺输入或残留少量钉螺，则可重新成为钉螺孳生地。同时土埋灭螺可能影响微生物生境，特别是铲草皮和卷滩灭螺可直接影响水土保持。③垦种灭螺。通过耕翻种植、开沟沥水等，改变钉螺生态条件，使其孳生环境干燥、食物（如藻类、蕨类、苔藓、草本种子等）减少、失去屏蔽，同时翻耕可将钉螺压埋于土内，使其缺氧窒息，影响其交配产卵等，在诸因素综合作用下钉螺逐渐消亡。湖滩和江滩地区常筑堤垦种（高围垦种、矮围垦种）或不围垦种，改变环境和生态功能，使自然湿地为人工湿地，在消灭钉螺的同时，获得粮食等经济效益，但也可能影响泄洪和珍稀动植物栖息生长。④蓄水灭螺。通过蓄水使钉螺长期淹没于水中，影响其交配、产卵和生长发育，从而消灭钉螺。常用方法有堵湖汊蓄水养殖、修建山塘或水库、开挖鱼池；在水位波动的湖滩、江滩地区则采用高围蓄水养殖和矮围高网蓄水养殖。此方法在消灭钉螺的同时，可获得水产等经济效益，但也使原湿地生态和功能发生了改变。⑤兴林抑螺。我国在20世纪90年代开展了"兴林灭螺/抑螺"、"抑螺防病林"的研究和现场应用。其原理主要为结合林间翻耕种植改变生态条件、影响钉螺食物结构、干扰钉螺能量代谢而发挥灭螺或抑螺作用，或选种一些具有他感作用的植物抑制钉螺生长。然而，"兴林"本身并不能灭螺，须通过建立林农复合生态系统进行综合治理。因此，山区有螺林区应配套林下间种，并注意引排地下水；在滩面较高的河湖湿地结合林间翻耕种植，在低滩洼地则结合蓄水养殖建立林农复合生态系统以控制和消除钉螺。

综上所述，我国大陆传播日本血吸虫病的钉螺是一种淡水螺，也是一种湿地生物，其孳生环境分布于血吸虫病流行区多种自然和人工湿地。由于消除钉螺是控制和阻断血吸虫病传播的主要措施，因此须重视并做好不同灭螺方法对湿地生态影响的评估，在此基础上做好灭螺规划，采用适宜的钉螺控制方法，并做好生态修复预案，将对湿地

第16章 湿地对血吸虫病传播和控制的影响

生态的不利影响降至最低。具体来说,对于长江中下游洲滩或湖滩有钉螺孳生的自然湿地可采取水位控制的方法,如建闸、筑坝,低洼湿地可采用矮围高网蓄水养殖的方法,改变"冬陆夏水"生态条件以控制钉螺;对于滩程较高的滩地可采用不围垦种或林间翻耕种植的方法控制钉螺;对于开发价值小的边角滩湿地,如具备水沙资源则可采用"保芦沙埋"灭螺法;对于渗水山坡、灌木林地(包括竹园)、乱石滩、果园苗圃等有螺环境也可用沙埋法进行灭螺;对灌渠、养殖池塘、梯田后壁等有螺环境则可用塑料膜覆盖的方法;对于湿地公园则需要做好监测,防止从有螺区引进水生植物和水生螺等夹带输入钉螺,并可设置中层取水防螺工程、拦螺网等,防止钉螺输入扩散;对已出现钉螺的湿地公园可采用水位控制、沙埋等环境改造的方法消除钉螺。同时,应大力开展湿地生态和湿地钉螺控制适宜技术的研究,以适应生态保护的新形势和新要求,以确保血吸虫病防治工作的持续发展。

附录

本附录包括"保芦沙埋"灭螺法、中层取水拦螺网、防螺生态护岸和水体钉螺调查/监测方法。前三项均为开展南水北调东线工程血吸虫病专题研究课题内容和成果,水体钉螺调查/监测方法则在南水北调东线工程血吸虫病监测中得到了应用和完善。

1 "保芦沙埋"灭螺法

芦苇是多年水生或湿生的高大禾草,是生长在江、河、湖、海岸淤滩的先锋植物,占据着其他植物不易生长的地段,是十分重要的水生植物,它是这类水体生态系统中的初级产品,也是水体生态系统中物流和能流的物质基础,具有维持生态系统生物多样性和环境稳定性等功能。芦苇不仅可作为造纸、建材等工业原料,根部还可入药,有利尿、解毒、清凉、镇呕、防脑炎等功能。此外,芦苇还有重要的生态价值,大面积芦苇不仅可调节气候、涵养水源、形成良好的湿地生态环境,还可以为鸟类提供栖息、觅食、繁殖的家园。研究表明,芦苇的存在明显地促进湿地脱氮除磷能力的发挥,浅水位芦苇湿地与深水位芦苇湿地相比对氮磷的去除更高,但后者对氮磷的去除速度更快。因此,在一些景观河道、湿地公园、水源保护区等常常栽种大片芦苇,以净化水质、保护生态。而芦苇滩或芦草滩也常常是血吸虫病流行区钉螺孳生地,因此研究提出了"保芦沙埋"灭螺法,为水源保护区、湿地生态区等有螺环境提供了一种灭螺方法。

原理:钉螺喜在水流较缓处潮湿泥面活动,特别是产卵时需用泥皮包裹螺卵。而沙面不适宜钉螺产卵,同时沙面不能蓄水,影响螺卵孵化;沙的比热容量小,阳光照射时沙面温度上升快,不适宜钉螺生长。铺沙20~30 cm厚不影响芦苇生长。适用于水流较缓的河滩、湖滩、江滩,也可用于山区林间有螺湿地。

技术操作:①清理环境,清除树桩、竹根、石头等,平整地面,填平坑洼;低洼积水处需开沟沥水,或埋设导流管等;②将江沙(水沙)或黄沙铺设于灭螺范围,铺沙厚度20~30 cm;③临水边修筑小埂或排桩,以防止沙流失;④退水后如沙面有淤泥沉积,待其板结后用铁耙在沙面耙一下,不必再铺沙。

实施案例:选择南水北调东线水源区——江苏扬州市江都区屏江东滩和屏江西滩为试验区,环境类型均为芦草滩,其中屏江西滩面积为12 010 m²,屏江东滩面积为56 695 m²。试验前采用系统抽样设框法调查钉螺密度。屏江西滩采用"保芦沙埋"法,实施时间为2010年11月11—29日。"沙埋"操作步骤:①在芦苇收割季节割除滩面芦草(留下芦苇根茬);②平整滩面;③均匀覆盖江沙,厚度为20 cm。近水边用沙袋固定,防止江沙流失。屏江东滩于春季采用50%氯硝柳胺乙醇胺盐可湿性粉剂2 g/m²进行常规喷洒灭螺。屏江西滩于沙埋后分别于次年春季、汛期后用常规钉螺调查法观察活螺密度下降率;屏江东滩则分别于春季药物灭螺后2周、汛后用常规调查法观察活螺密度下降率。同时观察试验现场芦草生长情况。

结果:屏江西滩实施"保芦沙埋"覆盖灭螺前活螺密度为2.59只/0.1 m²;次年春季及汛期后、第3年春季调查均未发现钉螺,活螺密度下降率均为100%。观察沙埋滩面较潮湿,但无积水;次年滩面芦苇生长茂盛(图1)。作为对照的屏江东滩在春季药物灭螺前活螺密度为 0.63 只/0.1 m²；药物灭螺后 2 周活螺密度下降 93.65%，但经过汛期后活螺密度较灭螺前上升 100%，至第 3 年春季活螺密度为 0.367 6 只/0.1 m²。

图 1　扬州市江都区屏江西滩"保芦沙埋"灭螺后芦苇生长情况

2　中层取水拦螺网

中层取水防螺工程是根据钉螺水力学等研究成果设计的防螺技术之一。但其运用中要求控制流速≤20 cm/s，工程费用较大，特别是控制流速的要求在实际引排水工程中较难满足。因此，根据中层取水原理进行了改良。

原理：钉螺水力学研究表明，钉螺在水体中主要呈水体表层和水底分布，钉螺在河岸边则主要分布于水线上下 1.0 m 的岸壁。因此从水体中层引水可防止将钉螺引入灌渠而扩散。结合拦网材料透水性特点，改进拦网结构，在增加断面流速的同时，提高拦螺效率。

技术要点：①拦螺网制作：采用聚乙烯窗纱（30 孔/25.4 mm，孔径 0.9 mm）、彩钢板及钢木支架制成"中层取水"防钉螺拦网。拦螺网宽 562 cm，高 390 cm（超过当地最高水位 50~100 cm），下部为挡螺板，上部为可拆分拦螺网（便于更换维护）。挡螺板上端设 80 cm 高、562 cm 宽的进水口，进水口下缘距拦网底部 90 cm，上缘距拦网顶部 220 cm；进水口断面为 80 cm×562 cm；进水口迎水侧由彩钢板制成防螺罩，防螺罩长 20~30 cm（图 2）。②将此拦网安装于电灌站进水池口（距水泵取水口 5 m）并固定，拦网中下部进水口距水面≥1.2 m；两侧用砖砌挡水墙至拦网顶高（超过当地最高水位 50~100 cm）（图 3）。

实施案例：选择江苏省丹阳市一坐落于有螺通江河道的电灌站为试验现场，电灌站水泵直径为 50.8 cm。试验前将聚乙烯窗纱制成的消力集螺袋（长 50~60 mm）一端套上水泵出水口，并用麻绳、铅丝系牢，然后将集螺袋展开于灌渠内，并将集螺袋末端扎紧；测定进水口（设置拦网处）水深；在水泵开动时将标记不同颜色的钉螺分别投于拦网内侧（无拦网）、拦网外侧（有拦网）；30 min 后关停水泵，取出集螺袋，计数集螺袋内不同颜色钉螺数，分别计算拦网内外侧钉螺通过水泵比率（%）。实验中采用 LS1206B 型旋桨式流速仪在拦网外侧（距拦网 0.2 m 处）水下 0.8 m、1.5 m（取水口）多位点测定流速，分别观察无拦网断面（取水断面）和有拦网断面流速。

结果：第 1 次在拦网内侧（无拦网作用）

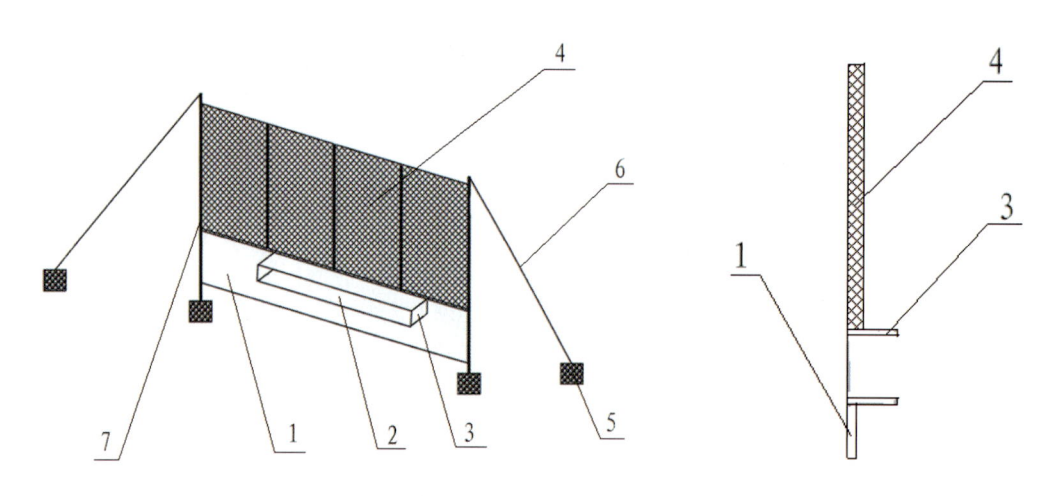

1-底部挡板；2-取水口；3-防螺罩；4-拦网；5-固定锚；6-固定钢缆；7-挡水墙

图2　中层取水拦螺网示意图

图3　中层取水拦螺网现场布置

投下钉螺1 500只，被水泵抽吸进入集螺袋1 352只，通过率为90.13%；投在拦网外侧（有拦网）1 500只钉螺均未被水泵抽吸通过。第2次仅在拦网外侧（有拦网）投下928只钉螺，结果亦未有钉螺被抽吸通过。试验时拦网处水深为2.9 m，拦网中层取水口上缘至水面为1.2 m，测速时分别在拦网外侧20 cm处置流速仪于水下0.8 m、1.5 m深度测定各位点流速。结果0.8 m深处为拦网部，测定流速为0.08~0.3 m/s，显示拦网具有透水性而存在一定水流；1.5 m深处为进水口（无拦网），测定流速为0.15~1.0 m/s，其中中心流速0.88~1.0 m/s。试验表明水表钉螺触撞拦网被阻，下移时则有防螺罩阻挡而不会移至进水口。

应用效果：江苏省丹阳市肖梁河2006—2011年均查出钉螺，位于该河道的王庄灌区渠系在设置中层取水拦螺网以前（2006

—2009年)每年均查到钉螺,经药物灭杀渠系钉螺后设置中层取水拦螺网,其后灌区渠系即未再查出钉螺。

中层取水拦螺网适用于有螺内陆灌区电灌站防螺,在满足灌排水流速的同时具有满意的拦螺效果,且费用低廉,便于维护。由于此拦螺网布置方便,因此也可作为灌溉渠系应急防螺措施。

3 防螺生态护岸

在内陆水网型血吸虫病流行区河道是钉螺孳生的重要环境。由于水系相通,内陆河道也常受到上游江、湖钉螺扩散的影响,同时也是钉螺向沟渠和田块进一步扩散的源头。河道钉螺主要分布在河岸水线上下100 cm范围内,特别是水线上下33 cm范围内钉螺密度最高。对于河岸钉螺通常采用铲草皮沿边药浸法或药物喷洒法,但前者容易破坏河岸稳定,药物则易污染水环境,且灭螺效果不易巩固。目前最有效方法是对钉螺孳生的河道水线上下进行硬化处理,通过混凝土硬化或浆砌石硬化河岸消除钉螺赖以生存的河岸杂草、泥土,从而消除钉螺孳生。然而,该处也恰好是河道水相和陆相交换的重要部位,河岸硬化阻隔了河岸水相和陆相生物交换通道,不利于水质净化,影响河道生态系统。因此,河岸生态护坡越来越受到重视,相关生态护坡技术有植物护坡、植被型生态混凝土护坡、多孔混凝土生态护坡等。然而,尚缺乏在实现生态护坡的同时又能达到钉螺控制的相关技术。因此,根据钉螺生态特点并结合河道工程,设计了多孔砖挡墙护岸。

原理:基于河道钉螺主要分布在河岸水线上下的特点,采用多孔砖挡墙护岸,以利用多孔砖的孔隙保留河道水相和陆相的交换通道,并通过增加土工布阻隔钉螺与泥土接触等措施,在实现生态护岸的同时,达到防止钉螺在河岸孳生的目的。

结构:包括设置于岸边的水下砼基础、外侧多孔砖挡墙、内侧多孔砖挡墙。内侧多孔砖挡墙的临岸侧设置250 g/m²土工布以隔离泥土(防止泥土填塞砖孔),土工布后侧用土工格栅分层并在其中设置回填土(有螺土置于底层)并夯实,最高水位线以上坡面泥土整理后植草皮防护。多孔砖为190 mm×220 mm×290 mm黏土烧结多孔锁扣砖,强度等级为MU10,中心孔大小约40 mm×40 mm,其他孔大小约20 mm×20 mm或15 mm×20 mm,筑砌时砖孔朝外,以保持水相和陆相交换通道(图4)。

实施案例:以江苏省常州市金坛区尧塘河为现场,采用多孔砖挡墙护岸。尧塘河系1969—1970年人工开挖的内陆河道,西接丹金溧漕河,东连武进夏溪河,其间有薛庄河、尧河、分庄河、夏成河和小夏溪河等河流汇入。河道两岸环境复杂,沿线多水产养殖。2013年首次发现钉螺,2014年扩大调查发现尧塘河沿线多处有钉螺分布,钉螺面积3.1万m²;2015年实施多孔砖挡墙生态护岸工程后至2020年工程区未发现钉螺(如发现钉螺可以用聚乙烯窗纱填充水线上砖孔)。期间于2017年6、7、8、9、10月选择尧塘河工程段进水口段(上游)、中段(中游)、下游出水口段进行水质检测,结果尧塘河工程段上、中、下游pH值有差异,但均在正常范围;上、中、下游化学需氧量、氨氮、总磷、总氮差异无显著性;生化需氧量则下游高于上游,差异有显著性,下游与中游则差异无显著性。结果显示工程段河道水质未发生恶化,但由于尧塘河汇入支流较多,沿线工

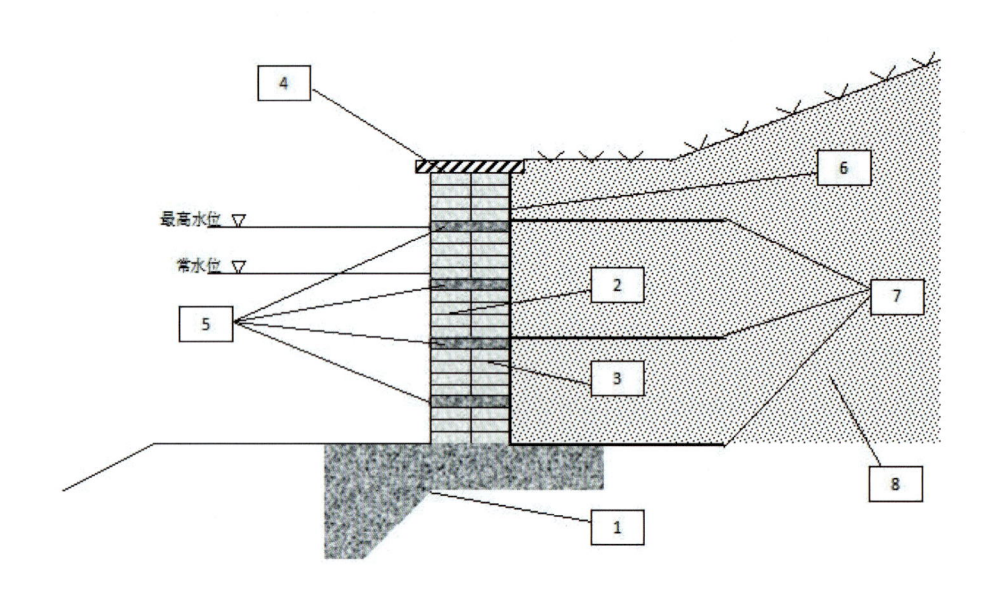

1-水下砼基础；2-外侧多孔砖挡墙；3-内侧多孔砖墙；4-钢筋砼压顶；5-压筋带；6-土工布；7-土工格栅；8-回填土。

图4　多孔砖挡墙护岸剖面图

业污染和生活污染较重，水质影响因素也较多，实施生态护岸工程后河道水体生态修复尚有待继续观察。

本多孔砖挡墙护岸技术适用于内陆非通航的河道进行防灭钉螺。

4　水体钉螺调查方法

钉螺是水陆两栖淡水螺，在水体中喜吸附于芦苇等水生植物，或吸附于芦草树枝等漂浮物随水漂流扩散。为了解水体钉螺及扩散情况，常采用打捞法或稻草帘诱螺法进行调查，前者用于观察钉螺漂流扩散；后者常用于汛期淹水后或河岸陡峭，难以用常规设框法调查时作为补充调查手段。稻草帘诱螺主要是利用钉螺喜吸附的特性。

4.1　打捞法

用具：①打捞网兜。用直径8 mm钢筋制成直径30 cm圆环，并连接于竹、木或金属杆(4分镀锌自来水管)，杆长1.5~2.0 m；将尼龙窗纱缝在钢筋环上制成网兜，网兜深约45 cm(图5)。②铜丝筛。30孔/25.4 mm、直径30 cm铜丝筛1只。③塑料盆。60~70 cm塑料盆1只。④船只。选用小型机动船。

方法：打捞+淘洗+过筛。①选择调查地点(通常为水流较缓、漂浮物易聚集的河流弯道、河岸凹陷处或水闸/水坝、河口等环境)，并根据调查水体大小，确定打捞范围。②手持打捞网兜在船上(须穿好救生衣)按顺序打捞水面漂浮物，将打捞漂浮物置于塑料袋或塑料桶。③将打捞的漂浮物称重，做好记录。④将漂浮物分批置于塑料盆内，加水，戴橡胶手套搓揉2~3 min，然后拣出盆内漂浮物，将盆内洗下的水和残渣倒入铜丝筛(图6)。⑤铜丝筛漂洗过筛至水清，最后检

附　录

图5　打捞钉螺网兜

图6　漂浮物淘洗过筛

查筛内螺类，分类计数，做好记录。⑥计数单位：只/kg。

4.2　稻草帘诱螺法

用具：①稻草帘。用稻草编织成0.1 m²的草帘备用。②铜丝筛。30孔/25.4 mm、直径30 cm铜丝筛1只。③塑料盆。60~70 cm塑料盆1只。

方法：诱螺+淘洗+过筛。①通常在汛期（6—9月）将稻草帘投入近岸处河水中，以尼龙绳一端固定于河岸，一端系于草帘（图7）。每个监测河段投入10~20块，间距10~20 m，每次投放草帘诱螺7 d。②7 d后取出稻草帘，浸于塑料盆中，戴橡胶手套轻轻揉洗2~3 min，然后拣出稻草帘，将盆内洗下的水和残渣倒入铜丝筛。③铜丝筛漂洗过筛至水清，最后检查筛内螺类，分类计数，做好记录。④计数单位：只/块。

4.3　注意事项

①打捞所获漂浮物在淘洗、过筛时要注意防止造成钉螺扩散。不能在无螺水域淘洗、过筛，最好用自来水；检测后的漂浮物应经曝晒后作燃料，或作深埋处理。诱螺用的

225

图7 稻草帘诱螺

稻草帘亦作相同处理。
　②在河道打捞时应遵守水上作业安全的相关规定,防止落水致人身安全事故。

[参考文献]

[1] 林一山.毛泽东与三峡工程和南水北调[J].中国水利,1993,28(12):4-6.

[2] 张基尧.南水北调工程决策经过[J].百年潮,2012,16(7):4-10.

[3] 水利部南水北调规划设计管理局.南水北调工程总体规划内容简介[J].中国水利,2003,38(2):11-13,18.

[4] 水利部淮河水利委员会,水利部海河水利委员会.南水北调东线工程规划(2001年修订)简介[J].中国水利,2003,38(2):43-47.

[5] 水利部长江水利委员会.南水北调中线工程规划(2001年修订)简介[J].中国水利,2003,38(2):48-50,55.

[6] 肖万格,吴泽宇.南水北调中线一期工程总干渠总体布置原则及特点[J].水利水电快报,2006,27(18):14-17.

[7] 黄建成,郭炜,陈义武,等.汉江兴隆水利枢纽河段水沙特性变化及对河道演变影响分析[C].中国水力发电工程学会水文泥沙专业委员会第七届学术讨论会论文集,2007:215-218.

[8] 王业祥,徐静,欧阳飞,等.梯级水利枢纽生态调度对库区航道影响案例分析[J].水运工程,2019,562(11):81-85,113.

[9] 许明祥,刘克传,林德才,等.引江济汉工程规划设计研究[J].人民长江,2005,36(8):24-26,49.

[10] 别大鹏.引江济汉工程设计特点及关键技术[J].水利水电技术,2016,47(7):3-8,13.

[11] 张基尧,李树泉,谢文雄.南水北调西线工程建设的有关设想(下)[J].百年潮,2015,19(8):40-47.

[12] 黄轶昕,田忠志,孙乐平,等.江苏省江水北调对钉螺北移扩散影响的研究[J].中国血吸虫病防治杂志,2005,17(3):184-189.

[13] 汤洪萍,马玉才,黄轶昕,等.南水北调东线工程源头地区钉螺监测[J].中国血吸虫病防治杂志,2010,22(2):141-144.

[14] 左引萍,孙道宽,黄轶昕,等.南水北调东线一期工程血吸虫病监测预警研究 II 钉螺和血吸虫病监测[J].中国血吸虫病防治杂志,2010,22(5):420-424.

[15] 黄轶昕.我国南水北调工程血吸虫病问题研究现状[J].中国血吸虫病防治杂志,2020,32(5):441-447.

[16] 朱红,元艺,徐兴建.南水北调中线引江济汉工程对血吸虫病传播风险评估及干预措施[J].中国血吸虫病防治杂志,2010,22(5):415-419.

[17] World Health Organization. The control of schistosomiasis: report of a WHO expert committee [R]. Geneva: the World Health Organization, 1985: 22-76.

[18] Dazo BC, Biles JE. The schistosomiasis situation in the Lake Nasser area, the Arab Republic of Egypt. Report on a visit 16 August-17 September 1971[R]. Geneva: the World Health Organization, WHO / SCHISTO / 72: 23.

[19] Khalil BM. The national campaign for the treatment and control of bilharziasis from the scientific and economic aspects [J]. J Roy Egypt Med Ass, 1949, 32(11/12): 817-856.

[20] 郑丰译,方子云.阿斯旺高坝的环境影响[J].水利水电快报,1997,18(14):19-21.

[21] Hunter JM, Rey L, Scott D. Man-made lakes and man-made diseases. Todays a policy resolution[J]. Soc Sci Med, 1982, 16(11):1127-1145.

[22] Talla I, Kongs A, Verle P, et al. Outbreak of intestinal schistosomiasis in the Senegal River Basin[J]. Ann Soc Med Trop, 1990, 70(3): 173-180.

[23] 汪天平,葛继华.水利工程与血吸虫病的关

系[J]. 中国血吸虫病防治杂志, 1999, 11(6):382-384

[24] 汪天平, 张世清. 南水北调与钉螺扩散和血吸虫病蔓延[J]. 中华流行病学杂志, 2002, 23(2):87-89.

[25] 周晓农, 杨国静, 孙乐平, 等. 全球气候变暖对血吸虫病传播的潜在影响[J]. 中华流行病学杂志, 2002, 23(2):83-86.

[26] 石岩. 南水北调工程中钉螺扩散刍议[J]. 水电科技进展, 2003, 54(1):76-80.

[27] 周晓农, 王立英, 郑江, 等. 南水北调工程对血吸虫病传播扩散影响的调查[J]. 中国血吸虫病防治杂志, 2003, 15(4):294-297.

[28] 俞善贤, 滕卫平, 沈锦花, 等. 冬季气候变暖对血吸虫病影响的气候评估[J]. 中华流行病学杂志, 2004, 25(7):575-577.

[29] 周晓农, 杨坤, 洪青标, 等. 气候变暖对中国血吸虫病传播影响的预测[J]. 中国寄生虫学与寄生虫病杂志, 2004, 22(5):262-265.

[30] Yang GJ, Vounatsou P, Zhou XN, et al. A potential impact of climate change and water resource development on the transmission of *Schistosoma japonicum* in China[J]. Parassitologia, 2005, 47(1):127-134.

[31] Yang GJ, Vounatsou P, Tanner M, et al. Remote sensing for predicting potential habitats of *Oncomelania hupensis* in Hongze, Baima and Gaoyou lakes in Jiangsu province, China[J]. Geospat Health, 2006, 1(1):85-92.

[32] Zhou XN, Yang GJ, Yang K, et al. Potential impact of climate change on schistosomiasis transmission in China[J]. Am J Trop Med Hyg, 2008, 78(2):188-194.

[33] 潘锋, 朱江. 南水北调:血吸虫病北移之路?[N]. 科学时报, 2005-1-7.

[34] 艾启平. 专家:南水北调应警惕血吸虫病通过工程建设扩散[OL]. (2005-1-13)http://news.sina.com.cn/o/2005-01-13/07164815050s.shtml.

[35] 中国网. 熊思东、吉永华委员:在南水北调工程中警惕血吸虫病的传播[OL]. (2004-3-4) http://www.china.com.cn/zhuanti2005/txt/2004-03/04/content_5510418.htm.

[36] 毛守白. 血吸虫生物学和血吸虫病的防治[M]. 北京:人民卫生出版社, 1990:8-41, 286-321.

[37] 赵慰先, 高淑芬. 实用血吸虫病学[M]. 北京:人民卫生出版社, 1996: 7-33, 124-134.

[38] 吴观陵. 人体寄生虫学[M]. 第4版. 北京:人民卫生出版社, 2013: 278-315.

[39] 吴中兴, 郑葵阳. 实用寄生虫病学[M]. 南京:江苏科学技术出版社, 2001: 75-88.

[40] 谢木生, 厉素琴, 阳桂芬, 等. 洞庭湖血吸虫病易感地带汛期尾蚴分布特点的研究[J]. 实用预防医学, 2000, 7(4):253-255.

[41] 石亮俭, 汪天平, 鲍建国, 等. 长江江滩尾蚴随水长距离漂流造成城区居民暴发血吸感染的研究[J]. 热带病与寄生虫学, 1999, 28(2):96-97.

[42] 任光辉. 临床血吸虫病学[M]. 北京:人民卫生出版社, 2009:197-207.

[43] 刘月英. 关于我国钉螺的分类问题[J]. 动物学报, 1974, 20(3):223-230.

[44] George M. Davis, 张仪, 郭源华, 等. 中国湖北钉螺(腹足纲:圆口螺科)分类现状[J]. 海洋科学集刊, 1997, 39(2):89-95.

[45] 许静, 郑江, 周晓农. 湖北钉螺分类和鉴定技术的研究进展[J]. 中国血吸虫病防治杂志, 2002, 14(2):152-155.

[46] Wilke T, Davis GM, Cui-E C, et al. *Oncomelania hupensis* (Gastropoda: rissooidea) in eastern China: molecular phylogeny, population structure, and ecology[J]. Acta Trop, 2000, 77(2): 215-227.

[47] 陈婧, 陈玺, 柯文山, 等. 食物对湖北钉螺

(*Oncomelania hupensis*)发育繁殖的影响[J].湖北大学学报:自然科学版,2014,36(2):110-113,118.

[48] 杨建明,李亚东.长江防浪林中草丛和藻类与钉螺分布密度的调查[J].湖北大学学报:自然科学版,2003,25(2):152-155.

[49] 王根法,邱云,宋庚भ.钉螺的耗氧量及杀螺药对它的影响[J].动物学报,1989,35(3):313-317.

[50] 杭德荣,周晓农,洪青标,等.环境温度与钉螺耗氧量关系的研究[J].中国血吸虫病防治杂志,2004,16(5):326-329.

[51] 上海医科大学流行病学教研室,苏德隆教授论文选集编辑委员会,上海医科大学档案馆.苏德隆教授论文选集[M].天津:天津科学技术出版社,1995:152-164.

[52] 田建国,黎桂福,李俊,等.水网地区有螺泥土中钉螺聚集趋势及负二项分布拟合优度的研究[J].中国媒介生物学及控制杂志,2020,31(3):358-361.

[53] 张燕萍,黄轶昕.江苏省山丘地区钉螺分布现状和消长趋势分析[J].实用寄生虫病杂志,2001,9(2):79-80.

[54] 黄轶昕,洪青标,高原,等.洪涝灾害对长江下游血吸虫病传播的影响[J].中国血吸虫病防治杂志,2006,18(6):401-405.

[55] 王学东,陈新峰,黄峰,等.长江水文对长江河口段苏南沿岸区域钉螺影响的研究[J].中国热带医学,2013,13(8):960-963.

[56] 王学东,陈新峰,吴锋,等.钉螺在苏南血吸虫病非流行区的生存繁殖及易感性实验[J].中国血吸虫病防治杂志,2010,22(2):182-184.

[57] 许发森,钱晓洪,文松,等.安宁河流域植物土壤特征与钉螺分布的关系[J].四川动物,1999,18(2):62-63.

[58] 钱晓红,杨筠,陈琳,等.安宁河流域钉螺孳生地微环境理化因素研究[J].现代预防医学,2000,27(1):15-17.

[59] 张威,熊正安,徐兴建,等.钉螺的静水沉速及其在江河中扩散运动方式初探[J].长江科学院院报,1990,7(4):70-74.

[60] 杨先祥,徐兴建,宇传华,等.钉螺和螺卵静水沉降运动方式的实验研究[J].中国血吸虫病防治杂志.1992,4(2):97-98.

[61] 张威,熊正安,杨先祥,等.钉螺动水沉降速度研究[J].长江科学院院报,1994,11(1):62-68.

[62] 杨先祥,徐兴建,刘建兵,等.钉螺动水沉降运动方式的实验研究[J].中国血吸虫病防治杂志.1994,6(3):137-139.

[63] 张威,熊正安,陈伟,等.钉螺起动流速试验研究[J].长江科学院院报.1994,11(4):23-29.

[64] 马拆修,于和开,何昌浩,等.钉螺起动流速的实验报告[J].中国血吸虫病防治杂志.1997,9(3):163-166.

[65] 马拆修,何昌浩,常汉斌.钉螺爬行速度及影响因素的实验研究[J].中国血吸虫病防治杂志.2000,12(6):352-354.

[66] 赵文贤,辜学广,许发森,等.四川省89个水库钉螺死亡因素的实验研究[J].中国血吸虫病防治杂志,1989,1(3):26~30.

[67] 元艺,林萬艺,卢金友,等.静水不同水深条件下钉螺运动实验研究[J].中国血吸虫病防治杂志,2010,22(5):425-430.

[68] 胡主健,王溪云.血吸虫中间宿主钉螺幼螺浮游习性的实验观察[J].江西医药,1980,13(5):50-51.

[69] 罗茂林,黄德强,纪明亮,等.湘江望城段洲滩"迷魂阵"捕鱼网具携带钉螺情况的调查[J].中国血吸虫病防治杂志,2002,14(1):58-59.

[70] 曾小军,陈红根,黄北南,等.赣江流域钉螺扩散成因和防治效果[J].中国血吸虫病防治杂志,2007,19(2):120-123.

[71] 皮辉,曹方健.因打草带入钉螺致急性血吸虫病暴发流行[J].湖南医学.1992,9(增刊):27-27.

[72] 李仁美.一起急性血吸虫感染的传染源溯源调查[J].疾病监测,2007,22(12):858-858.

[73] 李会曙,杨高泉,陈文华,等.渔船携带钉螺的调查[J].湖南医学,1992,9(增刊):27.

[74] 易映群,罗述斌,李伟,等.逆水行船携带钉螺的调查[J].中国寄生虫学与寄生病杂志,1997,15(6):422-423.

[75] 谢娟,闻礼永,朱匡纪,等.浙江省中部某苗木产业园区移栽苗木泥球携带钉螺输出的风险评估[J].中国寄生虫学与寄生虫病杂志,2016,34(6):522-526.

[76] 刘月英,王耀先,张文珍.曼氏血吸虫中间宿主——藁杆双脐螺 Biomphalaria straminea(Dunker)在我国的发现[J].动物分类学报,1982,7(3):256-256.

[77] 陈佩玑,潘世定,杨碧霞,等.我国大陆首次发现曼氏血吸虫中间宿主藁杆双脐螺的调查报告[J].广东卫生防疫,1983,9(3):67-70.

[78] Jordan P, Webbe G, Sturrock RF. Human Schistosomiasis[M]. Wallingford: CAB International, 1993: 213-217.

[79] Mandahl-Barth G. Intermediate hosts of Schistosoma; African Biomphalaria and Bulinus. I[J]. Bull World Health Organ, 1957, 16(6): 1103-1163.

[80] Mandahl-Barth G. Intermediate hosts of Schistosoma; African Biomphalaria and Bulinus. II[J]. Bull World Health Organ, 1957, 17(1): 1-65.

[81] 王耀先,张文珍.曼氏血吸虫中间宿主-藁杆双脐螺[J].动物学杂志,1985,20(1):18-20.

[82] 鲍正鹰.藁杆双脐螺昼夜活动的观察[J].寄生虫学与寄生虫病杂志,1986,4(1):74-75.

[83] 袁鸿昌,张绍基,姜庆五.血吸虫病防治理论与实践[M].上海:复旦大学出版社,2003:3-17.

[84] 张绍基,刘志德,李国华,等.鄱阳湖区钉螺分布和血吸虫病易感地带的研究[J].中国寄生虫学与寄生虫病杂志,1990,8(1):8-12.

[85] 何尚英,曹奇,顾諟栋,等.江苏省有钉螺无血吸虫病流行地区的初步调查[J].寄生虫学与寄生虫病杂志,1983,1(4):29-30.

[86] 袁鸿昌,卓尚炯,张绍基,等.江湖洲滩地区血吸虫病流行因素和流行规律的研究[J].中国血吸虫病防治杂志,1990,2(2):14-21.

[87] 袁鸿昌,张绍基,刘志德,等.湖滩地区血吸虫病流行因素与优化控制策略的研究[J].中国血吸虫病防治杂志,1995,7(4):193-201.

[88] 彭孝武,王加松,荣先兵,等.湖北江汉平原四湖地区血吸虫病流行特点与流行因素[J].公共卫生与预防医学,2007,18(4):66-68,70.

[89] 何尚英,刘惠生,顾伯良,等.江湖滩钉螺在江苏省血吸虫病流行上的重要性[J].寄生虫学与寄生虫病杂志,1984,2(1):32-35.

[90] 蒋玲,龚胜生.近代长江流域血吸虫病的流行变迁及规律[J].中华医史杂志,1998,28(2):90-93.

[91] 汪恭琪,鲍恩发,曾凡森,等.石台县血吸虫病疫情分析[J].中国兽医寄生虫病,2007,15(4):54-55.

[92] 马秀平,赵红梅,陈远翠.湖北省石首市麋鹿血吸虫病流行现况的调查[J].中国兽医寄生虫病,2007,15(5):28-30.

[93] 吕尚标,刘亦文,刘跃民,等.鄱阳湖区实施"麋鹿回家计划"对血吸虫病传播影响的调查[J].中国血吸虫病防治杂志,2020,32(5):498-501.

[94] 郭天南,何昌浩,周斌,等.日本血吸虫毛蚴对钉螺趋向作用的观察[J].中国血吸虫病防治杂志,2006,18(2):122-124.

[95] 张爱华,边藏丽,赵昌炎,等.经不同螺蛳处理的水对日本血吸虫毛蚴趋向运动的影响[J].中国血吸虫病防治杂志,2007,19(6):464-465.

[96] 刘丽妮,刘浪,陈隆望,等.蛋白质分子对日本血吸虫毛蚴趋向作用的观察[J].实用预防医学,2010,17(9):1735-1737.

[97]《扬州市卫生志》编纂委员会.扬州市卫生志[M].北京:中国工商出版社,2006:362-396.

[98]《高邮市卫生志》编纂委员会.高邮市卫生志[M].北京:中国工商出版社,2006:209-244.

[99] 王朝岳.江都血防志[M].南京:江苏科技出版社,2011:42-59,81-121.

[100] 江苏省地方志编纂委员会.江苏省志·水利志[M].南京:江苏古籍出版社.2001:52-53,104-112.

[101] 倪运龙,徐哲刚.天长市近年来血防工作简报[J].寄生虫病防治与研究,1995,24(3):178-179.

[102] 曹奇,杨建国,虞忠海,等.京杭大运河苏北段石驳岸钉螺分布调查[C].//何尚英.血吸虫病研究资料汇编(1980-1985).南京:南京大学出版社,1987:172-173.

[103] 肖荣炜,孙庆琪,陈云庭.南水北调是否会引起钉螺北移的研究[J].地理研究,1982,1(4):73-78.

[104] 吕大兵,姜庆五,汪天平,等.安徽泾县陈村水库灌区钉螺生态学研究—水位变化对钉螺生存的影响[J].寄生虫病与感染性疾病,2004,2(4):159-162.

[105] 江涛,王志坚,朱涛,等.丹阳市钉螺消长与扩散趋势分析[J].中国血吸虫病防治杂志,2013,25(2):129-132,136.

[106] 黄轶昕,孙乐平,洪青标,等.洪涝灾害后通江河道砼护坡控制钉螺效果的纵向观察[J].中国血吸虫病防治杂志,2006,18(3):169-173.

[107] 张耗,马丙菊,张春梅,等.全生育期干湿交替灌溉对稻米品质及淀粉特性的影响[J].扬州大学学报:农业与生命科学版,2020,41(6):1-8.

[108] 黄轶昕,高扬,洪青标,等.南水北调东线江都泵站钉螺扩散情况现场观察[J].中国血吸虫病防治杂志,2006,18(4):247-251.

[109] 周刚,于能.南水北调调水口的幼鱼过闸试验[J].水产养殖,1986,10(3):14-16.

[110] 黄轶昕,江涛,杭德荣,等.南水北调东线工程防止钉螺扩散技术研究Ⅰ中层取水式拦螺网防螺效果现场研究[J].中国血吸虫病防治杂志,2011,23(3):311-313.

[111] 唐国柱,朱惠国,陈伟,等.钉螺扩散的研究[G].//何尚英.血吸虫病研究资料汇编(1980-1985).南京:南京大学出版社,1987:154-155.

[112] 黄轶昕,杭德荣,汤红萍,等.南水北调东线工程输水河道钉螺随水扩散可能性进一步研究[J].中国血吸虫病防治杂志,2014,26(6):608-612,617.

[113] 梁幼生,肖荣炜,宋鸿焘,等.钉螺在不同纬度地区生存繁殖的研究[J].中国血吸虫病防治杂志.1996,8(5):259-262

[114] 梁幼生,肖荣炜,宋鸿焘,等.不同纬度地区钉螺生殖腺组织学、组织化学、酶组织化学和超微结构观察[J].中国血吸虫病防治杂志.1996,8(6):351~354

[115] 梁幼生,戴建荣,宋鸿焘,等.北移传代钉螺在北方生存的纵向观察及其对血吸虫的易感性[J].中国寄生虫病防治杂志.2002,15(1):39~41

[116] Wang W, Dai JR, Liang YS, et al. Impact of the South-to-North Water Diversion Project on the transmission of *Schistosoma japoni-*

cum in China [J]. Ann Trop Med Parasitol, 2009, 103(1):17-29.

[117] 缪峰, 温培娥, 赵中平, 等. 钉螺在山东济宁地区生活能力的研究[J]. 中国寄生虫病防治杂志, 2000, 13(1): 71, Ⅵ.

[118] 缪峰, 李蔚青, 刘永春. 等. 南水北调东线工程能否使血吸虫病疫区北移的研究Ⅰ. 南水北调山东受水区钉螺生存能力的研究[J]. 中国热带医学, 2003, 3(3):292-294.

[119] 缪峰, 梁幼生. 南水北调东线工程能否使血吸虫病疫区北移的研究Ⅱ. 山东受水区钉螺生殖腺组织和酶组织化学观察[J]. 中国热带医学, 2005, 5(1):9-11.

[120] 缪峰, 刘新, 邓绪礼, 等. 钉螺在微山湖区生存繁殖的现场研究[J]. 中国病原学生物学杂志, 2013, 8(2):151-154.

[121] 缪峰, 刘新, 王利磊, 等. 山东微山湖区子代钉螺壳形变异的研究[J]. 中国血吸虫病防治杂志, 2014, 26(1):13-15.

[122] 缪峰, 吴忠道, 吴金浪, 等. 微山湖区放养子代钉螺生殖腺透射电镜观察[J]. 中国血吸虫病防治杂志, 2020, 32(2):195-197, 218.

[123] Sun CS, Luo F, Liu X, et al. *Oncomelania hupensis* retains its ability to transmit *Schistosoma japonicum* 13 years after migration from permissive to non-permissive areas[J]. Parasit Vectors, 2020, 13: 146. https://doi.org/10.1186/s13071-020-4004-8

[124] 何健, 缪峰, 杨坤, 等. 基于微卫星DNA标记的山东微山湖区放养钉螺遗传结构分析[J]. 中国寄生虫学与寄生虫病杂志, 2016, 34(3):261-265.

[125] 缪峰, 王用斌, 卜秀芹, 等. 湖北钉螺在非适宜地东平湖生存繁殖的纵向观察[J]. 公共卫生与预防医学, 2017, 28(3):15-17.

[126] 缪峰, 王用斌, 王敬, 等. 微山湖子代钉螺血吸虫易感性现场实验[J]. 中国病原生物学杂志, 2020, 15(4):454-457.

[127] 姜永生, 田忠志. 南水北调东线工程环境影响及对策[M]. 合肥:安徽省科学技术出版社, 2012:114-147.

[128] 纪小敏, 聂青, 张鸣, 等. 江水北调工程对沿线水文情势的影响浅析[J]. 江苏水利, 2015, 34(7):32-35.

[129] 黄轶昕, 蔡刚, 洪青标, 等. 江苏省钉螺分布现状和消长趋势分析[J]. 中国寄生虫病防治杂志, 2002, 15(3):175-177.

[130] 黄轶昕, 洪青标, 蔡刚, 等. 江苏省钉螺控制效果评价[J]. 中国血吸虫病防治杂志, 2003, 15(1):34-38.

[131] 黄轶昕, 洪青标, 孙乐平, 等. 江苏省预防控制血吸虫病中长期规划效果中期评价[J]. 中国血吸虫病防治杂志, 2008, 20(4):245-250.

[132] 徐健生, 杨建国, 曹奇. 大运河石驳岸水泥灌浆勾缝灭螺方法的效果调查[J]. 江苏医药, 1983, 9(5):27-28.

[133] 高金彬, 陈业军, 李正安. 大运河高邮段石驳岸灌浆勾缝火螺后16年螺情观察[J]. 中国血吸虫病防治杂志, 2000, 12(4):251-251.

[134] 李伟, 高金彬, 郑波, 等. 南水北调东线工程里运河宝应段和高邮段钉螺监测[J]. 中国血吸虫病防治杂志, 2011, 23(4):435-437.

[135] 郑英杰, 钟久河, 陈秀纶, 等. 水淹对钉螺生存的影响[J], 中国血吸虫病防治杂志, 2002, 14(1):46-49.

[136] 周晓农, 黄锦章, 纵兆民, 等. 夏汛期淹水对钉螺增殖影响的比较研究[J]. 中国血吸虫病防治杂志, 1989, 1(2):23-25.

[137] 夏全斌, 谢长松, 陈美丽, 等. 春季提早水淹对钉螺卵胚发育影响的实验观察[J]. 湖南医学院学报, 1983, 8(4):367-371.

[138] 黄轶昕, 徐子恺, 任志远, 等. 南水北调东线一期工程实施后水流水势变化对钉螺北移的影响[J]. 中国血吸虫病防治杂志, 2007,

19(2):91–97.

[139] 黄轶昕, 孙乐平, 杭德荣, 等. 南水北调东线工程及其调水特点对血吸虫病传播潜在影响的研究[J]. 中国血吸虫病防治杂志, 2009, 21(5):382–388.

[140] 杭德荣, 汤洪萍, 黄轶昕, 等. 南水北调东线工程高水位运行对输水河道自然生长钉螺影响的现场观察[J]. 中国血吸虫病防治杂志, 2011, 23(6):664–667, 681.

[141] 丁一汇, 任国玉, 石广玉, 等. 气候变化国家评估报告Ⅰ. 中国气候变化的历史和未来趋势[J]. 气候变化研究进展, 2006, 2(1):3–8.

[142] 徐影, 赵宗慈, 高学杰, 等. 南水北调东线工程流域未来气候变化预估[J]. 气候变化研究进展, 2005, 1(4):176–178.

[143] 张素琴, 任振球, 李松勤. 全球温度变化对我国降水的影响[J]. 应用气象学报, 1994, 5(3):333–339.

[144] 李有, 董中强, 宋贤明. 积温学说的不稳定性和修正式的评价[J]. 华北农学报, 1993, 8(增刊):93–96.

[145] 洪青标, 周晓农, 孙乐平, 等. 全球气候变暖对中国血吸虫病传播影响的研究Ⅰ钉螺冬眠温度与越冬致死温度的测定[J]. 中国血吸虫病防治杂志, 2002, 14(3):192–195.

[146] 洪青标, 周晓农, 孙乐平, 等. 全球气候变暖对中国血吸虫病传播影响的研究Ⅳ自然环境中钉螺世代发育积温的研究[J]. 中国血吸虫病防治杂志, 2003, 15(4):269–271.

[147] 洪青标, 姜玉骥, 周晓农, 等. 钉螺卵在恒温环境中发育零点和有效积温的研究[J]. 中国血吸虫病防治杂志, 2004, 16(6):432–435.

[148] 孙乐平, 周晓农, 洪青标, 等. 日本血吸虫在钉螺体内发育成熟积温的初步研究[J]. 人兽共患病杂志, 2001, 17(4):80–82.

[149] 赵安, 王婷君. 一种新的血吸虫传播指数的构建及其应用[J]. 地理研究, 2008, 27(2):250–256.

[150] 王岩, 刘加珍, 陈永金. 传播指数模型用于山东省血吸虫病流行风险预测[J]. 环境卫生学杂志, 2015, 5(3):215–218, 225.

[151] 缪峰. 山东省微山湖区钉螺生存繁殖的环境温度观察[J]. 中国血吸虫病防治杂志, 2008, 20(3):214–216.

[152] 黄轶昕, 任志远, 杭德荣, 等. 南水北调东线气候变化对血吸虫病传播潜在影响的研究[J]. 中国血吸虫病防治杂志, 2009, 21(3):197–204.

[153] 黄轶昕, 杭德荣, 杨文洲, 等. 南水北调东线工程相关区域钉螺和日本血吸虫生长积温研究[J]. 中国病原生物学杂志, 2012, 7(12):905–908, 926.

[154] 黄轶昕, 李天淳, 杭德荣, 等. 南水北调东线工程运西线及洪泽湖区血吸虫病传播潜在风险研究[J]. 中国血吸虫病防治杂志, 2012, 24(6):645–649.

[155] 黄轶昕, 左引萍, 杭德荣, 等. 南水北调东线一期工程血吸虫病监测预警研究Ⅰ钉螺扩散监测点布局研究[J]. 中国血吸虫病防治杂志, 2010, 22(4):339–345.

[156] 曹淳力, 徐俊芳, 许静, 等. 湖沼型血吸虫病流行区高危传播环境快速评估体系的构建和应用Ⅰ应用德尔菲法建立指标体系[J]. 中国血吸虫病防治杂志, 2013, 25(3):232–236.

[157] 范文燕, 赵顾涵, 吴金灿, 等. 鄱阳湖生态经济区血吸虫病监测预警指标体系的研究[J]. 中华疾病控制杂志, 2019, 23(4):421–425.

[158] 黄轶昕, 杭德荣, 高扬, 等. 南水北调东线一期工程血吸虫病监测预警研究Ⅲ监测预警指标和风险评估研究[J]. 中国血吸虫病防治杂志, 2011, 23(1):32–37.

[159] 孙道宽, 杨文洲, 李倩, 等. 洪泽湖地区血吸虫病潜在流行因素调查[J]. 中国血吸虫病

防治杂志, 2009, 21(4):305-307.

[160] 朱玉芳, 高金彬, 黄亚民, 等. 南水北调东线工程高邮段调水前血吸虫病疫情监测[J]. 中国血吸虫病防治杂志, 2013, 25(6):644-646.

[161] 孙道宽, 李倩, 王全锋. 金湖县2006-2015年南水北调东线工程血吸虫病监测和防治[J]. 中国热带医学, 2016, 16(7):653-657.

[162] 刘广新, 黄轶昕, 王建, 等. 南水北调东线工程江苏宝应段血吸虫病监测分析[J]. 热带病与寄生虫学, 2019, 17(3):156-159, 171.

[163] 汤洪萍, 黄永军, 郑亚明, 等. 南水北调东线工程江苏江都段血吸虫病监测分析[J]. 热带病与寄生虫学, 2019, 17(3):160-164.

[164] 朱玉芳, 高金彬, 万众, 等. 2016-2019年南水北调东线工程高邮段血吸虫病监测[J]. 热带病与寄生虫学, 2020, 18(4):224-226, 230

[165] 李世山, 洪汉望, 余丙新, 等. 湖沼垸内型血吸虫疫区渠道硬化消灭钉螺的研究[J]. 公共卫生与预防医学, 2007, 18(4):7-9.

[166] 中华人民共和国水利部. 水利血防技术规范[M]. 北京:中国水利水电出版社, 2011:31-34.

[167] 黄水生, 廖洪义, 刘建兵, 等. 南水北调中线引江济汉水利工程对血吸虫病流行的影响趋势Ⅰ工程区流行现状及干预措施[J]. 中国血吸虫病防治杂志, 2005, 17(3):180-183.

[168] 黄水生, 洪志华, 廖洪义, 等. 南水北调中线引江济汉水利工程对血吸虫病流行的影响趋势Ⅱ工程区疫情的逐年变化[J]. 中国血吸虫病防治杂志. 2007, 19(5):338-340.

[169] 蔡宗大, 柴志武, 徐乾成, 等. 南水北调引江济汉水利工程潜江流域血吸虫病疫情监测[J]. 中国血吸虫病防治杂志, 2010, 22(1):81-83.

[170] 杨伏玲, 伍红梅, 肖秀兰, 等. 湖北潜江市南水北调配套工程潜在流行区疫情监测报告[J]. 热带病与寄生虫学, 2016, 14(4):233-235.

[171] 路玉锋. 浅析引江济淮工程的重要意义[J]. 内蒙古水利, 2017, 184(12):75-76.

[172] 朱昌熊. 引江济淮与江淮之间水资源开发利用[J]. 安徽地质, 1997, 7(4):35-37.

[173] 张虎, 陈一明. 引江济淮工程水源区论证分析[J]. 人民长江, 2017, 48(19):57-60.

[174] 管佳佳, 王恺祯. 引江济淮工程凤凰颈引江枢纽平均扬程分析[J]. 江淮水利科技, 2019, 15(6):5-6.

[175] 张文平. 引江济淮工程过巢湖方案比选论证[J]. 河湖治理, 2018, 28(12):36-37, 59.

[176] 张效武. 引江济淮工程江水北送段方案比较研究[J]. 安徽水利水电职业技术学院学报, 2019, 19(3):11-13, 17.

[177] 操治国, 汪天平, 吕大兵, 等. "引江济淮"工程途经地区血吸虫病流行现状调查[J]. 中国病原生物学杂志, 2006, 1(1):39-42.

[178] 江龙志, 操治国. 2014~2016年桐城市引江济淮工程沿线血吸虫病疫情监测结果分析[J]. 热带病与寄生虫学, 2017, 15(3):170-172.

[179] 陈文革, 王晓可. 引江济淮工程枞阳县段血吸虫病疫情现况调查及风险防控[J]. 安徽预防医学杂志, 2017, 23(2):127-129.

[180] 操治国, 汪天平, 吕大兵. 巢湖无钉螺孳生的原因探讨[J]. 中国血吸虫病防治杂志, 2005, 17(6):459-461.

[181] 吕大兵, 汪天平, 尹年武, 等. 安徽省"引江济淮"工程沿线钉螺生存能力观察[J]. 中国寄生虫病防治杂志, 2003, 16(5):269-271.

[182] 操治国, 汪天平, 吴维铎, 等. "引江济淮"工程对钉螺扩散和血吸虫病蔓延的影响[J]. 中国寄生虫学与寄生虫病杂志, 2007, 25(5):385-389.

[183] 操治国, 汪天平, 张世清, 等. 钉螺在巢湖生

存繁殖的现场研究[J].中国血吸虫病防治杂志, 2006, 18(1):40-43.

[184] 操治国, 汪天平, 张世清, 等. 江滩钉螺在巢湖生存繁殖能力的观察[J]. 中国病原生物学杂志, 2008, 3(11):835-837.

[185] 操治国, 汪天平, 张世清, 等. 钉螺在巢湖生存繁殖的模拟试验[J]. 中国血吸虫病防治杂志, 2008, 20(4):281-284.

[186] 操治国, 张世清, 汪天平, 等. 室内巢湖水对螺卵孵化的影响[J]. 中国血吸虫病防治杂志, 2006, 150-151.

[187] 展永兴. 调水引流在太湖水环境综合治理中发挥的作用分析[J]. 水利规划与设计, 2010, 16(3):15-18.

[188] 周小平, 翟淑华, 袁粒. 2007~2008年引江济太调水对太湖水质改善效果分析[J]. 水资源保护, 2010, 26(1):40-43, 48.

[189] 苏州市血防史志编纂委员会. 苏州市血防史志[M]. 上海: 上海科学技术文献出版社, 1997:67-85.

[190] 钱信忠. 中华人民共和国血吸虫病地图集[M]. 上海: 中华地图学社, 1987:37-39, 77-79.

[191] 张敬平, 陆安生. 无锡市近10年血吸虫病防治措施与效果[J]. 中国血吸虫病防治杂志, 1999, 11(3):162-163.

[192] 俞文美, 王金荣. 浙江省嘉兴市血吸虫病流行传播阻断后疫情监测分析[J]. 疾病监测, 2007, 22(6):370-372.

[193] 陈铃, 王妍红. 新中国成立后浙江省血吸虫病防治工作档案选介[J]. 医疗社会史研究, 2017, 3(2):241-278.

[194] 陆锦明, 夏弟明. 1996—2007年湖州市血吸虫病监测[J]. 中国血吸虫病防治杂志, 2009, 21(2):157-158.

[195] 王永康, 周国兴. 长兴县太湖沿岸无螺原因的分析[J]. 中国血吸虫病防治杂志, 1998, 10(6):374-374.

[196] 郑九海, 陈银庭, 薛美娟. 嘉善县血吸虫病流行与防治情况回顾[J]. 中国血吸虫病防治杂志, 1997, 9(6):357-358.

[197] 唐志攀. 湖州市区血防工作的回顾及启示[J]. 浙江档案, 2020, 43(5):40-42.

[198] 王金荣, 吴益康, 曹纳新, 等. 浙江省嘉兴市血吸虫病阻断传播18年疫情监测与结果评价[J]. 疾病监测, 2013, 28(7):567-569.

[199] 常语锋, 许宗喜. 望虞河常熟枢纽闸站工程的优化设计[J]. 江苏水利, 2002, 6(4):18-19, 22.

[200] 孙菁. 望亭水利枢纽更新改造工程设计[J]. 水科学与工程技术, 2014, 38(3):67.

[201] 赵玉琪, 陈建亚, 殷安华. 常熟市10年江滩螺情调查结果分析[J]. 中国寄生虫病防治杂志, 2001, 14(2):98.

[202] 陆伊丽, 王允华, 宣小菊, 等. 常州市武进区消除血吸虫病的措施与效果[J]. 中国血吸虫病防治杂志, 2017, 29(6):770-772.

[203] 陆安生, 顾德才, 还介琪, 等. 江阴长江沿岸无钉螺分布原因的研究[J]. 中国血吸虫病防治杂志, 1996, 8(6):365-367.

[204] 周菊静, 怀根娣. 江阴市血吸虫病传播阻断32年疫情监测[J]. 职业与健康, 2014, 30(19):2813-2815.

[205] 吕大兵, 姜庆五, 汪天平, 等. 泾县陈村水库灌溉工程与血吸虫病流行关系研究[J]. k中国血吸虫病防治杂志, 2003, 15(5):349-353.

[206] 吴昭武, 刘新胜, 彭先平, 等. 黄石水库灌溉系统血吸虫病新流行区形成及防制研究[J]. 中国血吸虫病防治杂志, 2001, 13(3):137-140.

[207] Malek EA. Effect of the Aswan High Dam on prevalence of schistosomiasis in Egypt [J]. Trop Geogr Med. 1975, 27(4):359-364.

[208] Abebe G, Kiros M, Golasa L., et al. *Schistosoma mansoni* infection among patients visit-

ing a health centre near Gilgel Gibe Dam, Jimma, south Western Ethiopia[J]. East Afr J Public Health, 2010, 7(1):78-80.

[209] 危起伟, 柯福恩, 庄平, 等. 富水水库温度分层的调查研究[J]. 海洋湖沼通报, 1991, 13(3):12-18.

[210] 陈仲晗, 徐海升, 刘翔, 等. 南方某水库底层溶解氧分布特征及低氧成因分析[J]. 水资源保护, 2016, 32(1):108-114.

[211] 唐猛, 朱会彬, 胡幼萍, 等. 丹棱县丘陵水库湿地螺情监测结果分析[J]. 中国血吸虫病防治杂志, 2015, 27(4):406-409.

[212] 许发森, 辜学广, 赵文贤. 四川省血吸虫病流行区水库钉螺孳生情况调查[C]. // 高淑芬. 血吸虫病研究资料汇编(1986–1990). 上海: 上海科学技术出版社, 1992:206–207.

[213] 秦长梅. 长江葛洲坝库区钉螺调查[J]. 中国血吸虫病防治杂志, 1994, 6(1):23.

[214] 秦长梅. 葛洲坝库区2个血吸虫病流行村15年监测结果[J]. 中国血吸虫病防治杂志, 2003, 15(3):240.

[215] 谷永刚, 夏龙发, 李在文, 等. 二滩水库血吸虫病控制策略的探讨[J]. 中国寄生虫学与寄生虫病杂志, 2001, 19(4):225-228.

[216] 闻礼永, 朱明东, 严晓岚, 等. 合溪水库建设工程对血吸虫病传播的影响以及预防控制对策[J]. 中国血吸虫病防治杂志, 2010, 22(5):407-410.

[217] 许凤鸣, 章柳红, 陆红妹, 等. 合溪水库血防工程对钉螺控制的效果评价[J]. 中国血吸虫病防治杂志, 2014, 26(1):59-61.

[218] 周华文, 张庚然. 新安江水电站工程概况[J]. 大坝与安全, 1993, 25(3):12-15.

[219] 余奕昌, 曾连茂. 新安江水库对环境影响研究[J]. 华中师范大学学报, 1987, 21(4):597–602.

[220] 方益民, 王韵烈. 黄山市血吸虫病传播阻断后监测报告[J]. 中国血吸虫病防治杂志, 2001, 13(4):232–233.

[221] 徐卫民, 郑溢洪, 钱照英, 等. 新安江水利工程对千岛湖库区血吸虫病流行的影响[J]. 中华地方病学杂志, 2018, 414–419.

[222] 江宣之. 新安江水库移民档案介绍[J]. 浙江档案, 2016, 38(1):44–45.

[223] 崔志豪. 三峡工程的实施概况[J]. 长江水利教育, 1997, 14(2):52–56.

[224] 肖荣炜. 三峡工程与血吸虫病防治[J]. 中国水利, 1992, 27(6):21–23.

[225] 何昌浩, 邓伟文, 常汉斌, 等. 三峡库区湖北段不孳生钉螺原因研究[J]. 中国血吸虫病防治杂志, 1998, 10(6):344–348.

[226] 王汝波, 徐兴建, 肖邦忠, 等. 三峡库区生态环境变化后钉螺孳生可能性的研究[J]. 热带医学杂志, 2003, 3(4):399–403.

[227] Zheng J, Gu XG, Xu YL, et al. Relationship between the transmission of schistosomiasis japonica and the construction of the Three Gorge Reservoir[J]. Acta Trop, 2002, 82(2):147-56.

[228] Li YS, Raso G, Zhao ZY, et al. Large water management projects and schistosomiasis control, Dongting Lake region, China[J]. Emerg Infect Dis, 2007, 13(7):973-979.

[229] McManus DP, Darren J. Gray DJ, Li YS, et al. Schistosomiasis in the People's Republic of China: the Era of the Three Gorges Dam[J]. Clin Microbiol Rev, 2010, 23(2): 442–466.

[230] 宣勇, 王兴玲, 屈晓辉, 等. 三峡工程对库区重庆段钉螺生长条件影响研究[J]. 中国血吸虫病防治杂志, 2012, 24(2):142-145.

[231] 张光明, 操治国, 汪天平. 三峡水利工程对中国血吸虫病流行的影响——工程运行前后预测与实证的比较[J]. 热带病与寄生虫学, 2018, 16(1):45–50.

[232] 胡春宏. 三峡水库175m试验性蓄水十年泥

沙冲淤变化分析[J].水利水电技术,2019,50(8):18-26.

[233] 卢金友,赵瑾琼.长江流域梯级枢纽泥沙调控关键技术[J].长江科学院院报,2021,38(1):1-7,26.

[234] 黄仁勇,王敏,张细兵,等.三峡水库汛期"蓄清排浑"动态运用方式初探[J].长江科学院院报,2018,35(7):9-13.

[235] 吴成果,罗兴建,肖邦忠,等.2002—2007年三峡库区血吸虫病监测[J].中国血吸虫病防治杂志,2008,20(5):330-332.

[236] 余凤苹,马蓓蓓,李晓明,等.2007—2009年三峡库区湖北段血吸虫病监测[J].中国血吸虫病防治杂志,2011,23(1):92,98.

[237] 朱朝峰,方育红,王家生.三峡工程对长江中游及洞庭湖洲滩血吸虫的影响[J].人民长江,2011,42(1):102-105.

[238] 陈红根,曾小军,林丹丹,等.三峡工程蓄水后鄱阳湖水情变化及其对血吸虫病流行的影响[J].中国血吸虫病防治杂志,2013,25(5):444-450.

[239] 李伟,杭德荣,游本荣,等.三峡水库运行后江滩环境变化对江苏省血吸虫病疫情的影响[J].中国血吸虫病防治杂志,2013,25(6):576-580,584.

[240] 刘厚田.湿地的定义和类型划分[J].生态学杂志,1995,14(4):73-77.

[241] 李禄康.湿地与湿地公约[J].世界林业研究,2001,14(1):1-7.

[242] 国家林业局调查规划设计院.湿地分类:GB/T 24708—2009[S].北京:中国标准出版社,2009:1-5.

[243] 崔丽娟,张曼胤,王义飞.湿地功能研究进展[J].世界林业研究,2006,19(3):18-21.

[244] 罗喜成,杨志国,刘彩云,等.湿地的功能和效益[J].内蒙古水利,2008,117(8):91-92.

[245] 徐颂.湿地生态系统的功能[J].生物学教学,1997,22(11):6.

[246] 宋洪涛,崔丽娟,栾军伟,等.湿地固碳功能与潜力[J].世界林业研究,2011,24(6):6-11.

[247] Paul M, Bradley, Celeste A, et al. Shallow groundwater mercury supply in a Coastal Plain Stream [J]. Environm Sci Technol, 2012, 46(14):7503-7511.

[248] DeLaune1 RD, Pezeshki SR. Plant functions in wetland and aquatic systems influence of intensity and capacity of soil reduction [J]. TheScientificWorld Journal, 2001, 1: 636-649.

[249] Finlayson CM. Plant ecology of Australia's tropical floodplain wetlands: a review [J]. Ann Bot, 2005, 96(4):541-555.

[250] Cui L, Gao C, Zhao X, et al. Dynamics of the lakes in the middle and lower reaches of the Yangtze River basin, China, since late nineteenth century [J]. Environ Monit Assess, 2013, 185(5):4005-4018.

[251] 王学雷,许厚泽,蔡述明.长江中下游湿地保护与流域生态管理[J].长江流域资源与环境,2006,15(5):564-568.

[252] 汪达,汪明娜,汪丹.国际湿地保护策略及模式[J].湿地科学,2003,1(2):153-158.

[253] McCullough FS, Gayral P, Duncan J, et al. Molluscicides in schistosomiasis control [J]. Bull World Health Organ, 1980, 58(5): 681-689.

[254] 黄轶昕.湿地保护和钉螺控制[J].中国血吸虫病防治杂志,2013,25(5):533-537.

[255] 史泽民,傅红胜,唐游春.高淳县血吸虫病传播阻断后再流行因素监测[J].中国血吸虫病防治杂志,2004,16(6):471-472.

[256] 中华人民共和国卫生部疾病控制局.血吸虫病防治手册[M].第3版.上海:上海科学技术出版社,2000:237-256.

[257] 张利娟,徐志敏,党辉,等.2019年全国血

吸虫病疫情通报[J].中国血吸虫病防治杂志,2020,32(6):551-558.

[258] 蔡凯平,侯循亚,李以义,等.洞庭湖区41个平垸行洪退田还湖堤垸钉螺扩散调查[J].中国血吸虫病防治杂志,2005,17(2):86-88.

[259] 陈德基,范崇正,周更生,等.高山型流行区感染性钉螺分布特点的研究[J].中国血吸虫病防治杂志,1990,2(3):34-38.

[260] 杨朝飞.中国湿地现状及其保护对策[J].中国环境科学,1995,15(6):407-412.

[261] 于砚民.湿地生态环境保护与对策[J].首都师范大学学报:自然科学版,1998,19(3):100-104.

[262] 刘松茂,姜志林,李湘萍.长江中下游湿地系统的功能及其保护[J].南京林业大学学报,1999,23(2):27-30.

[263] 宁安,陈年高,钟久河,等.鄱阳湖洲滩钉螺分布与水位变化的关系[J].中国血吸虫病防治杂志,2003,15(6):429-433.

[264] 马魏,廖文根,匡尚富,等.钉螺适宜孳生地环境与水情变化响应关系研究[J].长江科学院院报,2010,27(10):65-69.

[265] 黄轶昕,蔡刚,吴锋,等.江苏省沿江5市江滩滩情螺情现状调查和钉螺控制策略的研究[J].中国血吸虫病防治杂志,2000,12(2):86-90.

[266] 吴玉成.鄱阳湖地区平垸行洪、退田还湖、移民建镇后防洪减灾态势[J].水利发展研究,2002,2(12):29-32.

[267] 王文丽,王宏志,刘虎,等."退田还湖"实施前后江汉湖群变化比较研究[J].安徽农业大学学报,2012,39(3):456-460.

[268] 何加芬,严涛,林丹丹."平垸行洪退田还湖移民建镇"对长江流域血吸虫病传播的影响[J].国际医学寄生虫病杂志,2006,33(4):191-194.

[269] 夏爱,黄轶昕,蒋军,等.长江下游润洲段洲滩湿地钉螺分布和对策研究[J].中国血吸虫病防治杂志,2014,26(2):132-136.

[270] 毛勇,徐佳,徐亮,等.四川省湿地血吸虫病流行因素监测[J].中国血吸虫病防治杂志,2019,31(3):307-310,322.

[271] 冯淑华.基于血吸虫病预防的鄱阳湖游客偏好与旅游安全管理研究[J].中国血吸虫病防治杂志,2015,27(2):192-194,202.

[272] 孔世博,黄亚东,谭晓东,等.武汉市汉口江滩血吸虫病疫源地监测与风险评估体系研究[J].中国血吸虫病防治杂志,2018,30(4):415-419.

[273] 吴后建,但新球,舒勇.长江中下游洲滩湿地生态恢复研究[J].人民长江,2007,38(8):53-55.

[274] 洪青标,周云,黄轶昕,等.新济洲居民迁移对血吸虫病流行影响的观察[J].热带病与寄生虫学,2005,3(4):201-203.

[275] 修瑞琴,陈昌,许永香,等.氯硝柳胺对鱼类和溞类的毒性研究[J].中国血吸虫病防治杂志,1996,8(6):355-357.

[276] 张涛,姜庆五.氯硝柳胺的毒理学研究[J].中国血吸虫病防治杂志,2002,14(3):234-236.

[277] Oliveira-Filho EC, Paumgartten FJ. Toxicity of *Euphorbia milii* latex and niclosamide to snails and nontarget aquatic species[J]. Ecotoxicol Environ Saf, 2000, 46(3):342-350.

[278] 何蔺,陈德春,魏文白.生态护坡及其在城市河道整治中的应用[J].水资源保护,2005,21(6):56-58.

[279] 查明,冯世庭,何结宝,等.以林代芦治理开发长江洲滩后螺情观察[J].中国血吸虫病防治杂志,1992,4(5):288-289,295.

[280] 於凤安,彭卫平,彭镇华,等.利用植物他感作用灭螺效果的研究[J].应用生态学报,1996,7(4):407-410.

[281] 刘国华,舒洪岚,张旭东,等.林业抑螺防病

的机理与技术[J].世界林业研究,2005,18(2):48-50.

[282] 贺娜,马婷,肖良俊,等.兴林灭螺的机理研究与应用综述[J].安徽农业通报,2011,17(5):51-53.

[283] 查明.新洲乡外滩"以林为主、综合治理、灭螺防病"的研究[J].寄生虫病防治与研究,1994,23(1):24-28.

[284] 姚永康,张旭东,彭镇华,等.林农复合系统灭螺机制及其持续灭螺[J].生物数学学报,1995,10(2):26-33.

[285] 佘广松,黄轶昕,杭德荣,等.南水北调东线工程防止钉螺扩散技术研究Ⅱ 水源区保芦沙埋灭螺效果观察[J].中国血吸虫病防治杂志,2012,24(4):420-423.

[286] 王志坚,朱涛,王跃进,等.电灌站涵管式中层取水防止钉螺扩散效果[J].中国血吸虫病防治杂志,2007,19(1):50-52.